U0297125

"十三五"江苏省高等学校重点教材（编号：2020-2-293）

生物降解高分子材料的加工与应用

东为富　主　编

马丕明　张旭辉　白绘宇　副主编

中国轻工业出版社

图书在版编目（CIP）数据

生物降解高分子材料的加工与应用/东为富主编；马丕明，张旭辉，白绘宇副主编. —北京：中国轻工业出版社，2024.6
ISBN 978-7-5184-4683-4

Ⅰ.①生… Ⅱ.①东… ②马… ③张… ④白… Ⅲ.①生物降解—高分子材料—研究 Ⅳ.①TB324

中国国家版本馆 CIP 数据核字（2023）第 232225 号

责任编辑：杜宇芳　　　　　　责任终审：李建华
文字编辑：王晓慧　　　　　　责任校对：郑佳悦　晋　洁　　封面设计：锋尚设计
策划编辑：杜宇芳　王晓慧　　版式设计：致诚图文　　　　　责任监印：张　可

出版发行：中国轻工业出版社（北京鲁谷东街 5 号，邮编：100040）
印　　刷：三河市万龙印装有限公司
经　　销：各地新华书店
版　　次：2024 年 6 月第 1 版第 1 次印刷
开　　本：787×1092　1/16　印张：14.25
字　　数：350 千字
书　　号：ISBN 978-7-5184-4683-4　定价：59.80 元
邮购电话：010-85119873
发行电话：010-85119832　010-85119912
网　　址：http://www.chlip.com.cn
Email：club@chlip.com.cn

前　言

　　随着高分子科学的不断发展，高分子制品已经广泛存在于我们生活的方方面面，小到一根吸管、大到一辆汽车，高分子制品的身影无处不在。制备塑料制品的传统高分子树脂在自然环境状态下很难降解，会造成严重的白色污染。据统计，全球每年塑料产量超过3.5亿 t，产生超过 1 亿 t 白色垃圾，因此，传统高分子材料（主要为塑料）的大量使用与废弃所造成的白色污染已成为全社会共同关注的焦点，如何解决白色污染是人类面临的重大课题。

　　生物降解塑料是指在自然界如土壤和/或沙土等条件下，和/或特定条件如堆肥化条件下或厌氧消化条件下或水性培养液中，由自然界存在的微生物作用引起降解，并最终完全降解变成二氧化碳或/和甲烷、水及其所含元素的矿化无机盐以及新的生物质的塑料。由于在一定条件下可以生物降解，不增加环境负荷，生物可降解塑料是解决白色污染的有效途径之一。

　　2020 年 1 月 19 日，国家发展改革委、生态环境部印发《关于进一步加强塑料污染治理的意见》。2018 年出台、自 2019 年 1 月 1 日起施行的《中华人民共和国土壤污染防治法》明确了鼓励和支持农业生产者使用生物可降解农用薄膜。2020 年 4 月 29 日，十三届全国人大常委会第十七次会议审议通过的《中华人民共和国固体废物污染环境防治法》中明确，国家鼓励研究、开发、生产、销售、使用在环境中可降解且无害的农用薄膜。海南省规定从 2020 年 12 月开始全面禁止一次性不可降解塑料袋、购物袋与餐饮具等的使用，我国部分城市已开始强制执行城市生活垃圾分类，电子商务包装、邮政快件包装、外卖包装的绿色化已是趋势。生物降解材料的生产、销售、使用开始从示范推广逐渐向大规模工业化阶段过渡。

　　目前，全球生物降解塑料的产能约为 100 万 t，年增长率超过 20%。聚乳酸（PLA）、聚羟基脂肪酸酯（PHA）、聚对苯二甲酸-己二酸-丁二醇酯（PBAT）、聚碳酸亚丙酯（PPC）等生物降解材料不仅性能显著提高、生产成本不断降低、市场竞争力持续增强，其应用也不再仅限于高端领域，开始规模化应用于纤维、日用膜袋、农用地膜等领域。

　　虽然"生物降解"这个词在政府报告、媒体报道、研究论文中常被提及，但人们对生物降解的理解不够深刻，更多是将其作为一个热门词汇来使用，对于生物降解高分子材料的种类、加工方法和应用前景更是缺乏系统而全面的了解。目前关于生物降解高分子材料的书籍较少，知识点碎片化：部分书籍的侧重点在于生物降解高分子复合材料的制备与表征，部分书籍侧重介绍常见的生物降解高分子材料，部分书籍则侧重介绍新型的生物降解高分子及其复合材料，如基于超支化聚合物的生物降解塑料。

　　本书结合近二十年基础理论和应用实践研究成果，围绕着各类生物降解高分子材料的结构、性能、改性方法、加工方法、应用领域等方面进行了全面而系统的阐述。本书特点是将结构性能与加工应用相结合，理论与加工应用并重。在理论方面，本书可供高分子材料、化工及新材料领域的本科生、科研人员、技术人员阅读或参考；在加工、改性和应用方面，可为相关化工行业技术人员以及投资经营者提供一些启示。

　　本书共分 9 章，由江南大学化学与材料工程学院、中国科学院长春应用化学研究所的多名教师共同撰写而成，东为富任主编，第 1 章由王玮编写，第 2 章由马丕明编写，第 3 章由殷宏军编写，第 4 章由白绘宇编写，第 5 章由张旭辉编写，第 6 章由杨伟军编写，第 7 章由陶友华编写，第 8 章由夏碧华、王冬编写，第 9 章由杨伟军编写，东为富负责统稿，倪才华在整个过程中提出了非常多宝贵的建议。这些老师均在生物降解高分子材料领域有丰富的实践和研究经验，在此对诸位老师的付出表示衷心的感谢。

《生物降解高分子材料的加工与应用》编写组

2024 年 3 月

目　　录

1 生物降解高分子材料

合成高分子材料可通过化学结构设计和相对分子质量调控实现对其功能和性能的调控甚至定制，从而得以快速发展和应用。现代社会中合成高分子材料由于可定制的性能、低廉的价格、易于合成等优点受到了人们的广泛欢迎。

目前绝大部分商品化高分子材料来自化石燃料如石油、煤炭、天然气和页岩气等，塑料生产中使用的不可再生资源约占全球石油和天然气的 7%。然而，化石资源是有限的，许多研究预测，所有化石资源将在几个世纪内枯竭。此外，石油基高分子材料的稳定性和耐久性使其在环境中难以降解，大量塑料废弃物以垃圾形式存在。材料的低密度使之占据了掩埋垃圾的高体积分数，造成了严重的白色污染问题，加快了垃圾填埋场的枯竭，因此，对于最终塑料废弃物的处理仍是困扰人类社会的一大问题。

图 1-1 列出了一些常见的环境污染案例，如不采取相关措施加以控制和解决，这些现象将变得越来越严重。近年来，塑料回收利用行业的兴起虽在一定程度上减少了合成高分子材料对环境的不利影响，但塑料废弃物难以高效收集和分类、塑料的多组分特点以及再生塑料的性能劣化均严重限制了塑料的回收利用。

土壤污染

(a) 残留的农膜

(b) 山区和荒野随处可见的塑料垃圾

(c) 被塑料困住的海洋生物

(d) 海岸线的"白色走廊"

(e) 河流的白色污染

图 1-1　白色污染案例

建设生态文明的现实紧迫性、环保意识的增强以及绿色经济的提出，促使人们一方面寻找环境友好的合成聚合物材料，探索研发从可持续的、可再生的原料中提取天然聚合物的新工艺；另一方面采取措施，将高分子材料导致的环境危害降至最低。为了解决这一问题，生物降解高分子材料进入了人们的视野。高分子材料的生物降解是通过细菌和真菌等微生物酶的分解作用而产生的，高分子材料结构的完整性因相对分子质量的急剧下降而遭到破坏。尽管高分子材料一般具有高相对分子质量和固有的惰性，但实践证明，合成和制备可在短时间内大幅降解的聚合物是可能的。第一代生物降解的材料由聚合物与易于被微生物消耗的材料混合组成。一般来说其是不完全生物降解的。经典示例是将淀粉与聚乙烯的混合物制造为可部分生物降解的包装袋。第二代是尝试在聚合物主链上引入容易受到微生物作用的官能团（例如酯键）。这类材料典型的代表是用于制造花盆的聚己内酯以及用于制备纤维的聚对苯二甲酸-己二酸-丁二醇酯（PBAT）等。第三代是由发酵罐中生长的细菌自然合成的，诸如细菌纤维素、聚羟基丁酸酯（PHB）之类的材料。目前研究认为理想的生物降解高分子材料除了生物降解性，还要求其降解产物是无毒的，且具有合适的力学性能、加工性能以及经济可行性。

1.1 生物降解高分子材料的定义和分类

1.1.1 生物降解高分子材料的定义

进入 21 世纪，材料科学和高分子化学的交叉研究促进了生物稳定材料向生物降解高分子材料的过渡。这种可水解或酶促降解的聚合物在生物医药、包装以及相关工业领域起着重要的作用。在生物降解的自然过程中，环境中的有机化合物可以经过碳、氮、硫等元素循环，转化为简单化合物、矿化以及重新分布。生物降解是个容易理解的术语，但对于生物降解高分子材料，目前还没有一个被大众普遍接受的概念，一个重要的原因在于有关生物降解高分子材料研究、生产及应用涉及多学科领域，不同的研究者对于如何定义聚合物的生物降解性往往有不同的看法。

与定义为部分或全部由可再生原材料制备的生物基聚合物不同，生物降解聚合物的定义不侧重于原材料来源。生物降解性意味着给定的物质可以完全通过真菌和细菌等微生物的作用和分解代谢，最终转化为水、二氧化碳或/和甲烷等物质。该性质不取决于原料的来源，而仅取决于聚合物的化学组成。

Albertsson 等将生物降解定义为通过与生物（细菌、真菌、昆虫等）或其分泌产物相关的酶和/或化学分解作用而发生的事件。然而，非生物作用，如化学（氧化、水解）、物理环境因素（光降解、热降解），也可能在生物降解之前或过程中代替生物降解作用改变聚合物。而且这些因素会产生协同作用，使得聚合物大分子被破坏以及由聚合物转化为低相对分子质量化合物（可能进一步参与物质的自然循环），而最终使之碎片化。

因此，严格地说，"聚合物的生物降解"是指在好氧和厌氧条件下，微生物的作用使其物理和化学性质恶化，相对分子质量下降，形成二氧化碳、水、甲烷和其他低相对分子质量产物。生物降解过程中应包括聚合物的碳与微生物的结合和残留物的形成，而碳平衡以及残留物的无毒性也是应考虑的。此外，残余物和微生物最终应纳入自然化学循环中。

商品化的生物降解高分子材料，按现行规则，其特性必须是经相关标准（GB/T 20197—2006《降解塑料的定义、分类、标识和降解性能要求》、ISO 17088、欧盟 EN 13432、北美 ASTM D 6400、日本 Green Pla）认证的。

GB/T 20197—2006《降解塑料的定义、分类、标识和降解性能要求》中对于生物降解塑料的定义主要包括三个方面的内容：①降解环境：自然环境如土壤和/或沙土等、和/或特定条件如堆肥化条件下或厌氧消化条件下或水性培养液中；②降解机理：由自然界存在的微生物作用引起降解；③降解产物：最终完全降解变成二氧化碳或/和甲烷、水及其所含元素的矿化无机盐以及新的生物质。除了强调需微生物引起降解外，还对降解产物提出了要求。

根据 ASTM D 6400—1999，生物降解高分子材料定义为：在一定条件，一定时间内，能被微生物（细菌、真菌、藻类等）或其分泌物在酶和/或化学分解作用下发生降解的高分子材料。

1.1.2　生物降解高分子材料的分类

生物降解高分子材料根据降解机理和破坏形式可分为完全生物降解高分子材料和生物破坏性高分子材料。

生物降解高分子材料根据合成过程进行分类，有：①来自生物质的聚合物，例如来自农业资源的生物聚合物（例如淀粉或纤维素）；②通过微生物生产获得的聚合物，例如聚羟基脂肪酸酯（PHA）；③从农业资源中获得的单体，通过化学合成的聚合物，如聚乳酸（PLA）；④从化石资源中获得的单体，通过化学合成的聚合物，如聚己内酯（PCL）。主要生物降解高分子材料的分类见图1-2。

国内常根据生物降解高分子材料的原材料来源分类，可分为天然高分子材料、合成高分子材料和掺混型高分子材料。其中合成高分子材料可通过化学方法或微生物来实现。

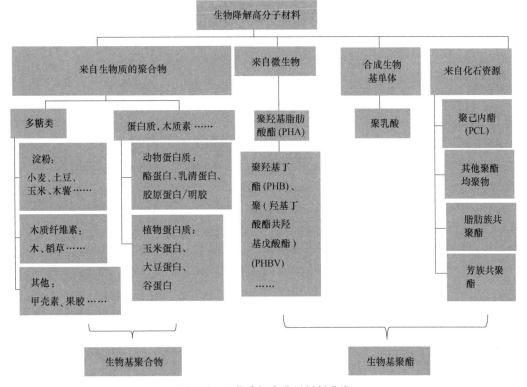

图1-2　生物降解高分子材料分类

1.1.2.1　天然高分子材料

顾名思义，天然大分子是可以直接从自然界提取和/或由活生物体产生的大分子。天然聚合物因其优良的生物相容性而备受关注，但由于其不理想的特性，如抗原性和批次间变异性，尚未得到充分的研究和应用。常见的生物降解天然高分子材料主要有多糖类和蛋白质。下面就其主要品种予以简单介绍。

（1）纤维素　纤维素的大分子链是无支链的线型聚合物。其结构单元为 D-吡喃式葡萄糖基（椅式构象），彼此以 β-1,4-糖苷键连接而成。纤维素作为一种产量最大的天然高分子，其广泛地存在于植物细胞壁、水生藻类、真菌等中；细菌纤维素的出现拓宽了纤维素的来源和用途。纤维素的高结晶性、分子内和分子间的强氢键作用以及分子链的高刚性使得纤维素很难以熔体或溶液的形式被加工，限制了其广泛应用。

目前纤维素在生物降解高分子材料中的应用主要表现在以下三方面：①纳米纤维素。主要采用酸水解、氧化降解、酶降解、生物合成以及力学方法等来制备纳米微晶纤维素和纳米微纤纤维素。早期主要利用纳米纤维素的高强度和高模量，用作生物基聚合物基质的增强相，以生产具有优异热学和力学性能的纳米复合材料。近年来，以纳米纤维素悬浮液的形式制备纳米纤维素基材料的研究开始增多，考虑到性价比，这方面的研究以功能化材料为主。②再生纤维素。离子液体等绿色溶剂的出现，使得纤维素可以以溶液的形式被加工成薄膜、纤维、气凝胶、溶液/水凝胶、发泡材料等。其典型的商品化产品是再生纤维素纤维（Lyocell，中文名：天丝）。③纤维素衍生物。利用纤维素大分子链上羟基的高反应活性，开发了许多商品化纤维素衍生物，如甲基纤维素、羟丙基纤维素、羟丙基甲基纤维素和羧甲基纤维素等。

（2）淀粉　淀粉是一种碳水化合物，由大量葡萄糖单元通过糖苷键连接而成。淀粉由直链淀粉和支链淀粉组成。以 α-1,4-糖苷键连接的直链淀粉和以 α-1,6-糖苷键连接的支链淀粉分别被淀粉酶和葡糖苷酶水解，可降解为相应的糖单元。

淀粉材料又可分为 3 类：①纯淀粉。可以加工为薄膜和片材，但易碎，对水分敏感，遇水分解。此外，因天然淀粉的温度稳定性（170～180℃）有限，加工的温度窗口非常小。通过部分取代羟基（如酯类或醚类）对淀粉进行化学改性，可以显著改善淀粉的疏水性和流变性能，但只通过对淀粉进行改性仍难满足加工成型薄膜等的应用要求。②热塑性淀粉。纯淀粉由于分子间存在的强氢键作用，难以熔融成型加工。与特定的增塑剂混合，可降低分子间作用力，使之成为具有热塑性的全降解生物塑料。高淀粉含量塑料的亲水性可以通过共混和化学改性（如乙酰化、酯化和醚化）来克服。③淀粉共混改性物。采用生物降解淀粉和脂肪族聚酯混合可制备高质量的包装用片材和薄膜，其中淀粉含量可高达 50%（质量分数）；为了提高两相相容性，可在聚酯分子结构中引入可与天然淀粉反应的不同官能团，如羟基、胺和羧基等。1994 年，由意大利诺瓦蒙特公司生产的"Biobag"问世。它由玉米淀粉和完全生物降解的 PLA 组成。

（3）甲壳素和壳聚糖　甲壳素又名甲壳质、几丁质，由 N-乙酰胺基葡萄糖以及 β-1,4 糖苷键缩合而成。壳聚糖是甲壳素的脱乙酰化衍生物，由 D-氨基葡萄糖和适量的 N-乙酰-D-氨基葡萄糖以 β-1,4 糖苷键连接而组成。壳聚糖和甲壳素是一类具有良好生物相容性的生物材料，可以在药物载体、组织工程、食品、化工、生物、农业、纺织、印染、造纸和环保等领域中得到多方面的应用。如在纺织工业中可用于抗菌整理、抗皱整理、抗静电整理和染色中的固色等；在生物医学领域中可用于医学敷料、药物缓释剂、仿制人造器官和生物膜等。但目前壳聚糖和甲壳素商品化应用仍有很长的路要走。主要是由于：①环境污染问题日益严重，甲壳类动物本身可能受到重金属污染；②甲壳素会因微生物污染而引起品质劣化；③甲壳素和壳聚糖的生产成本高，且会因生产过程中腐蚀性酸的使用而造成环境污染；④壳聚糖只能溶于弱酸性水溶液中，而其在酸性溶液中的降解性，以及在弱酸性溶液中易发生沉淀的特性，使得其应用受到限制。

（4）大豆蛋白基生物降解材料 大豆蛋白的分子主链含有大量酰胺键（—CO—NH—），分子侧链则含有亲水性的氨基酸残基（—NH$_2$、—COOH），纯的大豆蛋白材料往往硬而脆，且易吸水。其侧基中含有的易于改性的多种活性侧基，如氨基、羧基、羟基和巯基等，为改变蛋白质的结构、静电荷和疏水基，进而改善大豆蛋白的性质提供了条件。改性方法包括物理改性、化学改性、生物改性等。根据加工时流体的状态，大豆蛋白基生物降解材料的加工方法有两种：一是将改性后的大豆蛋白配成溶液，而后通过流延、浇铸等方法成型；另一种是将改性大豆蛋白与增塑剂等混合，改善其加工流动性，而后以传统的挤出、注塑、吹塑和模压等方法成型。

以大豆蛋白基生物降解塑料为例，其因良好的力学性能、耐水性和生物可降解性而在日用、工业和医药等领域得到了广泛应用。目前大豆蛋白基塑料主要有以下三类：①增塑改性，蛋白质分子内和分子间存在的二硫共价键、氢键、疏水作用、离子键、范德华力，使得物料的流动性差，且制品硬而脆。引入小分子增塑剂，能提高熔体流动性，提高材料的韧性和耐水性等性能。②共混改性，大豆蛋白与纤维素、淀粉、壳聚糖、木质素和聚羟基酯醚等生物降解材料共混后，可改善材料的力学性能、加工流动性能和疏水性等。③化学改性，通过酰化反应、共价交联以及酸碱处理等方法，在大豆蛋白分子链中引入巯基、带负电基团、亲水亲油基团等，通过改变大豆蛋白的理化性质和空间结构来改善材料的性能。

近年来，大豆蛋白基材料在胶黏剂、纤维、凝胶和薄膜等领域的研究和应用也日渐增多。

（5）聚氨基酸 天然聚氨基酸是生物降解的离子聚合物，在某些方面与蛋白质不同。天然聚氨基酸，如藻青素、聚（ε-L-赖氨酸）和 γ-聚谷氨酸主要由氨基酸组成。这些分子表现出多分散性，除了 α-酰胺键，它们还具有其他类型的酰胺键，包括 β-羧基和 γ-羧基以及 ε-氨基。图 1-3 给出了藻青素、聚（ε-L-赖氨酸）和 γ-聚谷氨酸的化学结构式。

1.1.2.2 合成高分子材料

合成高分子材料是在一定条件下人工合成的高分子材料，根据合成方法可分为化学合成高分子材料和微生物合成高分子材料。其中化学合成高分子是指用结构和相对分子质量已知的单体为原料，经过一定的聚合反应得到的聚合物，主要包括聚酯、聚氨基酸和聚氨酯等其他聚合物；微生物合成高分子材料主要是指在可控条件下依赖生物发酵技术合成的高分子材料，主要有细菌多糖、聚酯、聚酰胺、无机酸酐（聚磷酸盐）和聚氨基酸等。其中细菌多糖和聚酯有着最广泛的应用和商业潜力。

（1）化学合成的生物降解高分子材料

① 聚酯 聚酯是一类含有水解不稳定酯键的聚合物，所以它们易于在满足水解条件的生物环境中降解。聚酯的水解可以借助某些生物体产生的酶来进行；在没有酶催化的情

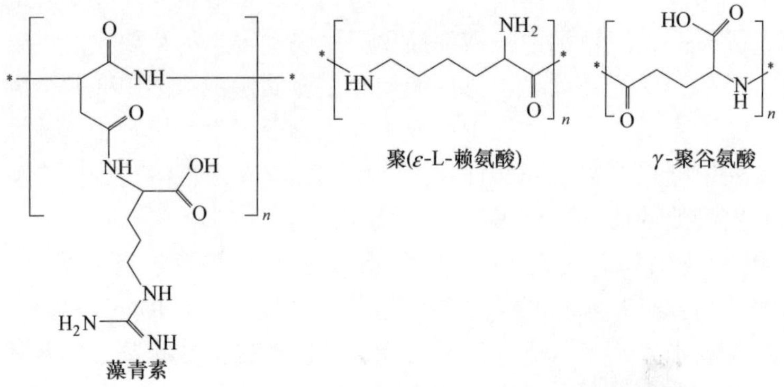

图 1-3 藻青素、聚（ε-L-赖氨酸）和 γ-聚谷氨酸的化学结构式

况下，它们至少可以部分降解。在实际应用中，当降解发生在生物环境中时，即使聚酯发生的水解主要是非生物的，也可称为生物降解。在医疗应用中，将生物降解聚合物从体内完全清除是很重要的，在这种情况下，它被称为可生物吸收的。

化学合成的聚酯可按其来源分类，如来源于可再生资源的聚乳酸和来源于石油化工资源的聚己内酯和聚丁二酸丁二酯。化学合成聚酯的方法主要有两种：a. 羟基酸的直接缩聚或二酸与二醇的直接缩聚的直接酯化反应；b. 内酯或环二酯的开环聚合。相对于缩聚反应，开环聚合的反应条件更温和，聚合物的相对分子质量大小和分布更易控制，但生产成本较高。

脂肪族生物降解聚酯通常是具有一定熔融温度范围的半结晶聚合物。大多数聚酯的熔融和结晶温度较低，限制了它们的加工性和应用范围。但脂肪族聚酯的许多物性和常见的商品化塑料相似，为其应用和推广提供了可能性。聚酯的生物降解性不仅取决于化学组成，还取决于聚集态结构，例如结晶度、晶型和晶体结构。可通过调节分子的化学结构来改变材料的聚集态结构，进而提高脂肪族聚酯的降解性能。

表 1-1 给出了部分化学合成生物降解脂肪族聚酯的名称、结构式和首字母缩略词。下面将就部分重要生物降解聚酯的合成、性质、生物降解性及应用等展开说明。

表 1-1 化学合成的脂肪族生物降解聚酯主要品种的结构式和首字母缩略词

聚合物种类	重复单元	代表聚合物(首字母缩略词)
聚(α-羟基酸)	$\left[\mathrm{O-CH(R)-C(=O)} \right]$	R ═H,聚羟基乙酸,PGA R ═CH_3,聚乳酸,PLA
聚环内酯类	$\left[\mathrm{O} \left(\mathrm{CH_2} \right)_x \mathrm{C(=O)} \right]$	x=3,聚(γ-丁内酯),PBL x=4,聚(δ-戊内酯),PVL x=5,聚己内酯,PCL
聚(二甲酸亚烷基酯)	$\left[\mathrm{C(=O)} \left(\mathrm{CH_2} \right)_x \mathrm{C(=O)-O} \left(\mathrm{CH_2} \right)_y \mathrm{O} \right]$	x=2,y=2,聚丁二酸乙二醇酯,PES x=2,y=4,聚丁二酸丁二醇酯,PBS x=4,y=4,聚己二酸丁二醇酯,PBAG

a. 聚羟基乙酸（PGA） PGA 可以通过乙醇酸的缩聚而获得，但是由于逐步增长的缩聚反应的平衡性质，所得聚酯的相对分子质量低。因此合成高相对分子质量 PGA 的优选合成方法是环二酯乙交酯的开环聚合。优选的催化剂是有机锡、锑、锌或铅。

PGA 是热塑性材料，结晶度高，弹性模量较高。其玻璃化转变温度为 35～40℃；对于脂肪族聚酯来说，其熔融温度很高，为 200～225℃。由 PGA 制成的纤维非常坚硬，故通常进行共聚反应以改变 PGA 纤维的力学性能。PGA 对水敏感，但热稳定性好于聚乳酸，其热降解是通过较低温度下的随机断链和较高温度下特定的端链断裂来进行的。PGA 是一种疏水性聚合物，且在大多数常见的有机溶剂中溶解度很低，但可溶于六氟-2-丙醇。尽管 PGA 的溶解性能不佳，但挤出、注塑、溶液浇铸和粒子沥滤法等加工技术已用于开发 PGA 基生物医药材料。

由于其成纤性能和高度的水解不稳定性，它是市场上第一种生物降解的缝合线材料。早在 1962 年，PGA 就由美国 Cyanamid 公司开发为合成可吸收缝线 Dexons®。PGA 无纺布具有良好的降解性、良好的初始力学性能和基质上的细胞活性，已被广泛用作组织再生的支架材料。

PGA 由于其高结晶度而显示出优异的力学性能。自增强 PGA 是指纤维在相同化学成分的基体中定向的复合材料，其模量非常高，约为 12.5GPa。由于其良好的初始力学性能，PGA 已被用作骨内部固定装置（Biofixs®）。

PGA 是一种本体降解聚合物，通过酯主链的非特异性断裂而降解。已知聚合物水解后 1～2 月内强度下降，6～12 月内质量损失。在人体内，PGA 被分解成甘氨酸，甘氨酸可以由尿液排出或通过柠檬酸循环转化为二氧化碳和水。

然而，PGA 的高降解率、酸性降解产物和低溶解度限制了其在生物医学领域的应用。已开发含有乙交酯单元的共聚物，可以克服 PGA 的固有缺点。

b. 聚乳酸（PLA）　PLA 与 PGA 均属于聚（α-羟基酸），其合成在许多方面是相似的。但它们的物理性质有很大的不同。

PLA 是目前研究最多的生物降解聚酯，也是已商业应用的脂肪族生物可降解聚酯。它可以通过不同的方法从乳酸中获得。乳酸是一种手性分子，它以两种立体异构体存在，即天然存在的 L-乳酸和 D-乳酸。乳酸手性结构的一个优点是可以通过改变聚合物主链中 D- 和 L- 对映体的比例来调整合成 PLA 的最终结构和性质。任一种对映异构体的聚合都会生成半结晶聚合物左旋聚乳酸（PLLA）或右旋聚乳酸（PDLA）。

聚乳酸的制备方法有两种：通常以乳酸直接缩聚法制备的聚合物称为聚乳酸；而丙交酯单体通过开环聚合制备的聚合物称为聚（丙交酯）。两种情况下使用的通用缩写都是 PLA。

聚乳酸的性能很大程度上取决于组成聚酯链的立体异构体的比例和分布。此外，还取决于相对分子质量以及退火和加工条件。PLLA 的玻璃化转变温度为 60～65℃，熔融温度约为 175℃。半晶态 PLLA 是一种硬而脆的聚合物，其拉伸模量为 3～4GPa，弯曲模量为 4～5GPa，拉伸强度为 50～70MPa，断裂伸长率约为 4%。当调整结晶度、相对分子质量和立体规整度时，其力学性能也会发生变化，可得弹性和柔软的 PLLA。相对分子质量从 23000 增加到 67000 时，PLLA 的拉伸强度从 55MPa 增加到 59MPa，而相对分子质量从 47500 增加到 114000 的 PDLLA 无规共聚物的拉伸强度较低（43～53MPa）。随着退火过程中结晶度的提高，PLLA 的力学性能进一步提高，尤其是挠曲模量和拉伸模量。由于其良好的力学性能，PLLA 可用作承重材料以及用作需要刚性和强度的生物材料，如骨科固定装置。PLA 的力学性能还使得其在包装领域的应用成为可能，用作软包装材料时，需在体系中引入生物降解的增塑剂。

然而，PLLA 比 PGA 具有更大的疏水性，其降解速率较低。研究表明，高相对分子质量 PLLA 在体内完全吸收的时间需 2 年以上。该聚合物在水解后约 6 个月会失去强度，但在很长的时间内质量不会发生明显变化。L-丙交酯与乙交酯或 DL-丙交酯的共聚改性，可以改善其降解速率。

PDLLA 是无定形聚合物，L-丙交酯单元和 D-丙交酯单元无规分布，玻璃化转变温度为 55~60℃。由于其无定形性质，与 PLA 相比，它是低强度聚合物，具有更快的降解速率，这种聚合物在水解后的 1~2 个月内失去强度，并在 12~16 个月内彻底降解，完全失去质量，是开发药物输送载体和组织再生的低强度支架材料的首选。

PLA 容易热降解，这是该聚合物加工的关键点。PLA 降解的途径可分为：热水解、拉链状解聚、热氧化降解和酯交换反应。因此，PLA 的热降解受到痕量水、残留单体和催化剂、相对分子质量以及端基类型的影响。在成型加工前，必须将充分纯化的 PLA 适当干燥。

聚乳酸的降解以水解降解为主，是通过酯主链随机断裂的本体腐蚀机制进行的。它会降解成乳酸，这是一种正常的人体代谢副产物，可通过柠檬酸循环分解成水和二氧化碳。

c. 聚己内酯（PCL）　PCL 也称为 2-氧杂环庚烷酮的均聚物或 ε-己内酯的均聚物，其分子式为 $(C_6H_{10}O_2)_n$。工业用 PCL 一般是以 ε-己内酯为单体，以金属阴离子络合物为催化剂，开环聚合而成的。

PCL 可在多种有机溶剂中溶解，具有低熔点（55~60℃）和低玻璃化转变温度（-60℃），同时能够与多种聚合物形成可混溶混合物，因此具有很好的可加工性。PCL 的抗拉强度低，低于 20MPa，但断裂伸长率极高，最高可达 1000%。由于其高烯烃含量，PCL 在某些方面类似于线型低密度聚乙烯，如蜡质感和类似的拉伸模量。PCL 极有价值的特性是它的混溶性，如与其他生物降解的聚合物（例如 PLA、PLGA 和淀粉）形成共混物，可调节降解速率或改善产品的性能。但聚己内酯黏度很低，熔点很低，在环境温度为 40℃时，就会变得很软，这些缺点又大大地限制了其应用领域。

PCL 易于水解降解，但是与 PLA 和 PGA 相比，其降解的速度相当慢（2~3 年）。PCL 水解降解的机理与 PLA 相似，通过酯键的无规水解进行。其降解过程为本体过程，伴随着水解过程中相对分子质量的降低，相对分子质量降低的速率与样品的形状无关。在酶尤其是脂肪酶类酶的存在下，PCL 易于降解。脂肪酶对 PCL 的降解受许多因素的影响，例如 PCL 的相对分子质量和结晶度，以及球晶的大小和样品的孔隙率。作为表面过程的酶催化降解，需促进酶与聚合物的接触，进而提高降解速率。PCL 容易被细菌和真菌菌株降解。微生物的降解通过表面侵蚀进行，并伴随着样品的快速失重。在堆肥条件下，PCL 在 14 天内完全降解。其低相对分子质量降解产物可在两周内通过堆肥微生物轻松吸收。

d. 聚丁二酸丁二醇酯（PBS）　PBS 是通过乙二醇、1,4-丁二醇和脂肪族二羧酸、琥珀酸的缩聚反应制得的。缩聚反应通常分为两步：第一步，发生酯化反应（如果是丁二酸二甲酯，则是酯交换反应），并除去水（或甲醇）；第二步去除 1,4-丁二醇（通常使用过量的浓度的乙二醇），可获得高相对分子质量 PBS。为了解决相对较低的相对分子质量引起的制品弱而脆的缺点，常对其进行扩链，以提高相对分子质量。

PBS 是一种生物降解的脂肪族热塑性聚酯，其熔点为 90~120℃，玻璃化转变温度介于 -45℃和 -5℃之间。它是一种高度结晶的聚酯，有 α 和 β 两种晶型。PBS 是一种不透明、柔软、坚固的材料，物理力学性能介于 PE 和 PP 之间，拉伸强度为 20~37MPa，杨氏模量约为 0.5GPa，断裂伸长率为 300%~560%。其力学性能随着相对分子质量的增加而提高。良好的力学性能和优异的加工性能使得 PBS 成为非生物降解聚合物［如低密度聚乙烯（LDPE）或聚丙烯（PP）］的良好替代品。PBS 可以在纺织领域用作熔喷布、复丝、单丝、机织扁丝；在塑料领域中包括：注塑产品、薄膜、纸层压板、床单和胶带。但其柔软性、阻气性等性能不足，在一定程度上限制了其应用。

虽然 PBS 的熔点较低，但其表现出良好的热稳定性，远优于其他生物降解的聚酯（如 PLA、PHB 和 PCL），可与芳族聚酯媲美。高相对分子质量 PBS 的热降解不受其相对分子质量的影响。在 300℃ 以下，没有明显的降解发生。

PBS 在堆肥和自然条件（土壤和水）下都具有生物降解性。由于 PBS 的疏水性和高结晶度，其水解降解缓慢，脂肪酶可促进其降解作用。

e. 脂肪-芳香族共聚酯　通过脂肪族和芳香族二元酸与脂肪族二醇的共缩聚制备而成，脂肪族聚酯的良好生物降解性可与芳香族聚酯的良好力学性能在一定程度上结合在一起。最著名的脂族-芳族聚酯是巴斯夫的 Ecoflex。标准等级的 Ecoflex F（通用名称：聚对苯二甲酸-己二酸-丁二醇酯，PBAT）由单体己二酸、对苯二甲酸和 1,4-丁二醇制成。通过引入一种由植物油制成的生物基单体，一种部分生物基改性产品已于 2009 年商业化，商品名为 Ecoflex FS。

Ecoflex 被设计成一种坚固而柔韧的材料，其力学性能类似于 LDPE。因此，Ecoflex 可以在标准的聚烯烃设备上进行熔融加工，主要用于有机垃圾袋、农用覆盖膜、购物袋和保鲜膜等薄膜应用中。由于具备优良的性能和生物降解性，Ecoflex 可与淀粉、PLA、PHA、木质素和纤维素等混合，以制备薄膜。

当芳烃含量较低（不超过特定值），这种脂肪族和芳香族单体的共聚酯是完全生物降解的。与脂肪族聚酯相似，这些混合结构在微生物活性环境中也会降解，主要是通过酶促水解，然后将碎片完全矿化。

f. 二氧化碳基聚酯　二氧化碳基聚合物可定义为"由二氧化碳构成主链的聚合物"。与聚合物主链结合的二氧化碳形成碳酸酯/氨基甲酸酯/尿素（图 1-4，左）或酯（图 1-4，右）结构。

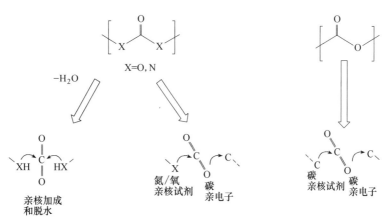

图 1-4　与二氧化碳结合的可能结构及其逆合成

可以将 CO_2 与许多环醚（例如环己烯、环氧丙烷、氮丙啶、环硫化物）共聚，以生产一系列新颖的交替型脂族聚碳酸酯共聚物。CO_2 与环氧化物交替共聚生产的一些脂肪族聚碳酸酯中的聚碳酸亚乙酯（PEC）、聚碳酸亚丙酯（PPC）、聚碳酸亚丁酯（PBC）和聚碳酸环己烯酯（PCHC）最具工业应用前景。

像其他聚合物一样，脂肪族聚碳酸酯的性能取决于主链和侧链。以 PPC 为例，由于 PPC 为无定形聚合物，T_g 较高（25~42℃），在低温（低于20℃）下易碎，在高温下尺寸稳定性较差。PPC 的热分解温度在 180~260℃，相对分子质量越大，热稳定性越好。PPC 可溶于氯代烃、四氢呋喃、丙酮、甲乙酮和乙酸乙酯。

限制 PPC 大规模应用的是其较差的热稳定性，如市场上目前可用的 PPC 在 180℃附近开始降解。因此，需拓宽其加工范围以提高适用性。由于具有高透明性、高阻隔性、生物可降解性、低密度和良好的电绝缘性，PPC 可用于一次性医药和食品包装材料、可降解泡沫材料、农用覆盖膜等领域。

② 聚氨基酸

a. 聚（L-谷氨酸） 聚（L-谷氨酸)(L-PGA) 在结构上与 γ-PGA 不同，由天然存在的 L-谷氨酸残基通过酰胺键连接在一起。在已知的几种合成 L-PGA 的方法中，三乙胺引发的 γ-苄基-L-谷氨酸的 N-羧酸酐（NCA）聚合是应用最广泛的方法。此外，正在尝试开发具有独特结构的 L-PGA 基聚合物，例如星型聚合物和具有不同组成的聚合物（例如多嵌段聚合物），这些新的合成策略可以提供有趣的物理和生物性质。

聚（L-谷氨酸）对溶酶体酶的降解高度敏感。降解产物是单体 L-谷氨酸，使其成为生物降解材料的理想选择。此外，一些体内研究表明 L-PGA 具有良好的生物相容性和非免疫原性。

聚（L-谷氨酸）具有多种独特的性能。该聚合物在生理 pH 下带高电荷，已被鉴定为独特的基因/质粒递送载体。L-PGA 的 α-羧酸根侧链具有高反应性，可以进行化学修饰以引入各种生物活性配体或调节聚合物的物理性质，如将抗癌药物与 L-PGA 主链偶联来开发聚合物药物，这样可改善药物的水溶性和药物在肿瘤中的分布，并提高其在血浆中的分布时间。

b. 聚天冬氨酸 聚天冬氨酸（PAA）可以以天冬氨酸为原料，采用热聚合法合成。PAA 是一种高水溶性离子聚合物，其羧酸盐含量远高于聚谷氨酸。其结构式如图1-5所示。

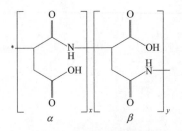

图1-5 聚天冬氨酸结构式

聚天冬氨酸可被溶酶体酶生物降解。天冬氨酸和其他生物降解的聚合物链段形成的嵌段共聚物，可形成胶束纳米结构，用作智能药物递送载体。由于聚合物的高功能性，改性 PAA 被认为在生物医药中有潜在应用价值。

③ 其他化学合成的生物降解高分子材料

a. 聚氨酯 所谓生物降解型聚氨酯（PU），要求在发挥共聚物脂肪族聚酯的生物降解性的同时，又具有较好的力学性能，使其成为可实际应用的材料。生物可降解和酶降解聚氨酯的设计与合成引起了人们的广泛关注。一般有两种方法，一是利用异氰酸酯基的高活性与含有多羟基的天然生物降解的高分子反应，从而在 PU 分子链中引入可被微生物分解的组分；另一种是以人工合成的可降解聚多元醇（部分或全部作为软段）与异氰酸酯基反应。近年来有国外学者提出了将低相对分子质量的生物降解的聚氨酯硬链段与可酶水解的键（例如酯和碳酸酯）结合起来生产生物降解 PU 的设计思路。

传统的聚氨酯是由三种单体如二异氰酸酯、二元醇或二胺扩链剂和长链二醇合成的。然而，二异氰酸酯和二醇的等摩尔部分产生生物降解的聚氨酯，其组成反过来又对降解速率起关键作用。降解产物（聚氨酯水解后得到的二胺）决定了起始二异氰酸酯的选择。如脂肪族二异氰酸酯比芳香族二异氰酸酯产生毒性更小的二胺。所以，赖氨酸乙酯二异氰酸酯、赖氨酸甲酯二异氰酸酯、六亚甲基二异氰酸酯和1,4-丁二异氰酸酯在制备生物降解聚氨酯中是最优选的，而二苯基二异氰酸酯和甲苯二异氰酸酯由于各自降解产物的高毒性而最不优选。

聚氨酯的硬段由二异氰酸酯和扩链剂组成，而软段由二醇组成。基于聚酯的多元醇由于其对水解的敏感性和对酶水解的敏感性而成为首选。

聚氨酯的降解机理主要包括水解降解、微生物降解和酶促降解；但其具体降解机理和速率受聚氨酯的结构和降解条件影响很大。

由于具备出色的生物相容性、生物学性能、力学性能和合成多功能性，生物降解聚氨酯在生物医学材料、泡沫材料、热塑性弹性体和涂层等领域有很大的发展空间。

b. 聚酰胺　尽管聚酰胺含有与多肽相同的酰胺键，但脂肪族聚酰胺通常具有抗微生物和酶攻击的能力。其低生物降解性的原因是氢键引起的强分子间相互作用。通常试图通过两种方式来提高脂族聚酰胺的生物降解性：a. 引入酯键；b. 引入 α-氨基酸残基。如聚（酰胺酯）是一类兼具聚酯和聚酰胺优点的聚合物，具有理想的材料性能、加工性能和良好的生物降解性。它既可以通过含酯的二胺与二羧酸的缩聚反应合成，也可以通过缩肽的开环聚合反应来合成。

聚（酰胺酯）的降解主要是通过酯键的水解裂解而发生的，而酰胺链段或多或少是完整的。由对称双酰胺二醇和丁二酰氯合成的聚（酰胺酯）具有良好的力学性能，是一种潜在的生物可吸收缝合材料。

c. 聚酸酐　聚酸酐可分为几种类型，包括脂族聚酸酐、不饱和聚酸酐、芳族聚酸酐、脂族-芳族均聚酸酐、聚（酯-酸酐）和聚（醚酸酐）。它们最常见的合成方法是由二酸单体缩聚而成，但也有其他方法如熔融缩合、开环聚合、界面缩合、脱氢氯化等。聚酸酐中的酸酐键在水解时非常不稳定，在水的存在下很容易分裂成两个羧酸。降解速率可以根据应用通过聚合物主链的微小变化定制设计。脂族聚合物可溶于有机溶剂并以更快的速度降解，而芳族聚酐不溶于有机溶剂并缓慢降解。然而，两者本质上都是结晶的。这些聚合物的低水解稳定性以及疏水性使其成为短期（几周）药物缓释应用的理想选择。这些类型的表面侵蚀聚合物可在腐蚀过程中的任何时间以已知速率释放药物。

d. 聚磷腈　聚磷腈是一种杂化聚合物，其主链由磷和氮原子交替组成，每个磷原子上有两个有机侧基。图 1-6 为聚磷腈的典型结构，其中 R 代表各种有机或有机金属侧基。生物可降解聚磷腈由于其前所未有的功能性、合成的灵活性和对各种应用的适应性而与其他生物降解聚合物有很大的区别。

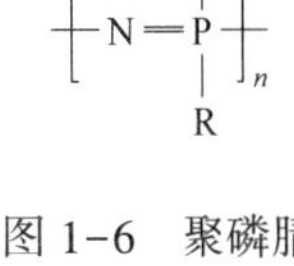

目前多种不同类型聚磷腈得以合成，虽磷氮主链具有水解稳定性，

图 1-6　聚磷腈的结构式

但某些基团的加入，如氨基酸酯、葡萄糖基、甘油酯、乙醇酸盐、乳酸和咪唑，可使聚合物主链对水解敏感。聚磷腈的磷氮骨架的独特特征是其非凡的柔韧性。而侧基在确定这些聚合物的性质方面起关键作用。这样就可以设计和开发具有高度受控特性的聚合物，例如结晶度、溶解度、适当的热转变、疏水性/亲水性以及不同的降解速率等特性。由于聚磷腈的成本较高，且降解速度较慢，在很大程度上限制了该材料的应用。目前其应用研究多集中在医用材料上。

e. 聚磷酸酯　聚磷酸酯（PPE）是指在骨架中具有重复的磷酸酯键的生物可降解聚合物，其通用化学结构如图 1-7 所示。合成聚对苯二甲酸乙二醇酯时，缩聚法是最常用的方法之一。反应通常在二元醇和膦二卤化物或二烯丙基磷酸酯之间进行。其他合成方法还有加成反应、酯交换和酶催化开环聚合等。其属于在其主链中含有磷原子的一类无机聚合物。PPE 骨架中磷酸酯键的水解或酶促裂解产生磷酸盐，醇和二醇作为分解产物。由于五价磷原子的存在，可以实现生物活性分子的引入和各种修饰，从而获得具有改良的物理和化学性质的 PPE。目前 PPE 的应用主要集中在医用材料，如药物缓释材料和组织工程材料等。

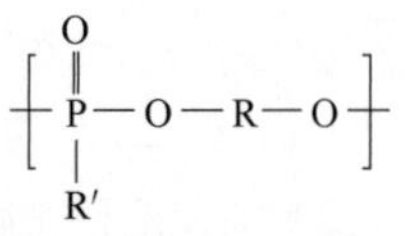

图 1-7　聚磷酸酯的结构式

（2）微生物合成的生物降解高分子材料

① 聚羟基脂肪酸酯　聚羟基脂肪酸酯（PHAs）是由可再生资源微生物直接生产的一大类聚酯的总称。由于来源于微生物，本质上是生物降解的。PHAs 储存在微生物细胞中，作为细胞内能量和碳储存材料，类似于其他生命系统中的淀粉和糖原。聚合物的形成通常是由于缺乏必需的营养物质，如硫酸盐、铵、磷、钾、铁、镁或氧，以及存在过量的碳源，如糖。

PHAs 是由羟基烷酸衍生而来的，不同品种的聚羟基脂肪酸酯的链长和羟基位置不同（图 1-8）。大多数 PHAs 具有相同的三碳主链，但在 β 位上的烷基长度不同。PHA 分为两大类：短链长度 PHA（单体单元中有 3 到 5 个碳原子）和中链长度 PHA（单体单元中有

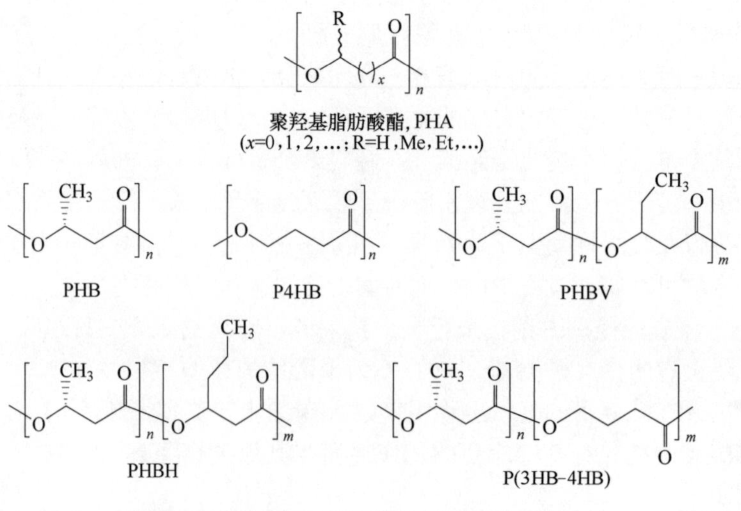

图 1-8　PHAs 的通用结构式和最重要的衍生物

6 到 14 个碳原子）。在此类生物降解的聚合物中，最常见的代表是聚（3-羟基丁酸酯）（P3HB）、聚（4-羟基丁酸酯）（P4HB）、聚（3-羟基丁酸酯-co-3-羟基戊酸酯）（PHBV）、聚（3-羟基丁酸酯-co-己酸酯）（PHBH）和聚（3-羟基丁酸酯-co-4-羟基丁酸酯）［P（3HB-4HB）］。

根据侧链烷基的大小和类型以及聚合物的组成不同，不同 PHAs 的性能可在从硬质塑料到坚韧弹性体的很大范围内变化。通过调节碳源和微生物的类型，可以将不饱和基团以及溴、羟基、甲基支链和芳香族基团等官能团引入 PHAs 的化学结构中，进而通过化学改性实现 PHAs 的多功能性。

PHAs 可通过化学和生物两大类方法合成。其中化学合成法存在成本高、污染环境、反应剧烈以及存在副反应等缺点，目前很少使用。生物合成法是指利用微生物菌种进行生物发酵合成，PHAs 的生物合成过程中有 3 种可能的代谢途径：a. 细菌发酵法合成 PHA；b. 转基因植物合成 PHA；c. 活性污泥法合成 PHA。生物合成法条件温和、收率较高、无污染，PHA 含量最高可达细胞干重的 90%，但生产成本高。

PHAs 的性质会因聚酯链所含 HA 基团类型和数量而发生很大变化。P3HB 是一种结晶度高达 80% 的结晶性聚酯。其 α 和 β 两种晶型，以 α 晶型更为常见。它的熔化温度约为 180℃，玻璃化转变温度约为 41℃。因球晶的尺寸大，P3HB 主要缺点是脆性大。引入共聚单元可改善制品韧性。如引入 3HV 单元，尽管由于 P（3HB-3HV）共聚物中不同聚合物链段都会发生共晶，使其结晶度不受共聚的影响，但与均聚物相比，共聚酯的熔融温度降低，并且从熔体中的结晶速率也很慢。当 3HV 单元的含量约为 40%（摩尔分数）时，共聚物的最低熔融温度为 80℃ 左右，且共聚物玻璃化温度下降。而当引入 4HB 单元时，P（3HB-4HB）的结晶度、熔融温度和玻璃化温度都会出现下降。

就力学性能而言，P3HB 的杨氏模量约为 3.5GPa，拉伸强度为 40MPa，与 PP 相似，但属于硬而脆材料（表 1-2）。它在断裂时表现出低的延伸率，大约为 5%［与聚苯乙烯（PS）相似］。在聚酯链中引入 3HV 链段，材料的强度和模量下降，但变得更柔软，断裂韧性提高。然而研究表明 P（3HB-3HV）共聚物老化后，性能劣化得更明显。

表 1-2 选定聚羟基脂肪酸酯的物理性能

聚合物种类	$T_m/℃$	$T_g/℃$	杨氏模量/GPa	拉伸强度/MPa	断裂伸长率/%
P3HB	179	4	3.5	40	5
P（3HB-20%3HV）	145	−1	0.8	20	50
P4HB	53	−48	149	104	1000
P（3HB-16%4HB）	150	−7	—	26	444
PP	176	−10	1.7	38	400
PS	—	100	3.2~5.0	30~60	3~5

从表 1-2 可看出，组成和结构的变化，使得 PHAs 的性能出现很大的变化，进而可以应用于不同的领域，包括用于生物可吸收医学和非医学应用的注塑制品，例如渔网、可降解膜等。但是除了成本原因，PHAs 热稳定性差以及极低的熔体强度的特性，使得其熔融加工变得非常困难，这阻碍了其商品化过程。

因为 PHA 是在自然环境中发现的微生物的直接代谢产物，它们被许多丰富的微生物物种视为食物来源，而这些微生物可以通过细胞外 PHA 解聚酶分解聚合物。所以在好氧条件（例如堆肥、土壤）下和厌氧降解环境（例如海洋环境、沼气）中，PHA 都会快速降解。

② 细菌纤维素　细菌纤维素（BC）是指来自细菌的纤维素，比植物中发现的纤维素更具优势。a. 与植物纤维素相比，纤维素最显著的优点是纯度高，不含木质素和半纤维素；b. 由于 BC 是 100% 纯的，并以亲水性基质的形式产生，其大量的原纤维和高机械强度在整个形成过程中保持不变；c. BC 可以使用不同的方法和底物来制备，可以根据应用需要而改变其性质；d. 添加到发酵培养基中的可溶性或不溶性物质，例如酶和金属化合物，可以在合成过程中直接引入纤维素网络中，如引入聚苯胺增强了 BC 的热稳定性，而添加聚乙二醇可改善亲水性。这些特性为 BC 的应用打开了空间，主要领域包括医学领域、废水处理、造纸以及音响行业等。

细菌纤维素可在不同条件下，由醋酸杆菌属（*Acetobacter*）、土壤杆菌属（*Agrobacterium*）、根瘤菌属（*Rhizobium*）和八叠球菌属（*Sarcina*）等中的某种微生物合成。比较典型的是醋酸杆菌属中的葡糖醋杆菌（木醋杆菌）。通过将碳源（例如葡萄糖或蔗糖）转化为纤维素，这种革兰氏阴性细菌具有生产纤维素的高能力。众所周知，葡糖醋杆菌是专性的需氧菌，并且在不受干扰的培养物中在空气/液体界面处形成纤维素。细菌细胞内部合成了多个纤维素链或微纤维，并从 BC 出口部分或喷嘴中纺出。纤维素合成将继续进行，直到出现限制条件，例如当碳源不足或当使用旋转圆盘反应器，发酵过程中 BC 填充圆盘时。

1.1.2.3　掺混型生物降解高分子材料

掺混型的生物降解材料是由两种或两种以上高分子材料混合而成，其中至少有一种组分是生物降解的；当要求是完全生物降解时，体系中所有组分都应是生物降解的。目前研究和应用较多的是天然高分子和人工合成的高分子的共混物。共混的目的有以下几点：①提高生物降解性；②降低成本；③改善材料的成型加工性能；④提高材料的性能或赋予其功能性，提升材料的性价比，扩大其应用范围。

1.2　生物降解高分子材料的降解机理、生物降解实验和评价方法

1.2.1　生物降解高分子材料的降解机理

高分子材料尤其是可降解高分子材料在自然环境中发生的降解过程取决于太阳光或紫外线、温度、湿度、pH 条件等几种环境因素的可利用性、养分的利用率（包括氧气）以及可使聚合物发生生物降解的微生物。高分子材料的物理和化学性质也影响其在环境中的降解性能，这些性质包括制品尺寸的大小、它们的化学和分子结构等。

表 1-3 列出了高分子材料降解的三种主要机理以及影响降解的因素。前两种降解机制是非生物的，最后一种是生物性的。高分子材料可以以非生物和/或生物方式降解。

表 1-3 高分子材料降解的途径

因素(条件/活度)	光降解	热氧降解	生物降解
活性因子	紫外线或高能辐射	热和氧	微生物助剂
热量需求	不需要	需高于环境温度	不要求
降解速率	起始慢,但传播速度快	快	中等
环境影响	不用高能辐射时,为环境友好型	环境意义上不可接受	环境友好型
总体可认可度	可接受,但成本高	不可接受	便宜,可接受

1.2.1.1 非生物降解

聚合物的非生物降解是指通过物理和/或化学过程使聚合物相对分子质量降低、高分子材料的拉伸强度下降、材料碎片化甚至出现肉眼可见的消失。非生物降解通常是生物降解发生的一个重要的初步步骤,因其有助于将惰性材料转化为更易生物降解的形式。

聚合物发生光降解的敏感性与其吸收对流层中太阳辐射有害部分的能力有关。这包括 UV-B 辐射（295~315nm）和 UV-A（315~400nm）,共同决定着地面上紫外线指数强度,同时也是造成直接光降解（光解、光氧化）的原因。而太阳光中的可见光部分（400~760nm）通过加热加速了聚合物的降解过程；红外辐射（760~2500nm）则加速了热氧化过程。大多数高分子材料倾向于吸收光谱中紫外线部分的高能辐射,以激活电子,使其具有更高的反应性并导致氧化、裂解和其他降解。

聚合物的热降解是由于过热导致的分子降解。高温作用下,聚合物分子链发生断裂并相互间发生反应,从而改变聚合物的结构和性能。热降解通常涉及聚合物相对分子质量（相对分子质量分布）的变化,导致聚合物的物理机械性能出现降低甚至劣化,如韧性下降、材料脆化、粉化、变色、开裂等现象。

氧化降解过程主要包括光降解（UV）和氧化,是指通过紫外线光解和在热和时间作用下的热氧降解降低聚合物的相对分子质量,进而可使之发生生物降解。

1.2.1.2 生物降解

严格来说,聚合物的生物降解可定义为在如光降解、氧化和水解等非生物性化学反应的辅助下,在有氧和厌氧条件下,由于微生物的影响而使得聚合物的物理和化学性质出现恶化,相对分子质量下降,直至形成 CO_2、H_2O、CH_4 和其他低相对分子质量产物。

生物降解是唯一能够从环境中完全清除聚合物或其降解产物的降解途径。生物降解分为两个阶段（图 1-9）。

第一步是将大分子解聚成较短的链。由于聚合物链的尺寸较大和许多聚合物的不溶性,这一步通常发生在生物体外。细胞外酶和非生物反应是造成聚合物链断裂的原因。虽然酶催化造成的聚合物链长减少是生物降解的主要过程,但非生物化学和物理过程也可以并行或作为第一步直接作用于聚合物。这些非生物效应包括化学水解、热聚合物降解以及通过辐射（光降解）引起的聚合物链氧化或断裂。对于某些材料,非生物化学可直接用于诱导生物降解过程（如聚乳酸）,且即使生物降解主要由细胞外酶引起,也必须考虑到非生物性化学反应的辅助作用。第一阶段非常重要,可大幅增加聚合物与微生物之间的接触面积。而细胞外酶一般体积较大,无法深入渗透到聚合物材料中,仅能作用于聚合物表面。因此,生物降解通常是表面腐蚀过程。

第二步对应于矿化过程。这一阶段,一旦形成足够的小尺寸低聚物片段,它们就会被

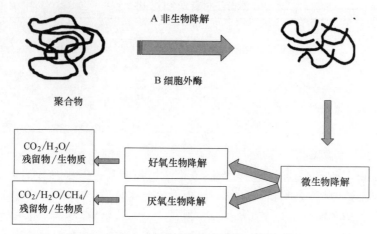

图 1-9　生物降解的化学过程图解

转运到细胞中并被微生物生物同化，然后矿化。矿化定义为生物降解材料或生物质向气体（如二氧化碳、甲烷和氮化合物）、水、盐和矿物质以及残留生物质的转化。完全生物降解时，残留生物质会完全转化为气体物质和盐。

聚合物的生物降解可在需氧或厌氧条件下发生。

（1）好氧生物降解　这是许多污染物自然衰减的一个重要过程，其中好氧细菌利用氧气作为电子受体，将有机塑料分解成二氧化碳和水等最终产物。好氧生物降解物质平衡方程：$C_{聚合物}+O_2 \longrightarrow CO_2+H_2O+C_{残留}+$生物质。

（2）厌氧生物降解　在许多污染物自然衰减的过程中，微生物在没有氧气的情况下会分解有机污染物。厌氧生物降解有两种可能的途径：厌氧呼吸和发酵，当厌氧菌使用硝酸盐、硫酸盐、铁、锰和二氧化碳作为其终端电子受体时，其过程就是厌氧呼吸；当有机材料（包括塑料）同时作为电子供体和受体时，塑料可以通过发酵进行生物降解，从而产生更小的简单有机化合物。厌氧生物降解物质平衡方程：$C_{聚合物} \longrightarrow CH_4+CO_2+H_2O+C_{残留}+$生物质。

环境因素不仅影响待降解聚合物，对微生物种群和不同微生物自身的活性也有重要影响。湿度、温度、pH、盐度、氧气的存在与否以及不同营养物质的供给等参数对聚合物的微生物降解有重要影响，这意味着同种聚合物在不同环境中的降解性能可能存在较大差异，故评价材料的生物降解性时必须考虑这些条件。

影响聚合物生物降解的另一个因素是其结构和组成方面的复杂性。不仅涉及聚合物组成的复杂性（添加剂、共混聚合物等）以及外观结构（尺寸大小、物理形态等），聚合物本身的结构和组成（敏感性官能团的存在与否、是否结晶等）对其降解过程和机理也会产生很大影响。

1.2.2　生物降解的试验方法、评价方法和测试标准

1.2.2.1　生物降解的试验方法

通常可以通过以下几种方法测试环境中塑料的生物降解：实地测试、模拟测试和实验室测试。

（1）实地测试　塑料材料生物降解的实地测试可以通过将其放置在湖泊或河流中或进行全面堆肥过程或将样品埋在土壤中而进行生物降解性能测试。但是，环境条件是无法控制的，通常很难确定材料重量的损失仅是由于生物降解引起的。可用模拟测试替代现场测试。

（2）模拟测试　模拟测试是在可控实验室条件下的反应堆中进行的，尽管模拟测试条件无法重现环境条件，但是重要的参数可以进行控制、调整和监控。

（3）实验室测试　实验室测试是重复性最高的生物降解测试。试验中需使用规定的培养基，并要接种混合微生物培养物或纯微生物培养物，这些微生物培养物适应于特定聚合物。在实验室试验中，可以确定塑料在"最佳"但不是自然条件下的降解率。这些测试对于系统研究和深入理解相关降解机理具有重要价值。

1.2.2.2　生物降解的评价方法

聚合物生物降解的评价方法有很多，因试验标准不同有所差异，可概括为以下几种。

（1）视觉观察法　几乎所有试验都可对材料的外观变化进行评估。用于描述降解的效应包括表面粗糙化、孔洞或裂缝、碎片的形成、颜色变化或表面形成的生物膜。这些变化不能证明在新陈代谢中存在生物降解过程，但视觉变化的参数可作为任何生物化作用的一个明显迹象。使用扫描电子显微镜（SEM）或原子力显微镜（AFM）进行更精密的观察，可得到有关降解机理的信息。在最初的降解之后，表面出现球晶，这是由于聚合物的非晶部分优先降解，这样可使得缓慢降解的结晶部分从材料中暴露出来。

（2）重量分析法　重量法是应用最广泛的技术，有着悠久的成功历史。对聚合物材料的要求包括：聚合物应易于模制成片状或条状的物理完整形式，试样不应对水分敏感或在短时间内暴露后易发生明显水解。这种方法最大的优点是简单，缺点是没有获得有关生物降解的直接证据；为了避免误差，所需样品数量大；样品的清洁过程和材料的过度分解都有可能影响测量的精度。

（3）力学性能的变化　与视觉观察一样，材料性能的变化不能直接证明材料发生了生物降解。但拉伸强度等性能对聚合物摩尔质量的变化非常敏感，而摩尔质量的变化通常也被直接用作降解的指标。

（4）放射性标记　与分析降解残留物不同，纯 CO_2 和 $^{14}CO_2$ 排放量的测量非常简单，无损，可用以测量最终的生物降解过程。如有适当 ^{14}C 标记的试验材料可用，则测量及相关解释相对简单。测试时，含随机分布的 ^{14}C 标记的材料在选定的微生物环境中暴露，而后使用闪烁计数器估算释放出的 $^{14}CO_2$ 的量。此方法不受聚合物中生物降解的杂质或添加剂的干扰。利用该技术对不同微生物环境下的高分子材料进行的生物降解性研究表明，该方法具有较高的精密度和一致性。但是使用成本高，使用放射性材料和相关的废物处理是该方法的缺陷。

（5）呼吸测量法　有氧条件下，微生物通过完整的呼吸链，以分子氧为最终氢受体，并将其最终转化为 CO_2。因此，O_2 的消耗（呼吸测试）或 CO_2 的生成（Sturm 测试）是聚合物降解的良好表征方法，也是实验室试验中最常用的生物降解测定方法。由于测试时，合成矿物介质以聚合物为唯一碳源，测试准确度很高。二氧化碳分析最初用于聚合物降解的水溶液试验系统，实际上也适用于固体基质试验。目前该方法已标准化，命名为可控堆肥试验。对于土壤中的聚合物降解，由于降解速度较慢，不仅导致试验持续时间较长

（长达 2 年），而且与土壤中存在的碳相比，CO_2 的释放也较低，因此 CO_2 检测比堆肥更为复杂。

需指出的是，在评估一种材料的生物降解性时，有必要采用多种测试程序，因为有些测试可能会出现误判，即错误地得出降解或生物降解已经发生的结论。例如，观察到的重量损失可能不是由于聚合物降解，而是由于增塑剂等添加剂的浸出；二氧化碳的产生可能是由于聚合物的低相对分子质量部分的降解而没有较长链的降解；材料强度的下降也可能是来源于添加剂的损失。

由于材料的降解能力取决于许多环境因素，因此在实验室评估中，一些测试可能表明材料具有潜在的或固有的生物降解性，而没有表明它在特定的环境中实际上具有生物降解性。

1.2.2.3　生物降解试验测试标准

可降解生物塑料产业的蓬勃发展，极大促进了相关标准化工作的进展。目前参与生物降解塑料测试标准建立的主要组织是：国家标准化管理委员会（GB）、美国材料与试验协会（ASTM）、欧洲标准化委员会（CEN）、国际标准化组织（ISO）、美国国家标准与技术研究院（NIST）、德国标准化协会（DIN）和法国标准化协会（AFNOR）等。目前标准主要集中在以下方面：①相关试验的技术规范和测试用试样制备的标准；②塑料在水生、污泥、堆肥、土壤以及有氧/无氧等环境中的生物降解能力测试标准；③针对某一具体产品或树脂制定的标准。

表 1-4 列出了国内塑料生物降解性能测定的相关标准。使用标准时应注意：①各标准所用试验条件相差较大，所得试验结果和数据无法进行换算；②自然环境试验试验结果重复性较差；③实验室的实验结果与试样在自然条件下的生物降解性存在区别；④实际使用时，应根据产品特点和各国家和地区的标准进行选择，必要时可采用多种测试方法，以综合评价试样的生物降解性能及其对环境的影响；⑤对于包含多元降解机理的塑料，其产品的相关标准尚欠缺。

表 1-4　　　　　　　　　　国内塑料生物降解性能测定的相关标准

标准号	标准名称	实验条件和评价要求
QB/T 2461—1999	《包装用降解聚乙烯薄膜》 标准附录 A 非等效采用 ASTM D5338-92 且附录 B 非等效采用 ISO 846-1997	评价要求:需氧生物降解率(30d)应不小于20%或生物降解后失重率(28d)应不小于10%
GB/T 18006.2—1999	《一次性可降解餐饮具降解性能试验方法》 对应产品标准:HJ/T 202—2005 参考标准:ASTM D5247、ASTM D5338	实验条件:水性环境条件,需氧、光-生物降解 评价要求:生物分解率:①塑料制品:≥30%;②纸制品:≥30%;③植物纤维制品:≥50%;④食品粉制品:≥50%;⑤其他完全生物降解类:≥60%
GB/T 19275—2003	《材料在特定微生物作用下潜在生物分解和崩解能力的评价》 参考标准:ISO 846	实验条件:特定微生物降解测试
GB/T 19276.1—2003	《水性培养液中材料最终需氧生物分解能力的测定　采用测定密闭呼吸计中需氧量的方法》 参考标准:ISO 14851	实验条件:水性环境条件,需氧生物降解

续表

标准号	标准名称	实验条件和评价要求
GB/T 19276.2—2003	《水性培养液中材料最终需氧生物分解能力的测定　采用测定释放的二氧化碳的方法》 参考标准:ISO 14852	实验条件:水性环境条件,需氧生物降解
GB/T 19811—2005	《在定义堆肥化中试条件下　塑料材料崩解程度的测定》 参考标准:ISO 16929	实验条件:定义堆肥条件,材料崩解程度测试
GB/T 20197—2006	《降解程度的定义、分类、标识和降解性能要求》	实验条件:水性或堆肥条件,需氧生物降解 评价要求:生物分解率:①单一聚合物:应≥60%;②混合物:有机成分≥51%,生物分解率应≥60%;③材料中组分≥1%的有机成分的生物分解率应≥60%
GB/T 22047—2008	《土壤中塑料材料最终需氧生物分解能力的测定　采用测定密闭呼吸机中需氧量或测定释放的二氧化碳的方法》 参考标准:ISO 17556	实验条件:土埋条件,需氧生物降解
GB/T 21661—2020	《塑料购物袋》	如 GB/T 20197—2006
GB/T 18006.1—2009	《塑料一次性餐饮具通用技术要求》	实验条件:如 GB/T 20197,适用于以各种热塑性材料制作的一次性餐饮具
GB/T 24453—2009	《酒店客房用易耗塑料制品》	评价要求:①一次性包装袋以外的酒店客房用易耗降解塑料制品,生物分解率≥60%;②一次性包装袋如 GB/T 20197—2006
GB/T 19277.1—2011	《受控堆肥条件下材料最终需氧生物分解能力的测定　采用测定释放的二氧化碳的方法　第1部分:通用方法》 参考标准:ISO 14855	实验条件:受控堆肥条件,需氧生物降解
GB/T 28018—2011	《生物分解塑料垃圾袋》	实验条件:受控堆肥条件,需氧生物降解 评价要求:如 GB/T 20197
GB/T 28206—2011	《可堆肥塑料技术要求》	实验条件:受控堆肥条件,需氧生物降解 评价要求:①生物分解性能:应测定整个材料及每种含量(干重)超过1%的有机成分的需氧生物分解能力;生物分解率≥90%或相对生物分解率≥90%;②崩解:崩解率≥90%;③生态毒性要求:塑料产品中金属及其他有毒物质的浓度符合相关规定和挥发性;至少含有50%的挥发性固体;样品堆肥的相对植物出芽率和植物生物量≥90%
GB/T 27868—2011	《可生物降解淀粉树脂》	实验条件:受控堆肥条件,需氧生物降解
GB/T 16716.7—2012	《包装与包装废弃物　第7部分:生物降解和堆肥》	实验条件:受控堆肥条件,需氧生物降解
GB/T 29284—2012	《聚乳酸》	如 GB/T 19277.1—2011
GB/T 29646—2013	《吹塑薄膜用改性聚酯类生物降解塑料》	实验条件:水性培养条件或受控堆肥条件或高固相厌氧消化条件,需氧或厌氧生物降解

续表

标准号	标准名称	实验条件和评价要求
GB/T 19277.2—2013	《受控堆肥条件下材料最终需氧生物分解能力的测定 采用测定释放的二氧化碳的方法 第2部分:用重量分析法测定实验室条件下二氧化碳的释放量》 参考标准:ISO 14855	实验条件:受控堆肥条件,需氧生物降解
GB/T 30293—2013	《生物制造聚羟基烷酸酯》	实验条件:如 GB/T 19277.1—2011 评价要求:相对生物分解率≥90%
GB/T 31124—2014	《聚碳酸亚丙酯(PPC)》	实验条件:如 GB/T 19277.1—2011 评价要求:相对生物分解率≥90%
GB/T 32366—2015	《生物降解聚对苯二甲酸-己二酸丁二酯(PBAT)》	实验条件:如 GB/T 19277.1—2011 评价要求:相对生物分解率≥90%
GB/T 32163.2—2015	《生态设计产品评价规范 第2部分:可降解塑料》	实验条件:如 GB/T 20197—2006
GB/T 18006.3—2020	《一次性可降解餐饮具通用技术要求》	实验条件:如 GB/T 19277.1—2011 评价要求:相对生物分解率≥90%

1.3 生物降解高分子材料的成型加工方法

随着科学技术的发展，新的技术、设备和工艺不断出现，人们将不同的聚合物原料成型加工为所需制品的选择性更多，也变得更为容易。生物降解高分子材料成型方法的选择主要取决于以下因素：①高分子材料的加工性能，高分子材料的可熔融性、可溶解性、熔点、玻璃化转变温度、结晶性能、热稳定性、化学稳定性以及可加工性（可挤压性、可模塑性、可延性和可纺性）等对其成型加工方法的选择都有着关键的影响。②制品形状和性能，不同的成型方法可以成型不同形状的制品，如挤出成型适于连续成型具有恒定截面的制品；而注塑成型适于形状复杂、尺寸精度高的制品。此外，同一制品采用不同成型方法制备，所得制品性能不尽相同。③成本和环保等因素的限制。

下面将以典型的生物可降解高分子材料为例，简单介绍其成型加工方法。

1.3.1 再生纤维素纤维、薄膜和气凝胶的加工成型

1.3.1.1 再生纤维素纤维的加工成型

（1）黏胶人造丝工艺 黏胶人造丝工艺是基于纤维素黄原酸酯的纤维素再生而发展起来的，除纤维外，还可用于薄膜和泡沫等的生产。生产工艺过程大致如下：①经碱处理制备碱性纤维素；②熟化后，与 CS_2 反应制备纤维素黄原酸酯，并溶解于碱水溶液中；③进一步熟化后，再经过滤、脱泡、湿纺等工艺成型；④凝固再生纤维素后，再经水洗、脱硫、漂白、干燥等后处理，即得制品。通过调整纤维素的相对分子质量以及添加剂的种类，可得人造丝（莫代尔）、黏胶短纤维和强力丝等产品。但这种传统工艺复杂，环境污染大。

（2）CarbaCell 纤维加工工艺　CarbaCell 纤维加工工艺是作为黏胶人造丝工艺替代工艺出现的。生产工艺过程大致如下：①经碱处理制备碱性纤维素；②分离出部分碱后，在惰性有机溶剂或液态尿素中进行，加热与尿素反应，生成纤维素氨基甲酸酯，并除去反应副产物；③溶解在碱溶液中，以类似于黏胶人造丝工艺制备 CarbaCell 纤维。与黏胶工艺比较，CarbaCell 纤维工艺环保性更好。

（3）Lyocell 工艺　该工艺是基于纤维素在 NMMO 水溶液体系再生而开发出来的。因 NMMO 溶剂无毒，且可被回收精制而重复使用，生产过程中无有害物排放，是清洁的绿色生产工艺。工艺过程大致如下：①浆粕预处理；②为了实现加工性能和力学性能的平衡，进行高低黏度浆粕的混配；③酶活化处理浆粕；④控制浆粕水分，并与适当助剂混合；⑤NMMO 溶解，湿法纺丝；⑥凝固再生，后处理。由于 NMMO 的热稳定性较差，近年来，新型溶剂如离子溶剂在纤维素纺丝工艺中的应用也引起了人们的重视。

（4）Biocelsol 工艺　该工艺过程如下：①浆粕经机械预处理和生物酶预处理；②在温度为 50℃，时间为 3~5h 条件下，使用 7.8g/L 的 NaOH/1.3g/L ZnO 溶解系统配制纺丝液；③经过滤、脱泡后，湿法纺丝；④凝固再生，后处理。生产过程无有害物质排出。

1.3.1.2　再生纤维素薄膜的加工成型

使用黏胶法生产的纤维素膜通常称为玻璃纸。其加工工艺与黏胶纤维大致相同，只是采用流延法成型。此外采用 Biocelsol 工艺，通过浇铸成型也可得到与商品化产品性能相当的薄膜。

1.3.1.3　再生纤维素气凝胶的加工成型

基于纤维素或纤维素衍生物的超轻、高多孔性气凝胶是新型高附加值的纤维素基材料。再生纤维素气凝胶的加工成型过程如下：①将纤维素溶解于直接溶剂中；②溶胶—凝胶过程；③凝固浴再生；④溶剂交换；⑤CO_2 超临界干燥或冷冻干燥。

1.3.2　热塑性淀粉基材料的加工成型

淀粉也可以使用传统的加工方法进行加工，如溶液和熔融成型加工（熔融过程包括挤出、注塑和压缩成型等）。但在淀粉颗粒中，以支链淀粉为骨架，其侧链通过氢键与直链淀粉结合，其中支链淀粉构成晶区。大量的氢键作用和结晶作用，使得淀粉难以直接以熔体或溶液的流体形式加工成型。通常可通过淀粉的化学改性或增塑作用，使得淀粉成为热塑性淀粉（TPS）。

通常，甘油和水通过重力给料机添加到马铃薯或玉米淀粉中，然后在单螺杆挤出机中混合。半结晶淀粉聚合物被加热和加压以将淀粉聚合物转化为非晶态相以进行加工。甘油可以影响淀粉的糊化起始时间，增加淀粉晶体熔化的活化能。

高直链淀粉可以通过增加水分含量、增加螺杆压缩比和增加螺杆转速（r/min）来获得更稳定的挤出流动、增加熔体强度和减少模具堵塞。

可以将复合 TPS 颗粒吹制成薄膜，每 100 份干淀粉中含 45 份甘油，水分含量为 13%（质量分数），吹胀比为 2~3。用直径 D 为 19mm、长度为 25D 的粉料造粒机制备粉料，再将该粉料用于吹膜。

1.3.3 聚乳酸的加工成型

PLA 可以通过各种方法加工成型。常见的方法包括挤出、注射成型、注射拉伸吹塑、铸造、热成型、吹膜、发泡、共混、纤维纺纱和混纺。

聚乳酸塑料成型加工前应进行干燥：无定形 PLA 于 45℃ 干燥 4h，结晶 PLA 于 60℃ 干燥 2h。

注射成型时，料筒各段温度一般设定在 180~200℃，由于 PLA 热稳定性较差，应避免其在高温下长时间停留；为保证顺利喂料，进料口温度应低，特别是经非晶化处理的 PLA；螺杆转速要在 100~200r/min，螺杆转速不能太高，防止因剪切生热，引发其降解；对于添加了成核剂的制品，可适当提高模具温度（105~115℃），以增加结晶度；注射模具应设计排气孔，防止气流引起制品降解；另外建议使用热流道系统。

挤出成型片材时，除了要考虑 PLA 热稳定性较差以及高温下易于水解等特性外，还应注意到其熔体强度低引起的熔体破裂和产量下降等问题。一般有以下解决途径：加入适宜的加工助剂如扩链剂，增加熔体强度；选择真空排气双螺杆挤出机或配有干燥系统的单螺杆挤出机；因为 PLA 对温度敏感，加工设备宜采用多点温度加热及冷却，便于快速和精确控制。

1.3.4 聚羟基脂肪酸酯的加工成型

PHAs 的加工性能较差，存在热稳定性差、容易水解、加工窗口相对较窄、结晶速度太慢使其加工成型周期太长等缺点。

PHB 的结晶度高（55%~80%），制品韧性低，且由于 PHB 熔点（180℃）与分解温度（190~200℃）相近，使得其加工窗口非常窄，加工变得困难。

但 PHAs 可由 3HB、4HB 和 HV 等 100 多种单体制备。明显的，PHAs 的化学结构和相对分子质量会影响塑料树脂的物理、力学和加工性能。一些 PHAs 更适合于注塑应用，而另一些 PHAs 更适合吹塑和热成型应用。

PHBV 的应用价值较高，因为相对于均聚物，其韧性好，玻璃化温度和熔点较低。由于 HV 在较低的加工温度下具有较高的熔体稳定性，共聚物中 HV 的存在改善了加工性能。PHBV 应在低于 160℃，低螺杆速度下加工；加工温度超过 160℃，PHBV 会由于无规链断裂过程而导致降解。PHBV 塑料易碎，且抗张强度低。相反，用于包装的 P（3HB-4HB）显示出高拉伸强度和更高的断裂伸长率，且在 135~160℃ 的温度下进行注塑的 P（HB-HV）表现出较好的热稳定性。

在实际应用时，常通过化学改性、共混改性以及引入增塑剂等功能助剂的方法来改善 PHAs 的加工流变性能和使用性能。

1.3.5 生物降解高分子纳米复合材料的加工方法

部分生物降解聚合物的加工性能和材料性能差，限制了它们的适用性。作为克服这些问题的一种方法，是将纳米材料引入聚合物基体中，以改善生物可降解聚合物纳米复合材料的性能（如力学性能、热学性能、流变特性和电导率）。但因纳米粒子表面积大，易于团聚，所以选择合适的加工方法来制备适用于各种工业应用的生物降解聚合物纳米复合材料至关重要。

合适的加工方法应满足：保证纳米粒子在聚合物基体中的均匀分散；不降低原始聚合物的力学性能和其他重要性能；纳米粒子和聚合物间应有强界面作用，以促进两相复合效应的发挥，使得应力可通过界面传递到纳米粒子，从而起到增强作用。常用的加工方法有熔融混合、溶液混合和原位聚合技术。

1.4　生物降解高分子材料的应用领域

基于环保原因、经济原因、实用原因，甚至基于健康和安全的原因，生物降解塑料产品正在成为一些重要的小众市场上可行的替代品。目前涉及的领域主要有：医药、纺织品（服装和织物）、卫生用品、农业、汽车工业以及一些特定的包装应用领域。其中由于其特殊性和更大的附加值，医疗器械应用的发展速度比其他行业都快。

近年来，新的生物降解聚合物品种、新的加工技术和工艺不断出现，环境问题日益严峻，这些因素促使研究者加大了对生物降解高分子材料的研究力度，使得生物降解高分子材料的潜在应用领域不断扩大，但大都停留在实验室阶段。这里只是简单介绍其主要应用领域。

1.4.1　医　疗　领　域

Ecoflex 作为一种完全生物降解的材料，已发现该材料具有防水性和抗油脂性，使其适合用作医疗用一次性包裹材料，最终在正常的堆肥系统中分解。

生物降解的聚合物已广泛用于血管和骨科的手术中：作为可植入的基质，用于控制药物在体内的长期释放；作为可吸收的外科缝合线、塑料钉、各种针脚和螺钉和血管移植物、人造皮肤和骨骼固定装置等。

我国首个国产生物可吸收冠脉支架的基体及药物载体涂层由可吸收材料左旋聚乳酸（PLLA）制成，支架基体和涂层可在体内逐步被生物降解和吸收。而国产的"全降解鼻窦药物支架系统"，支架材料为丙交酯-乙交酯共聚物，药物涂层由药物糠酸莫米松、丙交酯-乙交酯共聚物、聚乙二醇组成。

1.4.2　包　装　领　域

包装领域中生物降解聚合物的细分市场包括用于堆肥或食物残渣的堆肥袋、提包、泡沫材料和食品领域（例如一次性可堆肥塑料杯、吸管、盘子和餐具以及食物包装纸和容器）。

1.4.3　农　业　领　域

生物降解聚合物在农业领域以其作为农业覆盖物、农业种植容器、以及在农业化学品的控制释放方面的应用引起了人们的兴趣。基于淀粉和聚乙烯醇的生物降解薄膜已发展成为农用地膜；淀粉、纤维素、甲壳素、海藻酸和木质素等天然聚合物已用于农药控制释放系统；而聚己内酯则用作农业种植容器。

近年来，研究发现在生命周期结束时，生物聚合物在农业中用作土壤再生剂是可行的。例如，Ecoflex 薄膜可用于在冬季覆盖易受霜冻的植物，并在生命周期结束时与土壤混合在一起，成为富含营养的肥料。可堆肥的生物聚合物补充了当前土壤中的养分循环，这从农业角度看很重要。研究发现，播种后立即使用塑料覆盖物不到 40 天，可以增加春小麦的产量，是农作物覆盖物的理想材料。

1.4.4　纺织品和个人卫生用品领域

由生物降解的聚合物制成的机织和无纺布可用作工业擦拭布、过滤器和土工布等。而带有生物降解塑料衬里的一次性尿布或卫生棉条等个人卫生产品均由生物降解树脂制成。

思　考　题

1. 简述生物可降解高分子材料的定义和分类。
2. 简述高分子材料降解的主要途径及其影响因素。
3. 有氧生物降解和厌氧生物降解有何区别？
4. 生物可降解高分子材料中哪些更容易发生水解降解或酶促降解？
5. 选择生物可降解高分子材料的成型加工方法时，应该考虑哪些因素？

参 考 文 献

［1］　Williams CK, Hillmyer MA. Polymers from Renewable Resources：A Perspective for a Special Issue of Polymer Reviews［J］. Polymer Reviews, 2008, 48：1-10.

［2］　Rass-Hansen J, Falsig H, Jorgensen B, et al. Fuel or feedstock［J］. Journal of Chemical Technology and Biotechnology, 2007, 82（4）：329-333.

［3］　Yin GZ, Yang XM. Biodegradable polymers：a cure for the planet, but a long way to go［J］. Journal of Polymer Research, 2020, 27（2）：38.

［4］　Chandra R, Rustgi R. Biodegradable polymers［J］. Progress in Polymer Science, 1998, 23：1273-1335.

［5］　Flieger M, Kantorová M, Prell A, et al. Biodegradable plastics from renewable sources［J］. Folia Microbiologica, 2003, 48（1）：27-44.

［6］　Albertsson AC, Karlsson S. Chemistry and Technology of Biodegradable Polymers［M］. Glasgow：Springer, 1994：48.

［7］　Suvorova AI, Tyukova IS, Trufanova EI. Biodegradable starch-based polymeric materials［J］. Russian Chemical Reviews, 2000, 69（5）：451-459.

［8］　Decriaud AC, Maurel VB, Silvestre F. Standard methods for testing theaerobic biodegradation of polymeric materials. Review and perspectives［J］. Advances in Polymer Science, 1998, 135：207-226.

［9］　NAYAK, Padma L. Biodegradable Polymers：Opportunities and Challenges［J］. Journal of Macromolecular Ence Part C, 1999, 39（3）：481-505.

［10］全国塑料制品标准化技术委员会. 降解塑料的定义、分类、标识和降解性能要求：GB/T 20197—2006［S］. 北京：中国标准出版社, 2006.

［11］Standard specification for compostable plastics, annual book of standards：ASTM D 6400—99［S/OL］.

Philadelphia：ASTM，1999.

［12］ Avérous L，Pollet E. Environmental Silicate Nano-Biocomposites，Green Energy and Technology ［M］. London：Springer，2012：13-39.

［13］ Doppalupudi S，Jain A，Khan W，et al. Biodegradable polymers—an overview ［J］. Polymers for Advanced Technologies，2014，25 （5）：427-435.

［14］ Naira LS，Laurencina CT. Biodegradable polymers as biomaterials ［J］. Progress in Polymer Ence，2007，32 （8-9）：762-798.

［15］ Sharma SK，Mudhoo A. A Handbook of Applied Biopolymer Technology：Synthesis，Degradation and Applications ［M］. UK：RSC Publishing，2011：149-185.

［16］ Langanke J，Wolf A，Hofmann J，et al. Carbon dioxide （CO_2） as sustainable feedstock for poly-ure-thane production ［J］. Green Chemistry，2014，16 （4）：1865-1870.

［17］ Zikmanis P，Kolesovs S，Semjonovs P. Production of biodegradable microbial polymers from whey ［J］. Bioresources and Bioprocessing，2020 （7）：36.

［18］ Shah AA，Hasan F，Hameed A，et al. Biological degradation of plastics：A comprehensive review ［J］. Biotechnology Advances，2008，6：246-265.

［19］ Roy PK，Hakkarainen M，Varma IK，et al. Degradable Polyethylene：Fantasy or Reality ［J］. Environmental Science & Technology，2011，45：4217-4227.

［20］ Pospisil J，Nespurek S. Highlights in chemistry and physics of polymer stabilization ［J］. Macromol-ecular Symposia，1997，115：143-63.

［21］ Wang XL，Yang KK，Wang YZ. Preparation of starch blends with biodegradable polymers ［J］. Journal of Macromolecular Science：Part C：Polymer Reviews，2003，3：385-409.

［22］ Luckachan GE，Pillai CKS. Biodegradable Polymers-A Review on Recent Trends and Emerging Perspectives ［J］. Journal of Polymers & the Environment，2011，19：637-676.

［23］ Chandra R，Rustgi R. Biodegradable polymers ［J］. Progress in Polymer Science，1998，23：1273-1335.

［24］ Leja K，Lewandowicz G. Polymer biodegradation and biodegradable polymers：a review ［J］. Polish Journal of Environmental Studies，2010，19：255-266.

［25］ Nithin B，Goel S. Degradation of Plastics Advances in Solid and Hazardous Waste Management ［M］. New Delhi，India：Capital Publishing Company，2017：235-346.

［26］ Breulmann M，Andreas Künkel，Philipp S，et al. Polymers，Biodegradable ［M］. Weinheim Germany：Wiley-VCH Verlag GmbH & Co. KGaA，2016：1-27.

［27］ Ikada E. Electron microscope observation of biodegradation of polymers ［J］. Journal of Environmental Polymer Degradation，1999，7：197-201.

［28］ Sharabi NE，Von BR. Testing of some assumptions about biodegradability in soil as measured by carbon dioxide evolution ［J］. Applied and Environmental Microbiology 1993，59：1201-1205.

［29］ 魏晓晓，张梅，李琴梅，等. 生物降解塑料国内外标准概况 ［J］. 标准科学，2016 （11）：58-64.

［30］ 王寒冰，张健，王立石. 国内生物降解塑料标准概况 ［J］. 区域治理，2018，000 （011）：139.

［31］ Zemljic LF，Hribernik S，Manian AP，et al. The European Polysaccharide Network of Excellence （EP-NOE） ［M］. Vienna：Springer，2013：153-182.

［32］ Greene JP. Sustainable Plastics：Environmental Assessments of Biobased，Biodegradable and Recycled Plastics ［M］. Hoboken：Wiley，2014：71-107.

［33］ Kühnert I，Sprer Y，Brünig H，et al. Processing of Poly （lactic Acid） ［J］. Advances in Polymer

Ence, 2018, 282: 1-34.

［34］ Bugnicourt E, Cinelli P, Lazzeri A, et al. Polyhydroxyalkanoate（PHA）: review of synthesis, characteristics, processing and potential applications in packaging ［J］. Express Polymer Letters, 2014, 8（11）: 791-808.

［35］ Kalia S, Kaith BS, Kaur I. Cellulose Fibers: Bio-and Nano-Polymer Composites. Green chemistry and technology ［M］. New York: Springer-Verlag Berlin Heidelberg, 2011: 425-451.

2 聚 乳 酸

2.1 概 述

聚乳酸（PLA）是一种生物基与生物可降解高分子材料，由淀粉发酵生成乳酸，然后通过聚合得到聚乳酸，使用后能完全降解为 CO_2 和 H_2O。PLA 具有无毒、降解产物可参与人体新陈代谢等优点，在医用领域得到广泛使用。PLA 的另一个优点是生产过程能耗低、碳排放低。可见，PLA 的生产和使用既可以缓解严重的白色污染，又可以节省石油资源。

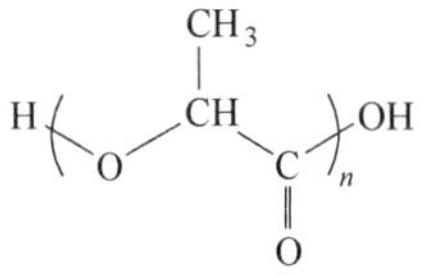

PLA 是一种新型高分子材料，其化学结构式如图 2-1 所示。PLA 的生产的工艺流程是：从植物中提取淀粉，淀粉经酶分解得葡萄糖，乳酸菌发酵产生乳酸，化学合成得到 PLA。PLA 类废品

图 2-1 PLA 的结构式

的回收绿色环保，经微生物、水、酸或碱的作用，可彻底分解成 CO_2 和 H_2O，不会对环境造成污染。

PLA 的结构单元是乳酸，乳酸单体于 1780 年首次被发现存在于牛奶中，又称为 α-羟基酸或 2-羟基丙酸，是一种具有手性碳的有机酸，通常表现为无色具有吸湿性的液体，根据光学活性可分为左旋乳酸（L-乳酸）和右旋乳酸（D-乳酸），其结构式如图 2-2 所示，L-乳酸、D-乳酸可形成消旋乳酸（DL-乳酸）。其中 D-乳酸存在于人体肌肉组织内，L-乳酸是哺乳动物的代谢产物。

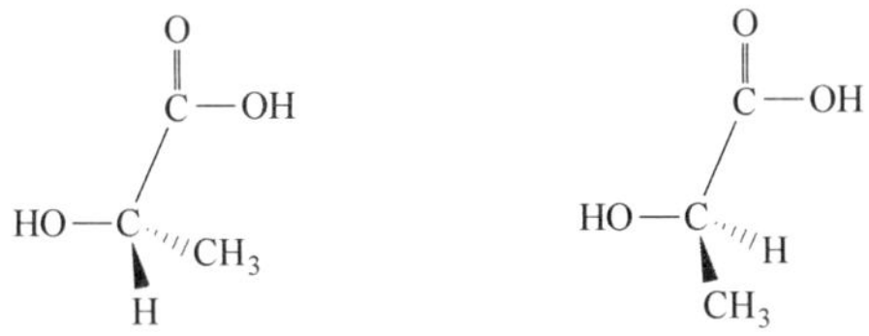

图 2-2 乳酸的光学异构结构式

2.2 聚乳酸的合成

由于在自然界中并不存在天然的 PLA，因此只能通过人工合成来获得 PLA。目前常用的合成 PLA 的方法主要有乳酸直接缩聚法、丙交酯开环聚合法、反应挤出聚合法、直接-固相聚合法、溶液聚合法等。下面对乳酸直接缩聚法和丙交酯开环聚合法展开介绍。

2.2.1 直接缩聚法

乳酸的脱水缩合是最早用于制备 PLA 的简单且行之有效的方法。乳酸分子中同时含有羧基与羟基，羧基与羟基都具有很高的反应活性，通过加热，乳酸分子之间发生脱水缩合反应，可直接制备得到 PLA。直接缩聚法具有原料来源广、价格低廉、操作简单、试剂用量少等特点，但所制得的聚合物相对分子质量偏低，不足以满足成膜或纺丝的市场需求，应用价值不大，必须进一步提高聚合物的相对分子质量，才能开拓更加广阔的市场，

使其具有更加广泛的用途。基于上述合成PLA的缺点，人们提出两种方法对其进行改进：①熔融-固相缩聚法，以高纯度乳酸单体作为反应原料，通过熔融聚合法制备出低相对分子质量的PLA，然后运用固相聚合方法，使相对分子质量较低的PLA的端基进一步发生反应使其扩链，从而大大提高了最终产物的相对分子质量；②扩链法，以乳酸单体为原料，先直接缩合合成相对分子质量较低的PLA，再在氮气保护下加热至熔融（温度在200℃左右）并加入异氰酸酯扩链，相对分子质量可提高3~4倍。

2.2.2 丙交酯开环聚合法

使用乳酸直接脱水缩合制备PLA的方法时，由于在反应过程中，反应体系的黏度会逐渐增大，使反应产生的水很难分离，阻碍了反应向正方向进行，而导致反应得到的PLA相对分子质量偏低，不足以满足市场需求。因此需采用更加可行的方法来提高PLA的相对分子质量，丙交酯开环聚合法可制得高相对分子质量的PLA。丙交酯开环聚合制备PLA的方法分为两步：①乳酸在催化剂的作用下，脱水缩聚成二聚体——丙交酯；②丙交酯直接本体熔融聚合得到PLA。该方法在第一步中将体系中的水全部除去，第二步反应为本体反应，不产生任何阻碍反应进行的杂质，因此可得到高相对分子质量的PLA。丙交酯的光学异构结构如图2-3所示。在一定条件下，无论是乳酸缩合还是丙交酯开环都可得到全规、间规、杂规及无规的PLA。丙交酯开环聚合的机理可分为：阴离子型开环聚合、阳离子型开环聚合和配位型开环聚合。

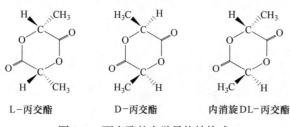

L-丙交酯　　　　D-丙交酯　　　　内消旋DL-丙交酯

图2-3　丙交酯的光学异构结构式

综上所述，虽然PLA的合成方法多种多样，但要想得到相对分子质量大于10万的高相对分子质量PLA，丙交酯开环聚合是最行之有效且应用最为广泛的合成方法。

2.3　聚乳酸的性能

在众多绿色高分子材料中，PLA是最有发展潜力的品种之一。与石油基聚合物相比，PLA具有无毒、无刺激、强度高、可生物降解、生物相容等优良性能。当乳酸预聚成丙交酯时，可能出现三种不同的丙交酯：L-丙交酯、D-丙交酯和DL-丙交酯，因此通过丙交酯开环聚合可制得三种不同线型聚合物，包括左旋聚乳酸（PLLA）、右旋聚乳酸（PD-LA）和消旋聚乳酸（PDLLA）。综合生产成本与产品性能等多方面考虑，目前国内外研究与应用最多的是PLLA。

PLLA是一种半结晶性脂肪族聚酯，易溶于丙酮、苯、氯仿、乙酸乙酯，不溶于水、醇及醚类溶剂，密度为$1.25~1.28g/cm^3$，玻璃化转变温度（T_g）约为56℃，熔融温度（T_m）170℃左右，热变形温度（HDT）约为52℃，起始分解温度（T_d）为285℃。室温下拉伸强度约为60MPa，高于聚丙烯（PP）、高密度聚乙烯（HDPE）和聚苯乙烯（PS）等通用塑料，但其冲击强度和断裂伸长率较低，断裂伸长率仅3%~5%。下文将详细介绍这些性能。

2.3.1 物 理 性 能

PLA 拥有很好的物理性能，表现为机械强度高、抵抗外界气候变化的能力强，有良好的弹性、抗皱性和保形性。PLA 和普通石化合成塑料的基本物理性质类似，利用 PLA 做成的塑料薄膜的透明度与力学强度与 PS 所制的薄膜相当，该优点是其他生物可降解材料无法比拟的。通常情况下，它的弹性模量为 3000~4000MPa，拉伸强度为 50~70MPa。因此，它能在一定程度上替代传统的通用塑料，作为可降解的包装、容器和其他制品的原料。但是，PLA 较低的断裂伸长率限制了它的进一步应用。PDLLA 在使用时会发生收缩，并且在体内的收缩率会达到 50% 以上，严重妨碍其应用。相比之下，人们更多地使用收缩率较小的 PDLA 和 PLLA。

PLA 抵抗外界气候变化的能力强，其玻璃化转变温度（T_g）范围为 50~80℃，大多数在 60℃ 左右，熔融温度在 130~180℃，当其受热温度高于 190℃ 时，相对分子质量会明显降低，热分解温度在 300℃ 左右，不能用于微波炉加热，耐热性较差。除此以外，PLA 熔体强度低，成膜比较困难；韧性差、易碎，撕裂强度低，伸长率小。

与其他通用塑料相比，PLA 具有高的拉伸强度、弯曲强度，但是其耐热性能差，断裂伸长率较低，同时抗冲击性能也不能令人满意。因此，若想使其得到更进一步的应用，必须对这些性能加以改善。

2.3.2 结 晶 性 能

由于单体乳酸的旋光性不同，最后生成的 PLA 可以分为部分结晶型和无定形 PLA，两者在性能上会有非常大的差异。由具有旋光性的单体制得的 PLLA 是部分结晶的，它的拉伸强度为 50~70MPa，弹性模量为 3000~4000MPa，断裂伸长率为 2%~10%，弯曲强度在 100MPa 左右，同时弯曲模量为 4000~5000MPa。

与部分结晶 PLA 不同的是，无旋光性的单体制备的 PDLLA 通常是无定形的，因为在生产过程中它的结晶速率较慢。通常情况下它的拉伸强度为 40~55MPa，弹性模量为 3500~4000MPa，断裂伸长率为 5%~8%，弯曲强度在 90MPa 左右，同时弯曲模量为 3500MPa 左右。

对于 PLLA 和 PDLA，单体的光学纯度必须在 95% 以上时才有可能结晶，否则结晶度会很小或者不结晶。

PLA 是一种结晶性高分子材料，其透明透光度好，熔点较高，不同的结晶条件可以使 PLA 形成四种不同晶型 α、β、γ 和 δ。其中最常见的是 α 晶型，δ 晶型（低于 100℃ 下结晶）与 α 晶型十分相似，但是分子规整度较低。PLA 的结晶行为对性能的影响可归纳为以下几点。

2.3.2.1 聚乳酸结晶对力学性能的影响

当在玻璃化转变温度（T_g）以下时，结晶度对脆性、拉伸强度和冲击强度影响较大，因为随着聚合物的结晶度增加，其分子排列趋于紧密，即分子链段不易活动，故 PLA 的结晶度增大，其脆性增大，而拉伸强度和冲击强度都会有所减小。当在 T_g 以上时，由于结晶度增加伴随着分子间作用力增加，使材料相应的弹性模量、硬度、拉伸强度提高，但断裂伸长率和冲击强度会减小；微晶在 T_g 以上会产生物理交联的作用，使大分子滑移减小，则蠕变和应力松弛随着结晶度的增加而降低。此外，球晶的尺寸对 PLA 力学性能也有很大的影响。

2.3.2.2 聚乳酸结晶对热学性能的影响

在不结晶或结晶度较低时，PLA 的 T_g 为最高使用温度。如果结晶度达 40% 以上，其晶区则会形成连续相，那么 PLA 在玻璃化转变温度以上不会软化，最高使用温度可达到结晶熔点。也就是说，提高 PLA 结晶能力可以使所得材料的热稳定性增加。

2.3.2.3 聚乳酸结晶对透明度的影响

PLA 的结晶度不同，其密度就会产生差异，导致折射率不同。一般而言，透明度会随着结晶度的增加而减小。完全非晶高聚物通常是透明的，而结晶性聚合物可以通过减小晶体尺寸来提高透明度。

2.3.2.4 聚乳酸结晶对其他性能的影响

结晶区的分子排列比非晶区更加规整致密，阻挡试剂渗入的效果更佳。因此，聚合物结晶度的大小，会对聚合物的溶解度、渗透性、化学反应活性等有影响。

2.3.3 成型加工性能

由于 PLA 的熔融温度、熔体黏度适中，故其适用于各种机械加工方法，如注塑、挤出、吹膜等，易成型，加工方便，可用作食品包装、覆盖材料等。PLA 还具有很好的溶液成膜性，可以采用流延制膜法制备出薄膜。另外，PLA 还能通过纤维成型法制备出 PLA 纤维，这使得 PLA 可作为保健织物、抹布、室外织物、帐篷布、地垫等使用，市场应用前景广阔。PLA 包装材料的具体加工成型方法及制品详见"2.5 聚乳酸加工成型"。

2.3.4 水解降解性能

PLA 的水解降解过程、降解速率和机理取决于水解条件和材料本身的性质，水解条件包括温度、pH、介电常数和催化剂的种类等，材料本身的性质包括分子结构、相对分子质量大小及其分布、结晶度和立构规整度等。因此可以通过改变这些因素来调控 PLA 的水解降解过程，从而可以根据 PLA 的不同用途，将其制成具有不同水解降解速率的材料。例如将 PLA 用作生物医用材料，选择具有与组织器官愈合速率相匹配的降解速率的材料。作为药物基材，则应在保持最适宜降解速率的同时还能使人体内的药物浓度维持在恰当的范围。但在商品和工业化应用方面，水解降解有时对 PLA 的力学性能是不利的，需要设法减缓其降解速度。PLA 的水解降解通常分几个阶段进行：①水分子扩散到材料中；②非晶区分子链对水的侵蚀抵抗较差，首先发生水解；③酯键的水解裂解和水溶性化合物的形成导致相对分子质量的减少；④端羧基和酸性降解产物浓度增加，降解速率加快，产生自催化现象，结晶区开始发生降解。

2.3.5 生物降解性能

关于可降解塑料和生物降解塑料之间的差异，已经制定了许多标准来澄清可能的误解。标准 ASTMD 883—12 规定可降解塑料是在特定环境条件下其化学结构发生显著变化的塑料，导致某些性能丧失。塑料的降解可以通过化学或生物方式，通过加热或通过紫外线诱导。根据降解过程，材料可分为可光降解（当通过 UV 光降解时）或生物降解（当通过微生物降解时）。同样的国际标准定义了生物降解的塑料作为一种塑料，其降解是由天然存在的微生物如细菌、真菌和藻类的作用引起的。塑料的生物降解可以是需氧的或厌氧的，这取决于它们被降解的环境。尽管厌氧条件对研究垃圾填埋、海洋处理和厌氧消化系统都很重要，但与好氧条件相比，对 PLA 在低温厌氧条件下的降解行为的研究较少，这可能是因为 PLA 在低温下的降解速率低。虽然 PLA 在适当的条件下可以被多种微生物降解，但其在自然条件下的降解速率还是很慢。因此目前 PLA 的生物降解研究主要集中于在工业堆肥环境下的生物降解过程，工业堆肥已经被证明是最适合 PLA 生物降解的环境。

堆肥是一种自然过程，其中有机物质被分解产生腐殖质，腐殖质是一种类似土壤的物质。分解主要由微生物（包括细菌、真菌和放线菌，有时也涉及昆虫、蚯蚓和其他土壤栖息生物）作用实现。参与堆肥的主要嗜热和嗜温微生物群是真菌、细菌和放线菌。有机物质是这些生物的食物来源。该过程需要碳、氧、氮、水和热量。微生物利用碳作为能量来源，用氮构建细胞结构。ASTM 和 ISO（国际标准组织）已经制定了标准来评估聚合物在不同环境下的生物降解性，例如堆肥、厌氧消化和废水处理。根据标准 ASTM D6400，如果产品在受控的实验室堆肥条件下通过解体、生物降解、陆生和水生安全性的测试，则该产品是可堆肥的。PLA 在堆肥环境中的降解主要包括化学水解和天然土壤微生物的降解两个过程。首先发生的是 PLA 链段酯键的化学水解，导致相对分子质量降低，该过程遵循 PLA 的水解降解机理；当相对分子质量降低到一定程度时，小相对分子质量低聚物和单体便可以被微生物进攻，并在酶的作用下进一步分解为 CO_2 和 H_2O。

2.4 聚乳酸改性

PLA 材料兼具天然再生资源充分利用和环境治理的双重意义，因而受到各国的重视。然而，随着研究的不断深入，PLA 逐渐暴露出了自身的弊端：疏水性强、结晶速度慢、结晶度低、热稳定性能较差、力学性能不够高（主要是韧性差）等。例如，与一些石油基的高分子材料相比（表 2-1），其耐热性能相对较差，力学强度丧失快，缺乏足够强的韧性等。作为一种聚酯型高分子，其主链中含有大量的酯结构，使其具有比较强的疏水性。作为膜材料时，其脆性和力学取向性使其难以满足生产生活中的一些使用要求。尽管通过提高聚合物的相对分子质量、控制基体树脂的结晶度，可以在一定程度上改善其力学、热学性能，但该方法的成本较高。故 PLA 难以满足实际应用中对材料性能的多方面要求，制约了其进一步发展。因此，科学家们就 PLA 改性展开了大量研究，获取具有优良性能的 PLA 材料。2.4 将从 PLA 增韧改性、阻隔改性、耐热改性、抗菌改性等方面介绍 PLA 包装材料。

2.4.1 增 韧 改 性

PLA 因具有良好的生物降解性和优异的性能，在未来的高分子领域会有广阔的应用前景。同时，研究发现 PLA 在力学性能上存在一定的缺陷，其具有高的弹性模量和拉伸强度，但是它的热稳定性差、断裂伸长率低，简支梁冲击强度不高。针对以上的性能缺陷，目前，急需提高 PLA 的韧性使其满足应用的要求。

表 2-1　　　　　　　　　PLA 与石油基高分子材料的基本性能比较

材料性质	PLA	聚对苯二甲酸乙二醇酯	聚苯乙烯	聚丙烯
玻璃化转变温度/℃	55	75	100	-10
熔点/℃	175	260	—	165
拉伸强度/MPa	55	55	45	30
冲击强度/(J/m)	15	60	30	30
断裂伸长率/%	5	130	5	120

　　PLA 的增韧改性方法主要有共混、共聚改性等方法，在各种改性工艺中，共混改性是最简便的改性方法，PLA 与增塑剂、柔性聚合物进行简单的机械共混是最为常用的增韧方法。目前，人们广泛研究用柠檬酸酯醚、葡萄糖单醚、部分脂肪酸醚、低聚物聚乙二醇（PEG）、低聚物聚乳酸（OLA）、丙三醇、聚丙二醇等增塑剂来提高 PLA 的柔韧性和抗冲击性能。这些增塑剂中，柠檬酸酯类增塑剂是美国食品与药品管理局（FDA）认可的环保型无毒增塑剂。选用增塑剂对 PLA 进行增韧改性是一种既经济又简单的方法。通过添加增塑剂降低聚合物分子链间的次价键，降低 T_g，提高分子链的运动能力，改善 PLA 的成型加工性。在选用增塑剂对 PLA 进行增韧改性的研究中，聚乙二醇（PEG）对 PLA 增韧改性的报道较多。科研人员研究了不同含量、不同相对分子质量（$M_w = 200 \sim 20000$）PEG 对 PLA 结晶性能和冲击强度的影响，结果表明 PEG 的加入降低了 PLA 分子间作用力，增加了分子链的活动能力，当 PEG-10000 含量为 20%（质量分数）时，增塑效果最明显。PEG 有利于提高 PLA 的成型加工性、力学性能，其中 PLA/PEG 共混物的断裂伸长率可以从纯 PLA 的 5% 增加至 100% 以上。PEG 与柠檬酸的共聚物（PEGCA）对 PLA 力学性能的影响与 PLA/PEG（85/15）共混体系相比，当 PEGCA 含量为 15% 时，共混物的断裂伸长率和冲击强度分别可达到 240% 和 100J/m。

　　将 PLA 与韧性优异、生物降解的聚合物［如聚己内酯（PCL）、聚对苯二甲酸-己二酸-丁二醇酯（PBAT）、聚丁二酸丁二醇酯（PBS）、聚羟基丁酸酯（PHB）等］进行机械共混，在一定程度上既可以实现增韧 PLA 的目的，又符合当前绿色环保的要求。近年来，全生物降解的 PLA/生物降解聚合物共混体系逐渐引起人们的重视。PCL 的加入可降低 PLA 的 T_g、加快 PLA 的结晶速率，同时改善 PLA 的加工性能。当 PCL 含量为 20% 时，PCL 均匀分布在 PLA 基体中，冲击强度和断裂伸长率达到最大值。PLA、PCL 两相部分相容，当 PCL 含量为 50% 时，共混物的冲击强度增加了 2.5 倍。将 PLA 与 PBAT 进行共混制得 PLA/PBAT 共混物，其中 PBAT 粒子可均匀分散在 PLA 基体中，提高 PLA 的结晶速率，当 PBAT 含量为 20% 时，共混物的冲击强度和断裂伸长率分别达到 4.5kJ/m²、200%。随着 PBAT 含量的增加，共混物的相容性逐渐变差，当 PBAT 含量为 30% 时，共混物冲击强度达到最大值 5kJ/m²。PLA、PBS 相容性良好，在 6% 的应变条件下进行流变性能的频率扫描时，储能模量和损耗模量与频率呈正相关关系，损耗因子和复数黏度与频率呈负相关关系，即剪切变稀。PLA、PHB 两相互不相容，PHB 作为填料和成核剂提高了 PLA 的结晶速率和结晶度，当 PHB 含量为 25% 时，共混物的断裂伸长率达到最大值。

　　添加全生物降解的聚合物可以实现对 PLA 增韧的目的，同时制备的共混物具有完全生物降解的特性，对于缓解当前"白色污染"具有重要意义，但由于 PLA 与可完全降解的聚合物相容性差，对 PLA 增韧的效果有限。需要对其进行增容改性以达到最佳的增韧效果。

2.4.2 阻隔改性

食品、果蔬等属于富含营养物质的活性体，用于这些物品的包装材料，不但在力学性能、透明性、化学稳定性、卫生等方面有要求，而且对阻隔性也有严格的要求，特别是果蔬包装材料。因此，聚合物包装材料对阻隔小分子（例如 CO_2、H_2O、O_2）渗透起着重要作用，特别是，对于食品中的脂肪来说，O_2 分子是一种很好的氧化剂，会导致食品的腐败恶化。此外，聚合物包装材料对较大的挥发性分子的阻隔性能也有需要，因为这些分子在聚合物中运输和渗透时，会引起食品味道改变。通过聚合物的结晶区域可以影响 PLA 这类半结晶聚合物的阻隔性能。此外，在非结晶区域，根据 PLA 使用温度时所处的是橡胶态还是玻璃态，其扩散机制是不同的。例如，在热条件下的食品会发生质量的高度扩张和气体运输作用。国内外对 PLA 阻隔方面的改性主要有物理改性、复合改性、化学改性和表面涂覆等，物理改性和复合改性方法比较简单，化学改性相对较为复杂。为满足某些产品苛刻的阻隔性要求，通过在表面涂覆无机层可显著提高其对气体的阻隔性能，如涂覆 Al_2O_3 等，通过电晕处理还可进一步提高 PLA 的气体阻隔性。

2.4.2.1 共混改性

共混是将两种或多种组分进行混合，通过调节比例来达到改性目的。制备的混合物除了具有各组分的优良性能外还可呈现出新的性能。将聚乙二醇、二丁基羟基甲苯、维生素 E 和 PLA 共混制备抗氧化活性包装薄膜，提高了薄膜的断裂伸长率和氧气阻隔性。将 PLA 与聚羟基丁酸-羟基戊酸共聚酯（PHBV）共混，当 PLA 中 PHBV 的质量分数为 20%～35% 时薄膜的阻隔性最高，当 PHBV 质量分数为 25% 时其水蒸气透过系数（WVTR）降低了 45%。将 PLA 与质量分数分别为 1%、3% 和 5% 的氧化锌（ZnO）混合制备复合薄膜，复合薄膜的氧气和二氧化碳透过率有所下降，纯 PLA 以及 ZnO 质量分数分别为 1%、3%、5% 的 PLA-ZnO 薄膜的氧气透过率（OTR）分别为 2.23、1.83、1.81 和 1.84 $cm^3/(m^2 \cdot d)$，二氧化碳透过率分别为 8.00，6.67，6.96，6.86 $cm^3/(m^2 \cdot d)$。通过溶液浇铸法制备 PLA 膜和疏水性气相 SiO_2 与 PLA 的复合膜证明，添加 SiO_2 纳米颗粒的 PLA 复合膜对氧气、水蒸气等的阻隔性都得到改善。PLA/CNC（纳米晶体纤维素）和 PLA/C30B（有机改性蒙脱石黏土）纳米复合材料均比纯 PLA 的阻隔性更好。由此可以看出，向 PLA 基质中加入纳米填料是改善 PLA 阻隔性的有效办法。将 PLA 分别和 PA6，PA610 和 PA1010 复合制备原位微纤维复合材料，少量尼龙（PA）微原纤维（质量分数为 3% 时）就可引起 PLA 阻隔性的显著改善。若 PA 微原纤维质量分数达到 9%，复合材料的 WVTR 和 OTR 值相比于纯 PLA 降低了 30%～40%。

2.4.2.2 化学改性

化学改性主要将其他功能基团与 PLA 通过共价键结合，因此化学改性结合力较强。化学改性主要包括共聚、交联和表面改性。①共聚是将两种或多种化合物在一定条件下聚合成一种物质的反应，根据聚合物分子结构不同分为无规、嵌段、交替和接枝共聚。共聚改性 PLA 的物质通常是具有羟基、氨基的高分子和无机材料。将 CNC 与丙交酯原位开环聚合合成 CNC-PLA 纳米粒子，并与 PLA 制备了混合材料，由于 CNC-PLA 在 PLA 基体中良好的相容性和分散性，复合材料透明性高，其阻隔性与聚对苯二甲酸乙二醇酯（PET）薄膜相当。②交联改性是活性分子与聚合物在交联剂或辐射作用下形成化学键来改变其性能的一种方法。③表面改性主要包括表面化学处理、表面接枝改性与等离子体表面处理。该方法通过改变薄膜表面物化性质，增强表面极性、提高内聚能密度使表面分子链产生交联，从而提高制品阻隔性能。通过等离子体处理使材料表面产生活性基团，达到表面接枝改性的目的。等离子体中离子的能量能够引起聚合物内各种化学键的断裂或重组，使材料表面的高分子发生降解，同时清除断裂的小分子产物。利用疏水等离子体对 PLA 表面进行处理，使薄膜的阻隔性得到显著提高，特别是使用 CF_4/C_2H_2 等离子体时，水接触角提高至 110°。化学改性可以很好地提高 PLA 的阻隔性，但相比于其他改性方法，该方法较复杂。

2.4.2.3　表面涂覆

许多聚合物材料是吸湿性材料，高相对湿度下会吸收水分导致聚合物溶胀，从而产生多孔或开放结构，失去其阻隔性。表面涂覆是利用化学气相沉积（CVD）、原子层沉积（ALD）、层层自组装（LBL）等技术在聚合物表面沉积金属氧化物或氮化物，从而在薄膜表面形成致密且阻隔性能优异的涂层。用 CVD 方法将氢化非晶碳沉积到 PLA 薄膜的表面，氢化非晶碳/PLA 薄膜的透湿量和透氧量显著下降。利用 ALD 法制备了 PLA 涂覆板，水蒸气透过性明显降低。通过氧化石墨烯（GO）和聚乙烯醇（PVA）分子间的氢键作用，采用层层自组装方法在 PLA 薄膜表面自组装制备（GO/PVA）多层膜结构，可显著降低 PLA 的氧气透过率，当沉积层数增加到 40 层，多层结构氧气透过系数下降了 99%。用大气等离子体活化 PLA 膜表面，将不相容的微纤化纤维素分别涂覆在无定形 PLA 和半结晶型 PLA 表面制备多层复合膜，使氧气阻隔性提高了一个数量级以上。表面涂覆技术虽然可以很好地提高 PLA 薄膜的气体阻隔性，但是所需设备较为复杂，生产成本较高，此外界面黏附力等问题还有待更为深入的研究。

2.4.3　耐热改性

PLA 的热稳定性比 PS、PP、聚乙烯（PE）和 PET 差得多。由于 PLA 加工温度范围较窄，当温度高于熔点或者在挤出机中停留时间过长时，尤其是存在一定湿度的情况下，PLA 会发生降解反应。其热变形温度（HDT）在 55℃ 附近，远低于 PS 和 PP 等通用塑料，这在很大程度上限制了 PLA 材料的应用。PLA 耐热性差最根本的原因是其结晶速度缓慢，使得其在挤出成型或者注塑成型时难以获得较高的结晶度。因此，改善 PLA 材料耐热性能的关键是提高 PLA 的结晶能力。在耐热改性中，退火处理是一种提高 PLA 制品结晶度的有效方法。当在 T_g 以上进行退火处理后，PLA 材料的结晶度显著增加，而其耐热性能也得到了改善；退火处理也使 PLA 的机械性能有所改善，退火后，PLA 的拉伸强度可分别提高 20%~25%。此外，在添加成核剂的基础上退火，还可大幅缩减退火时间，进而降低 PLA 制品的生产周期。此外，添加耐热填料、引入高 T_g 组分、制备交联结构等技术手段也能在一定程度上提高 PLA 材料的耐热性。高分子材料中常用的耐热改性填料包括滑石、蒙脱土、高岭土等黏土类物质，氧化铝、硫酸钡、碳酸钙等无机盐，金属磷酸盐、苯甲酸盐、安息香酸盐等有机酸盐，木粉、竹粉、有机纤维等天然大分子，以及玻璃纤维、碳纤维等高性能纤维。这些填料都具有良好的耐热性，其中一些填料还可以对 PLA 起到一定的成核作用，从而提高 PLA 复合材料的热变形温度和结晶温度。

2.4.4 抗 菌 改 性

由于食品、果蔬等富含营养物质的包装材料表面营养丰富，而且保存温度、湿度等条件也比较适合微生物的生长，故包装膜表面容易沾染微生物，导致食品、果蔬等发生腐烂霉变。如果使用抗菌材料制备包装薄膜，就可以抑制包装上微生物的生长，预防微生物在包装材料表面的生殖和繁衍，从而防止物品的变质，提高薄膜包装保护功能。为赋予 PLA 优良的抗菌性能，研究者们通过在 PLA 中引入具有抑菌功能的物质或者官能团，从而使其达到杀菌的目的。

PLA 包装材料的抗菌体系主要由包装基材和抗菌剂组成，其中抗菌剂包括含有银或锌的化合物、季铵盐化合物、壳聚糖、单宁酸等。根据包装材料和抗菌剂的结合形式，抗菌包装可分为挥发型、涂覆/吸附型、化学键合型、纳米抗菌包装和天然抗菌包装材料五种类型。

2.5 聚乳酸加工成型

PLA 机械性能与物理性能良好，适用于熔融挤出、注射、热塑、吹膜、发泡等成型方法，可用于食品包装，快餐饭盒，无纺布，工业、民用布、农用织物，保健织物，卫生用品，室外织物，帐篷布，地垫面等，具有良好的市场前景。

2.5.1 聚乳酸挤出-吹膜

挤出-吹膜是一种重要的聚合物成型加工方法，是用挤出机将熔融的 PLA 通过环形口模再对其吹胀而制成，因此挤出过程的中空塑料管膜也被称作"膜泡"，吹塑的空气压力使得中空管膜膨胀形成所需要的尺寸。薄膜的尺寸取决于塑料挤出机及口模的大小和吹膜时的空气压力。通过"吹胀比"（即吹胀薄膜的直径和口模直径的比值）来衡量薄膜从口模出来后尺寸的变化。

PLA 是一种生物基生物可降解高分子材料，在绿色环保膜袋领域具有非常好的应用前景。PLA 存在熔体强度低、高温易降解、韧性差等缺点，会导致吹膜困难、膜袋韧性差、性能下降等缺点，限制了 PLA 吹膜产品的使用范围。目前吹膜过程中通常会加入增韧剂［比如可降解高分子 PBAT、聚碳酸亚丙酯（PPC）、PBS、PCL、聚羟基脂肪酸酯（PHAs）、弹性体和塑化剂等，含量通常在 10%～30%（质量分数）］、扩链剂［小于 1%（质量分数）］、抗水解剂、增容剂、抗氧化剂等助剂。其中成型加工温度一般在 170～230℃，环形口模处温度比机头温度低 10～50℃，但是温度不能过低，温度过低会导致吹膜困难，以及压力过大，损坏口模。在吹膜的过程中通过调控温度、吹胀比、冷却速度、牵引和牵伸速度等调节吹膜制品的物理性能。通常，吹胀比越大，沿牵伸方向的强度较大、韧性较小，沿垂直方向的强度较低。此外，淀粉、无机填料（比如碳酸钙、滑石粉等）也可以提高 PLA 的吹膜能力，增加膜材料的强度和挺度，降低成本。通过配方和工艺的调整得到的 PLA 膜袋产品的机械性能差异较大。

2.5.2 聚乳酸双向拉伸膜

双向拉伸方法是提高聚合物综合性能的常用方法，商业化比较成熟的技术是双向拉伸聚丙烯（BOPP）、双向拉伸尼龙（BOPA）和双向拉伸聚对苯二甲酸乙二醇酯（BOPET）。双向拉伸薄膜的拉伸强度、冲击强度、弹性模量、撕裂强度、疲劳弯曲性和表面光泽度等性能指标都比未拉伸的相应薄膜明显高，已经广泛用于食品、医药、服装、电子产品、香烟和礼品的包装，并大量作为复合包装材料的基材。

双向拉伸工艺为一步法（纵横同时拉伸法）和二步法（纵、横向逐次拉伸法），现在工业上二步法用得比较多。目前聚乳酸双向拉伸膜（BOPLA）的商业化规模化门槛较高，仅有阿联酋迪拜 Taghleef Industries 公司以及国内的厦门长塑实业有限公司等极少数公司生产。其技术瓶颈主要是拉伸过程中 PLA 分子链容易断裂，难以实现高幅稳定拉伸，导致难以获得高强度、高韧性及高透明性的 BOPLA 材料。BOPLA 的拉伸温度通常在 60~90℃，拉伸速率通常在 30~150mm/s，拉伸比一般大于 3。通常拉伸比越大，BOPLA 强度越高，断裂伸长率越低。目前商业化的 BOPLA 的拉伸强度大于 100MPa，断裂伸长率可以达到 10%以上，同时保持了较高的透光率和较小的雾度。BOPLA 薄膜可以用于环保胶带、化妆品包装、食品包装等领域。

2.5.3 聚乳酸的注射成型

注射成型是一种常用的加工方法，可以用来制备一些结构复杂的制品。多数聚合物（包含 PLA）可以通过注射成型方式进行加工。PLA 注射成型具体工艺过程为：加热使塑料变为熔体—熔体注入模具—冷却保压—脱模—修正—后处理—质量检测—产品包装。注射成型较为重要的工艺参数主要是温度、压力及相应的作用时间。PLA 的注射工艺条件如表 2-2 所示。

表 2-2　　　　　　　　　　　PLA 注射成型加工参数

1. 烘干		2. 注射温度/℃		3. 其他	
烘干设备	除湿干燥箱	进料段温度	<140	螺杆转速/(r/min)	150~300
烘干温度/℃	80~90	压缩段温度	170~190	压力/MPa	8~10
烘干时间/h	5~6	计量段温度	180~210	—	—
水分含量/(mg/kg)	<200	喷嘴温度	190~210	—	—
—	—	热流道温度	180~210	—	—
—	—	模具温度	100~120	—	—

由于 PLA 结晶速率低，注塑周期较长，可以通过对模具进行加热的方式加快其结晶速率，模具温度一般设置为 100~120℃，也可以通过添加成核剂的方式提高其成型周期。

2.5.4 聚乳酸的热成型

热成型是利用热塑性塑料片材作为加工对象来制造壳状（立体）塑料制品的一种常用方法。PLA 由于其生物特性在包装及餐饮具领域具有极大的应用价值，比如塑料杯、盘、碗、盒、桶等及泡罩或贴体包装等。真空成型或吸塑成型是最常见的热成型方法。真空或吸塑成型是先将热塑性片材固定到成型模具上，再把片材加热，然后用真空泵把模具与塑料片材之间的空气抽走。依靠抽真空形成的压差使塑料片材在模腔上紧贴，然后使之冷却，硬化后进行脱模，便得到所要求的壳状制品。

PLA 热成型过程中先是被升温一直到软化，进而由气动或设备等将其放入模具之中，加工温度在 170℃左右，较低，其传热性差，冷却用时较久，通常按照前期热压不断冷却提升效率。图 2-4 是 PLA 吸塑制品，例如，PLA 吸塑托盘（300μm）。PLA 吸塑制品还存在如下问题：①脱模性：PLA 成型后脱模性差，需改善；常规片材侧面脱模斜度为 2°~3°，PLA 片材侧面脱模斜度增大到 7°；②跌落强度：PLA 质地硬脆，抗冲击强度弱，制品跌落破裂，需通过不断的设计改进，增大转角处圆角 R 值，增加台阶过渡缓冲等；③成型条件：所采用的 PLA 树脂最合适的成型结晶化温度范围在 80~100℃，PLA 相对其他树脂成型条件范围较小，故根据此设定托盘的成型条件。然而目前，PLA 吸塑制品还存在耐热温度低和易迁移等技术难题，限制了其在耐热餐饮具方面的应用。

图 2-4　PLA 吸塑制品

2.5.5　聚乳酸的发泡成型

发泡成型是一种制备泡沫塑料的常用方法，具有轻质化、减震隔音、绝热绝缘、高比强度、高比模量等特性，被广泛用于包装、建材、汽车、化工和日用制品等领域。PLA 具有较高的力学强度和弯曲模量，阻隔性和隔热性好，PLA 发泡塑料在防震、防潮物品的包装、一次性饭盒、托盘、玩具等领域具有很好的应用价值。但是 PLA 脆性较大，抗冲击性能较差，受热易分解，而且单一的 PLA 发泡体的发泡率较低或者独立泡孔形态不好，成型较为困难，成本也较高。

由于单一 PLA 发泡困难，国内外一些学者对改性后的 PLA、PLA 的共混物进行发泡研究。利用超临界 CO_2 发泡法制备聚（乳酸-乙醇酸）共聚物（PLGA）多孔支架材料，其中 PLGA 相对分子质量和组成、发泡温度、压力以及泄压速率等对泡孔尺寸及形态有一定影响。选用 AC 发泡剂，分别进行蒙脱土（OMMT）与 PLA/聚丁二酸丁二醇酯共混、PLA 与淀粉共混挤出发泡制成 PLA 复合发泡材料，可获得综合力学性能优良，泡孔细密、均匀，表面质量好的复合发泡材料。采用单螺杆挤出机，使用 AC 发泡剂发泡过氧化二异丙苯（DCP）交联 PLA，PLA 交联之后熔体强度有所提高，但结晶性能没有明显的变化。采用熔融插层法制备 PLA/有机改性纳米蒙脱土（PLA/OMMT）复合材料，采用超临界二氧化碳对其复合材料进行挤出发泡，能够提高 PLA 的熔体强度，减弱发泡剂气体向 PLA 熔体外部的扩散，从而提高 PLA 挤出发泡的效果。

随着研究的深入和技术的成熟，连续挤出 PLA 微孔发泡塑料将会成为研究的方向和目标。连续挤出 PLA 微孔泡沫塑料的不断发展，将会加快实现 PLA 微孔塑料的工业化进程。

2.5.6　其他成型方式

由于 PLA 具有良好的加工性能，传统和新的成型加工方式（压延成型、挤出管材、挤出片材、微注塑成型等）也可用于 PLA 产品的加工。例如宁波环球生物材料有限公司等企业已经通过挤出管材的方式成功制备了高耐热低析出 PLA 吸管并实现了产业化生产，广泛应用于餐饮具领域。

2.6　聚乳酸的应用

PLA 作为重要的环境友好高分子材料，其开发研究近 20 年来迅速发展，成为可再生资源的焦点之一。PLA 制成的各种薄膜、片材、纤维经过热成型、纺丝等二次加工后得到的产品可以广泛应用于包装、服装、纺织、无纺布、农业、林业、医疗卫生用品等领域。经过改性的 PLA 材料还可以取代传统工程塑料应用于 IT、汽车等行业。

2.6.1　医学领域

PLA 自开发研究以来，一直在医学领域受到欢迎，PLA 植入体内不会发生显著的排斥、排异，降解后的产物能参与体内循环，最终排出体外，因此 PLA 材料在医学领域中受到了广泛的应用和推广，国内外已经开始使用 PLA 的手术缝合线、手术纱布、骨钉、高分子复合物支架等，这种 PLA 类手术产品能自动降解并能被人体吸收，避免了二次手术及金属材料在体内的排斥现象。PLA 还可以用作药物缓释载体，制成一些体内稳定性差、易变形、易被消化酶降解、不易吸收以及毒副作用大的药物控释制剂的可溶蚀材料，有效地拓宽了给药途径，减少给药次数和给药量，提高药物的生物利用度，最大程度地减少药物对身体的毒副作用，因此被广泛应用于药物缓释技术。

2.6.2　农业领域

目前，制造农用地膜的材料大部分来自石油基塑料，薄膜使用后难以再回收利用或被生物降解，后处理十分困难，会污染环境。而 PLA 膜废弃后，在土壤中的微生物、水及光照等共同作用下降解成二氧化碳和水，对生态环境没有任何污染。在国外和中国部分地区已经开始生产玉米塑料农用地膜。PLA 还可以制成农用防寒防冻材料、遮阳防旱材料、防鸟防虫材料、防草材料、保温保湿材料、果树保护材料、育苗播种基材等。农作物收割以后，这些材料可以和农业废弃物一起堆积野外或堆肥化，实现农副产品的无污染种植。PLA 也可以制成遮阳网、防虫网、土工布、沙袋、砂囊以及防风固沙网等，由于 PLA 纤维在紫外线照射下性能劣化程度小，可以在一定时期内保持足够强度，还可以反复使用，随小树长大，PLA 逐渐脱落、混入泥土中分解还原，无须专门回收，也不会造成环境污染。

2.6.3　纺织领域

用 PLA 制成的生物降解纤维可广泛应用于纺织服装的各个领域中。PLA 纤维的吸水性好，悬垂性、回弹性好，卷曲性和卷曲持久性较好，常温下可用分散染料染色，易成形加工；其织物具有较好的穿着舒适性，很好的定型性和抗皱性，具有良好的吸湿快干效应，适合于军装、内衣及运动装等；而且，PLA 还具有一定的阻燃性能，适合做儿童、老年服装；还具有优良的耐紫外线性能以及真丝般的光泽与手感，不易褪色、变色，其织物是高档时装的首选面料。目前国外已经开始采用 PLA 纤维与棉、麻、丝等天然纤维混纺或交织的方法纺织一种混纺纱，比纯棉织物质轻、皮肤感觉干爽、吸湿排汗快、不黏、不易起皱，还具有外观丝感、手感蓬松，对皮肤无任何刺激等特点，适合用于生产贴身衣物，如 T 恤、内衣、睡衣、西服、毛衣、袜子、领带等。

2.6.4　日用品领域

PLA 纤维具有与水润湿性好、吸水后干燥快、弱酸性对皮肤有益、抗紫外线性、密度小、可燃性差、发烟量小、燃烧热低以及优异的弹性等特性，在日用品领域有广阔的市场，可制成毛巾、牙刷、面罩、桌布、床单、被罩、窗帘、家居服、沙发罩、室内装饰品、塑钢门窗、家用地毯、塑料玩具、家用电器、汽车座椅、提包、购物袋绳索、填充件等；也可纺制成短纤维后，再经干法或湿法成网制得非织造布，其产品如女性卫生用品、婴儿尿不湿、湿巾、一次性衣物等。这使其在日用品领域也有很好的发展前景。

2.6.5　包 装 领 域

PLA 属于热塑性生物降解性塑料，可通过熔融挤出、注射、吹塑等方法加工成型各种结构形状的制品，如医用托盘、塑料瓶、薄膜等包装材料，被认为是一种很有发展前途的绿色包装材料。目前 PLA 被广泛应用于生产薄膜、瓶等生物降解包装材料。在北美洲和欧洲，PLA 包装薄膜已经用于超市产品包装，如包装袋、瓶装水、瓶装果汁酸奶酪等，符合欧洲食品级要求。而美国食品与药品管理局批准 PLA 可以直接与食品接触。PLA 还具有优异的物理和力学性能，其性能与 PET 和定向拉伸 PS 相类似，具有良好的光泽性和透明度，可以制作吹塑薄膜、双向拉伸薄膜、热塑性容器和吹塑瓶等，PLA 拥有较好的透气性、透氧性及透二氧化碳性，此优点使其在各类保鲜包装膜领域有极广的应用，因为其既能延长水果等的保鲜时间，又可减少"白色污染"。PLA 薄膜具有良好的阻隔性（隔离气味），且其抗菌及抗霉特性也较突出，也是唯一具有优良抑菌及抗霉特性的生物可降解塑料，可用于抗菌食品包装。PLA 具有生物可降解塑料的基本特性，在使用过后可以被安全处置，不会产生任何有害物质，此外 PLA 还具有与传统薄膜相同的透明性和印刷性能，因此 PLA 在包装材料领域具有广阔的应用前景。

2.7　问题与展望

在我们的工业生产与生活中，会生产大量的塑料，塑料废弃已成为目前面临的主要环境问题之一。面对日益严重的"白色污染"，我国已经开始采取措施来防治，自 2008 年起实施"限塑令"以来，国家发展改革委发布的数据显示，我国塑料袋使用量年均增速已由 2008 年前的一度超过 20%下降为 3%以内。但增速一直为正也表明，塑料袋的使用仍在持续增长。2020 年 1 月，国家发展改革委、生态环境部发布《关于进一步加强塑料污染治理的意见》（下称《意见》），明确分节点实施禁塑，确保大量减少塑料制品的使用。根据《意见》，到 2020 年，率先在部分地区、部分领域禁止、限制部分塑料制品的生产、销售和使用。我国走过了 12 年的"限塑"，正在慢慢走向"禁塑"。另一方面，塑料是由石油提炼出来的，而石油是人类宝贵的自然资源，是不可再生资源。所以，生物降解塑料的发展是治理和解决白色污染的重要途径，生物降解材料能在短时间内被自然界中的微生物分解为 CO_2 和 H_2O，不会产生污染环境。而且，生物降解材料如 PLA 原料来源于非粮淀粉、玉米、大豆等可再生资源，有利于人类摆脱对石油资源的依赖。加大对 PLA 的研究和使用力度，使其广泛应用于包装领域，慢慢取代普通塑料制品，对建设环境友好型社会有重要作用，也具有十分重要的社会经济价值。

思 考 题

1. 什么是聚乳酸（PLA）？PLA 有何优势和优点？试从聚合物结构角度进行分析。
2. PLA 的制备方法有哪些？有何区别？
3. 试分析 PLA、聚己内酯、聚乙醇酸的结构区别及其结构与基本性能之间的关系。
4. 简述 PLA 的物理性能。
5. PLA 有几种晶型，分别是什么？
6. PLA 常用的增韧方法是什么？增韧的机理有哪些？
7. 为什么 PLA 耐热性差？如何改性和提高？
8. 简述 PLA 等聚酯的降解行为，影响因素有哪些？
9. PLA 的成型方法有哪些？它们的特点分别是什么？
10. PLA 产品适用于哪些领域？请列举。

参 考 文 献

［1］ Xu H, Lan X, Hakkarainen M. Beyond a Model of Polymer Processing-Triggered Shear：Reconciling Shish-Kebab Formation and Control of Chain Degradation in Sheared Poly（L-lactic acid）［J］. Acs Sustainable Chemistry & Engineering, 2015, 3（7）：1443-1452.
［2］ 沈田丰, 徐鹏武, 翁云宣, 等. 聚乳酸成核剂的研究进展［J］. 塑料助剂, 2016（3）：8-15.
［3］ 邢玉清, 吴贵国, 邢军. 化学合成全降解塑料——聚乳酸［J］. 工程塑料应用, 2002, 30（12）：57-58.
［4］ Anderson K. S, Schreck K. M, Hillmyer M. A. Toughening Polylactide［J］. Polymer Reviews, 2008, 48（1）：85-108.
［5］ 王建清, 周畏, 金政伟, 等. 聚乳酸片材增塑改性研究［J］. 包装工程, 2010（19）：17-19.
［6］ Li F. i, Zhang S, Liang J. h, et al. Effect of polyethylene glycol on the crystallization and impact properties of polylactide-based blends［J］. Polymers for Advanced Technologies, 2015, 26（5）：465-475.
［7］ 吴盾, 李会丽, 陆颖, 等. 不同相对分子质量聚乙二醇增塑聚乳酸共混物的制备与性能［J］. 高分子材料科学与工程, 2017, 33（5）：164-169.
［8］ Gui Z, Xu Y, Yun G, et al. Novel polyethylene glycol-based polyester-toughened polylactide［J］. Materials Letters, 2012, 71：63-65.

［9］ Matta A. K, Dr R. U. R, Dr K. N. S. S, et al. Preparation and Characterization of Biodegradable PLA/PCL Polymeric Blends ［J］. Procedia Materials Science, 2014, 6: 1266-1270.

［10］ 杨静泽, 胡珊, 高虎亮. 聚乳酸/聚己内酯共混材料的性能研究 ［J］. 工程塑料应用, 2013 (5): 26-28.

［11］ 林强, 丁正, 王迎雪, 等. PLA/PBAT 复合材料的结构与性能 ［J］. 塑料, 2016 (3): 65-67.

［12］ 王蕾, 刘文举, 蔡曾平, 等. PLA/PBS 共混物的动态流变性能 ［J］. 工程塑料应用, 2016, 44 (2): 8-82.

［13］ Zhang M, Thomas N. L. Blending Polylactic Acid with Polyhydroxybutyrate: The Effect on Thermal, Mechanical, and Biodegradation Properties ［J］. Advances in Polymer Technology, 2011, 30 (2): 67-79.

［14］ Byun Y, Kim Y. T, Whiteside S. Characterization of an antioxidant polylactic acid (PLA) film prepared with α-tocopherol, BHT and polyethylene glycol using film cast extruder ［J］. Journal of Food Engineering, 2010, 100 (2): 239-244.

［15］ Jost V, Kopitzky R. Blending of polyhydroxybutyrate-co-valerate with polylactic acid for packaging applications-reflections on miscibility and effects on the mechanical and barrier properties ［J］. Chemical and biochemical engineering quarterly, 2015, 29 (2): 221-246.

［16］ Marra A, Silvestre C, Duraccio D, et al. Polylactic Acid/Zinc Oxide biocomposite films for food packaging application ［J］. International Journal of Biological Macromolecules, 2016, 88: 254-262.

［17］ Pilic B, Radusin T, Ristic I, et al. Hydrophobic silica nanoparticles as reinforcing filler for poly (lactic acid) polymer matrix ［J］. Hemijska Industrija, 2016, 70 (00): 15-15.

［18］ Trifol J, Plackett D, Sillard C, et al. A comparison of partially acetylated nanocellulose, nanocrystalline cellulose, and nanoclay as fillers for high-performance polylactide nanocomposites ［J］. Journal of Applied Polymer Science, 2016, 133 (24): 107-118.

［19］ Kakroodi A. R, Kazemi Y, Nofar M, et al. Tailoring poly (lactic acid) for packaging applications via the production of fully bio-based in situ microfibrillar composite films ［J］. Chemical Engineering Journal, 2016, 308: 772-782.

［20］ Miao C, Hamad W. Y. In-situ polymerized cellulose nanocrystals (CNC) —poly (l-lactide) (PLLA) nanomaterials and applications in nanocomposite processing ［J］. Carbohydrate Polymers, 2016, 153: 549-558.

［21］ 田冶, 杨菊林, 杨媛, 等. 聚乳酸膜氨等离子处理的表面性能 ［J］. 化工进展, 2007, 26 (8): 1155-1158.

［22］ Tenn N, Follain N, Fatyeyeva K, et al. Impact of hydrophobic plasma treatments on the barrier properties of poly (lactic acid) films ［J］. Rsc Advances, 2014, 4 (11): 5626-5637.

［23］ Mattioli S, Peltzer M, Fortunati E, et al. Structure, gas-barrier properties and overall migration of poly (lactic acid) films coated with hydrogenated amorphous carbon layers ［J］. Carbon, 2013, 63: 274-282.

［24］ Rhim J. W, Lee J. H, Hong S. I. Increase in water resistance of paperboard by coating with poly (lactide) ［J］. Packaging Technology & Science, 2010, 20 (6): 393-402.

［25］ 周莹. 氧化石墨烯/聚乙烯醇提高聚乳酸薄膜阻隔性能的研究 ［D］. 杭州: 浙江理工大学, 2016.

［26］ MeriçerÇ, Minelli M, Angelis M. G. D, et al. Atmospheric plasma assisted PLA/microfibrillated cellulose (MFC) multilayer biocomposite for sustainable barrier application ［J］. Industrial Crops & Products, 2016, 93: 235-243.

［27］ Srithep Y, Nealey P, Turng L. S. Effects of annealing time and temperature on the crystallinity and heat resistance behavior of injection-molded poly （lactic acid） ［J］. Polymer Engineering & Science, 2013, 53 （3）：580-588.

［28］ Harris A. M, Lee E. C. Improving mechanical performance of injection molded PLA by controlling crystallinity ［J］. Journal of Applied Polymer Science, 2010, 107 （4）：2246-2255.

［29］ 杨秀英, 王晓波, 李智华. 挤出热历程对聚乳酸流变性能和热性能影响 ［J］. 齐齐哈尔大学学报 （自然科学版）, 2009, 25 （3）：1-4.

［30］ 王晶, 张新力. 聚乳酸多孔泡沫材料的研制 ［J］. 生物医学工程研究, 2000 （1）：57-60.

［31］ 张磊. 聚乳酸/氯化钠混合物发泡及泡孔结构研究 ［D］. 广州：华南理工大学, 2010.

［32］ 马玉武, 信春玲, 何亚东, 等. 超临界 CO_2 对聚乳酸挤出发泡的影响 ［J］. 中国塑料, 2012 （12）：72-75.

［33］ 刘倩倩, 唐川, 杜哲. 超临界 CO_2 发泡法制备 PLGA 多孔组织工程支架 ［J］. 高分子学报, 2013 （2）：174-182.

［34］ 周畅, 姚正军, 周金堂, 等. 纳米蒙脱土种类及含量对聚乳酸/聚丁二酸丁二醇酯复合发泡材料 性能的影响 ［J］. 高分子材料科学与工程, 2013, 29 （6）：74-78.

［35］ 蔡畅, 胡圣飞, 晏翎, 等. 聚乳酸挤出发泡特性研究 ［J］. 塑料工业, 2013, 41 （9）：68-71.

［36］ 马鹏程, 王向东, 刘本刚, 等. 聚乳酸/纳米蒙脱土复合材料的制备与挤出发泡研究 ［J］. 中国 塑料, 2011 （4）：59-64.

3 聚对苯二甲酸-己二酸-丁二醇酯

3.1 概　　述

聚对苯二甲酸-己二酸-丁二醇酯（PBAT）为脂肪族与芳香族聚酯无规/嵌段共聚酯，既具有芳香族聚酯优异的机械性能与成型加工性能，又有脂肪族聚酯生物降解性能与延展性能。根据 Cowie 无规共聚酯链结构中各链段序列排布理论研究，脂肪族聚酯链上引入适量芳香族聚酯结构单元（芳香族聚酯结构单元摩尔比小于 60%），不仅保持材料生物降解性，而且赋予材料优异机械性能与成型加工性能。商业化脂肪-芳香族共聚酯有德国巴斯夫 Ecoflex®、美国伊士曼 Eastrar Bio®、美国杜邦 Biomax® 与意大利 Novamont Origo-Bi®，其中，以德国巴斯大 Ecoflex® 树脂，即 PBAT 商业化最为成功，产能与产量规模最大。第 3 章主要针对 PBAT 进行详细的介绍。

PBAT 由石油基原材料对苯二甲酸、己二酸、1,4-丁二醇经酯化/熔融共缩聚合制备，化学结构式如图 3-1 所示，其不仅具有优异的力学性能与加工性能，与通用塑料低密度聚乙烯（LDPE）相近，还具有优异的生物降解可控性，同时有具有市场竞争力的价格优势，成为绿色软质膜包装领域不可或缺的材料，可替代 LDPE 应用于柔性膜材料领域，制成堆肥垃圾袋、购物袋、包装膜/袋、农业覆盖膜等塑料薄膜制品，是目前市场规模最大、应用最为广泛的聚对苯二甲酸-己二酸-丁二醇酯商业化产品。

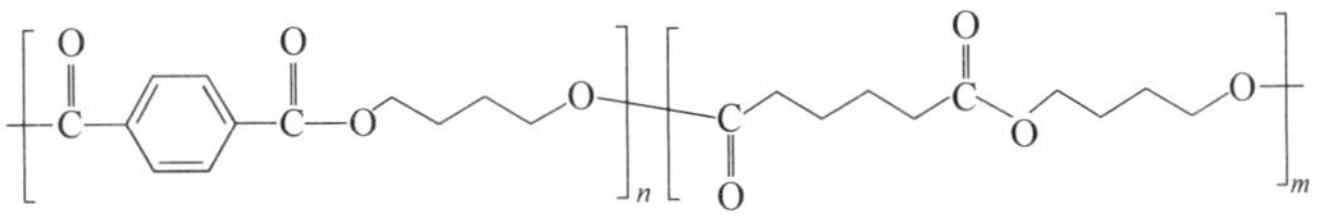

图 3-1　PBAT 化学结构式

1990 年，德国巴斯夫公司基于设备生产条件、单体来源可行性、原料价格与产品性能等综合因素对生物降解与可降解堆肥塑料包装袋进行可行性报告研究；1994 年，巴斯夫公司 PBAT 进入中试实验阶段；1998 年，巴斯夫公司 PBAT 正式进入商业化生产。2010 年后，PBAT 在学术研究和产业化生产方面进入快速发展阶段，杭州鑫富科技有限公司 Ecosafe®、广东金发科技股份有限公司 Ecopond®、新疆蓝山屯河化工有限公司与山西金辉集团 Ecoword® 陆续投产。2016 年，欧盟"限塑令"颁布后，PBAT 市场出现供不应求繁荣景象。

3.2　聚对苯二甲酸-己二酸-丁二醇酯的合成

PBAT 是以脂肪族二元酸、芳香族二元酸或其衍生物与脂肪族二元醇为原料，按照一定比例进行酯化/酯交换与缩聚反应制备得到的。目前，PBAT 的合成方法有直接熔融缩聚法和熔融-酯交换缩聚法，其中直接熔融缩聚法是主流的 PBAT 工业化生产方法。

3.2.1　直接熔融缩聚法

目前，工业上合成 PBAT 主要通过直接熔融缩聚法。其反应原料为己二酸、对苯二甲酸、丁二醇，合成可分为预混合、预聚合和终聚合三个过程，即这些原料按一定比例进行混合均匀配成浆料（预混合过程），在相对较低的温度下，以锌、锡、钛等有机金属化合物为催化剂进行酯化反应生成酯化物或低聚物（预聚合过程），然后在高温高真空条件下经缩聚反应制得 PBAT（终聚合过程）。

熔融缩聚法工艺最为简单，设备要求较低，原料利用率高，生产周期短，产品质量优，适合工业连续化大生产。值得注意的是，直接熔融缩聚法制得的聚酯的相对分子质量通常不足，需要进一步通过增黏工艺来提高。国内厂家多采用釜内熔融增黏工艺，即以连续聚酯生产线生产的聚酯熔体为原料，经过一套熔体增黏系统，通过提高熔融反应温度和脱挥面积，使聚酯进一步缩聚来实现增黏。国外厂家采用熔融扩链反应挤出工艺，扩链剂活性基团与 PBAT 端羧基/端羟基在增黏釜/啮合双螺杆中通过熔融反应挤出制备高相对分子质量的 PBAT 可降解共聚酯，其 M_w 可达 230000。

3.2.2　熔融-酯交换缩聚法

酯交换法，主要以对苯二甲酸（或对苯二甲酸二醇酯）与 1,4-丁二醇为原料，进行酯化或酯交换反应生成对苯二甲酸丁二酯预聚体，再以己二酸（或己二酸酯）和 1,4-丁二醇为原料进行酯化或酯交换反应生成己二酸丁二醇酯预聚体，最后再将对苯二甲酸丁二酯预聚体和己二酸丁二醇酯预聚体进行酯交换熔融缩聚，实现 PBAT 的制备。

该种工艺对反应体系的控制要求比直接熔融缩聚法低，反应体系中间产物较少，产品黏度易调控，废弃物可被重新利用，缺点是产品质量批次有差异。

很多学者用该方法合成出 PBAT 并研究了其各项性能。Herrera 等人以丁二醇、己二醇和对苯二甲酸为原料，并调节己二醇和对苯二甲酸的比例在 60/40 和 40/60 中间变化，用熔融酯交换反应制备出 PBAT 无规共聚物，研究结果表明随着对苯二甲酸含量的增加，弹性模量会减小而断裂伸长率呈现增加的趋势，T_m 从 107℃ 增加到 162℃。结晶度和酶降解性随着对苯二甲酸含量的增加分别呈现增加和变差的趋势。此外，反应时间对最终相对分子质量的影响不大，因为在短时间内降解不明显，并且至少反应 7h 才能得到高的酯交换产率，从而得到无规共聚物。马一萍等人通过不同的实验方案合成了 PBAT 共聚物，并研究了反应条件对 PBAT 性能的影响，研究结果表明以聚己二酸丁二酯预聚体、对苯二甲酸丁二醇酯预聚体与丁二醇为反应原料的酯交换法所得到的 PBAT 外观呈现白色，其 T_g 为 −33℃，T_m 为 114℃，该方案能在相对较短时间得到相对分子质量最大的 PBAT。苑仁旭等人利用废弃的聚对苯二甲酸乙二醇酯（PET）饮料瓶，将其粉碎后醇解得到聚对苯二甲酸丁二醇酯低聚物（BHBT），然后与聚己二酸丁二醇酯和钛酸正丁酯在 240℃ 下进行酯交换反应得到生物降解性能良好的 PBAT。该方法可以将不可生物降解的石油基聚合物转换为生物可降解的聚合物材料，能提高资源的利用率并缓解环境污染的压力。

3.3　聚对苯二甲酸-己二酸-丁二醇酯的性能

PBAT 既具有芳香族聚酯优异的力学性能与成型加工性能，又有脂肪族聚酯的生物降解性能与延展性能，是理想的绿色软质膜材料。商品化 PBAT 为乳白色固体，易溶于丙酮、氯仿，不溶于水、醇、醚等溶剂，熔体密度 $1.09 \sim 1.10 \mathrm{g/cm^3}$，本体密度 $1.22 \sim 127\mathrm{g/cm^3}$。PBAT 具有优异的力学性能、生物降解性能，但是气体阻隔性能较差，下文将详细介绍这些性能。

3.3.1　力　学　性　能

PBAT 属于热塑性塑料，既具有聚对苯二甲酸丁二醇酯（PBT）的优异机械性能，又有聚己二酸丁二醇酯（PBA）的优异延展性与生物降解性。研究发现，当 BT 单元摩尔比例在 35%~55% 时，PBAT 兼具优异的机械性能与生物降解性，PBAT 中 BT 单元从 31%（摩尔分数）增加到 39%（摩尔分数）时，其强度从 8MPa 升至 12MPa；当 BT 单元大于 48%（摩尔分数）时，其强度增大幅度很小。然而，PBAT 断裂伸长率却相反，BT 单元小于 45%（摩尔分数）时，其断裂伸长率保持不变，约 500%；当 BT 单元大于 45%（摩尔分数）时，其断裂伸长率急剧下降。此外，随着 BT 单元增加，PBAT 材料接触角越来越大，即材料疏水性越来越大。具体如表 3-1 所示。

表 3-1　　　　　　　不同化学组成 PBAT 的力学性能与接触角

聚酯[1]	重均相对分子质量[2]	断裂强度/MPa[3]	断裂伸长率/%[3]	接触角/(°)[3]
BTA 31/69	43100	7.8±0.2	650±50	57.9±1.8
BTA 34/66	45500	7.8±1.6	440±140	62.9±1.2
BTA 36/64	43800	8.9±0.9	500±130	68.3±1.1
BTA 38/62	51000	9.8±0.8	430±100	70.5±1.4
BTA 39/61	47100	12.1±1.6	470±100	71.6±1.5
BTA 42/85	48900	12.3±1.3	450±150	71.8±2.2
BTA 44/56	45000	13.9±0.2	550±100	74.3±1.8
BTA 45/55	50500	12.2±1.2	380±170	75.9±2.2
BTA 47/53	49500	11.7±1.6	320±120	79.6±1.5
BTA 48/52	54000	12.3±0.1	180±50	81.4±0.9

注：（1）为 ^{13}C-NMR 分析聚合物化学计量组成，BTA x/y 中 x/y 表示 BT 与 BA 结构单元摩尔比。

（2）为 GPC 测试聚合物相对分子质量，PS 为标样。

（3）为测试 PBAT 热熔膜性能。

PBAT 树脂密度为 $1.22 \sim 127\mathrm{g/cm^3}$，熔点 $110 \sim 125 ℃$，玻璃化转变温度约 $-30 ℃$，结晶温度约 $60 ℃$，初始热分解温度约 $350 ℃$，热变形温度约 $55 ℃$，邵氏硬度 D 约 32HD，维卡软化点约 $80 ℃$，拉伸强度约 20MPa，断裂伸长率 >600%，弯曲强度约 7MPa，弯曲模量约 120MPa，具体树脂热学性质如表 3-2 所示。

3.3.2　热　学　性　质

PBAT 熔点、玻璃化转变温度、熔融焓等热学性质随脂肪族与芳香族链段比例不同而变化。研究发现，随着对苯二甲酸丁二醇酯单元（BT）单元的增加，PBAT 的 T_g 不断增加。如当 BT 含量为 10%（摩尔分数）时，PBAT 的 T_g 为 -68℃；而当 BT 的摩尔分数提高至 60% 时，PBAT 的 T_g 可达 -11℃；而纯 PBT 的 T_g 更是高达 66℃；熔点、熔融焓、结晶度、结晶速率、结晶温度均随 BT 单元增加先降低后升高，具体如表 3-3 所示。

表 3-2　　　　　　　　　　　不同牌号 PBAT 树脂的力学与热性能

性能名称	单位	测试方法	牌号[1]		
			Ecoflex	KINFA	Lupolen 2420F
密度	g/cm³	ISO 1183	1.25~1.27	1.22	0.922~0.925
熔融指数	mL/10min	ISO 1133	3~8	—	—
熔融指数(190℃,2.16kg)	g/10min	ASTM D1238	0.6~0.9	4.0	—
熔融温度	℃	DSC	110~115	115~125	111
玻璃化转变温度	℃	DSC	-30	—	—
结晶温度	℃	DSC	—	60	—
失重 5% 温度	℃	TG	—	350	—
热变形温度	℃	ASTM D648	—	55	—
邵氏硬度 D	—	ISO 868	32	—	48
维卡软化温度	℃	ISO 306	80	—	96
拉伸强度	MPa	ASTM D638	—	21	—
断裂伸长率	%	ASTM D638	—	670	—
弯曲强度	MPa	ASTM D790	—	7.5	—
弯曲模量	MPa	ASTM D790	—	126	—

注：（1）Ecoflex 为德国巴斯夫的 PBAT；KINFA 为中国金发科技的 PBAT；Lupolen 2420F 为商业化低密度聚乙烯。

表 3-3　　　　　　　　　　　PBAT 热力学性质

编号	样品	热学性质[1]			结晶性质[2]		
		T_g/℃	T_m/℃	ΔH/(J/g)	结晶度/%	$1/t_{p,max}$/(min⁻¹)	$T_{c,max}$/℃
1	PBA	-68	52	56.4	47(40℃)	26.2	8
2	P(BA-10%(摩尔分数,下同)BT)	-56	42	36.2	30(30℃)	9.7	-3
3	P(BA-20%BT)	-55	33	26.6	24(室温)	7.1	-11
4	P(BA-22.5%BT)	-54	27	22.3	20(室温)	6.0	-14
5	P(BA-25%BT)	-51	28	14.7	20(室温)	3.5	-17
6	P(BA-27.5%BT)	-49	34	1.8	—	—	—
7	P(BA-30%BT)	-48	73	3.0	5(室温)	0.5	20
8	P(BA-40%BT)	-38	94	6.7	10(室温)	1.6	20
9	P(BA-44%BT)	-27	110	8.9	11(40℃)	3.7	20
10	P(BA-60%BT)	-11	147	9.4	19(100℃)	9.7	60
11	P(BA-80%BT)	—	191	21.6	43(160℃)	13.9	120
12	PBT	66	222	30.6	55(190℃)	12.5	170

注：（1）为 DSC 测试样品 T_g，T_m，ΔH，升温速率 20℃/min。

（2）为 WAXD 测试样品结晶度，$1/t_{p,max}$ 为在 $T_{c,max}$ 结晶温度下样品最大结晶速率。

① 当 BT 单元比例 10%~22.5%（摩尔分数）时，PBAT 结晶区为 PBA α 晶型。BT 单元比例 10%（摩尔分数）时，PBAT 只有一个尖锐熔融峰，且随结晶温度上升而向高温方向移动；BT 单元比例 20%（摩尔分数）时，PBAT 有两个熔融峰，高熔融峰随结晶温

度升高而消失；BT 单元比例 22.5%（摩尔分数）时，PBAT 出现宽熔融峰。

② 当 BT 单元比例 40%~100%（摩尔分数）时，PBAT 熔融性质与 PBT 相似：BT 单元比例 80%（摩尔分数）时，PBAT 出现两个明显类似 PBT 熔融性质的熔融峰；BT 单元比例 60%（摩尔分数）时，PBAT 两个熔融峰开始消失；BT 单元比例 40%（摩尔分数）时，PBAT 只有一个宽熔融峰，融程 60~120℃。

3.3.3 降解性能

纯芳香族聚酯 PET 或 PBT 在自然生态条件下降解速率非常缓慢，降解周期约 50 年。迄今为止，没有文献报道芳香族聚酯被细菌微生物侵蚀分解。早期 PBAT 生物降解研究结果表明，芳香族结构单元含量相对较低的共聚酯可被生物降解。研究发现，脂肪族聚酯链上引入适量芳香族聚酯结构单元（芳香族聚酯结构单元摩尔比小于 60%），不仅保持材料生物降解性，还赋予材料优异的力学性能与加工性能。经过系统研究 PBAT 链序列结构及其降解性，尤其中间产物芳香族聚酯链段序列的降解，最终得出结论，PBAT 像天然高分子一样经过化学水解，然后被微生物与细菌分解吸收，最终代谢成二氧化碳与水，PBAT 生物降解性取决于其化学链结构而不是原料组成。随后，PBAT 生物降解实验一直被广泛研究。其中，嗜热菌种如褐色高温单孢菌可在高温环境下 3~4 周时间降解 PBAT。此外，PBAT 降解速率随 BT 结构单元增加而下降。

PBAT 可堆肥降解性的研究基于德国 DIN V 54900 标准测试，结果表明 PBAT 这种复杂结构的共聚酯是生物降解的。具体地，在可控堆肥条件下（标准：ISO 14855）PBAT 有氧生物降解测试与残留聚合物分析结果如下：采用 3 组平行样，通过测试 CO_2 释放量/CO_2 理论释放量，124 天后，PS1 样品降解率 93%，PS2 样品降解率 95%，PS3 样品降解率 96%。

可控堆肥后残留聚合物提取进行分析：GPC 测试分析 3 组聚合物残留量，分别为 2.3%、1.3% 和 3.4%，没有芳香族低聚物中间体；^{13}C-NMR 测试分析其化学计量组成，结果化学计量组成没有变化，芳香族酸含量明显升高，表明芳香族链段没有降解或降解很慢；残留聚合物提取物后续采用质谱测试和基质辅助激光解吸/电离质谱分析，结果表明，所有组脂肪-芳香族聚合物碎片组成与原树脂保持一致。这些测试结果表明，在堆肥条件下，PBAT 聚合物中脂肪族酯键与芳香族酯键按照相同比例降解，没有长芳香族齐聚物中间体堆积。另外，残留聚合物存在的原因，可能是固体堆肥基材的非均匀性，比如区域过湿或过干，或通风较差，或者聚合物颗粒黏附到反应器壁上。

PBAT 薄膜在实际堆肥条件下降解测试结果表明，12 周堆肥后，肉眼观察不到 PBAT 膜碎片（初始厚度为 120μm）堆肥腐质与空白对照样腐烂程度一样，且堆肥腐质对夏麦种植与蚯蚓急性毒性测试均无影响。

要证明 PBAT 完全生物降解，须确认 PBAT 链段中长芳香族齐聚物是否完全降解，即解释长芳香族链段序列降解方式。采用自然界存在的 T. Fusca 嗜热放线菌（该嗜热放线菌可使 PBAT 聚合物链断裂解聚，但无法代谢 PBAT 分解后产物）在 55℃水溶液条件下分解 PBAT，发现 22 天后超过 99.9%聚合物解聚（GPC 分析固体碎片中残留聚合物），在以上实验条件下再引入其他菌种（土壤培养液），14 天后气相色谱检测不到中间体产物，中间体已经被新陈代谢完全，具体如表 3-4 所示。

表 3-4　　　PBAT 碎片在单独菌种培养液（编号 1~3）和与混合菌种培养液
堆肥条件下（编号 4）的结构变化信息表

测试编号[3]	单体[4]			脂肪族低聚物[4]		芳香族低聚物[4]	
	B	A	T	BA	ABA	BT	BTB
1	X[1]	X	X	X	X	X	X
2	X	X	X	X	X	—	—
3	X	X	X	—	—	—	—
4	—[2]	—	—	—	—	—	—

注：（1）X=检测到。

（2）—=未检测到。

（3）编号 1：80mL 培养液中加入 1750mg 聚酯，中间体来自单独培养 21 天后的 T. Fusca 培养液，酶活性通过调整 pH 来终止（采用体系在降解过程中大量的酸）的 PBAT 碎片。编号 2，3：80mL 培养液中加入 350mg 聚酯，中间体分别来自单独培养 7 天后（编号 2）和 21 天后（编号 3）的 T. Fusca 培养液的 PBAT 碎片。编号 4：中间体来自单独在 T. Fusca 培养液培养 7 天后再在混合培养液中培养 14 天后的 PBAT 碎片。

（4）A：己二酸；B：1,4-丁二醇；T：对苯二甲酸。

3.3.4　阻隔性能

PBAT 为理想的生物降解软质膜材料，可制备成厚度 $10\mu m$ 薄膜材料。PBAT 膜具有优异柔韧与耐撕裂性能，极限强度>30MPa，疲劳断裂能 14.3J/mm，高于 LDPE 膜材料，具有一定阻水阻氧阻隔性能，氧气透过性低于 LDPE 膜，水汽透过性高于 LDPE 膜，厚度≤15μm 时，膜水汽透过率>500g/（m^2·d）。具体如表 3-5 所示。

表 3-5　　　　　　　　Ecoflex 薄膜力学性能（厚度为 50μm）

性能名称	单位	测试方法	Ecoflex	Lupolen 2420F
透明性	%	ASTM D 1003	82	89
拉伸强度	MPa	ISO 527	32/36	26/20
断裂强度	MPa	ISO 527	32/36	—
断裂应变	%	ISO 527	580/820	300/600
断裂能（Dyna-Test）	J/mm	DIN 53373	14.3	5.5
撕裂强度	N/mm	DIN 53363	236/124	—
氧气透过率	cm^3/（m^2·d·Pa）	DIN 53380	1600	2900
水蒸气透过率	g/（m^2·d）	DIN 53122	14	1.7

3.4　聚对苯二甲酸-己二酸-丁二醇酯的改性

为了赋予 PBAT 材料优异加工和使用性能，降低生产成本，扩大其市场应用领域，需对其进行改性。目前 PBAT 的改性方法主要有物理改性或化学改性。

PBAT 与淀粉、纤维素等天然高分子材料进行共混改性，可保持材料生物降解性，同时大幅降低材料成本。PBAT 与聚乳酸、聚羟基脂肪酸酯、聚碳酸亚丙酯等其他生物降解材料复合改性，可赋予材料更优异的综合力学性能。PBAT 与功能性填料共混改性，可制备相应功能母粒如开口母粒、防结块母粒、阻隔母粒、防雾母粒、色母粒等。

3.4.1 物 理 改 性

PBAT 的物理改性主要是将 PBAT 与其他材料共混以制备出综合性能优异或低成本的 PBAT 材料。与生物降解聚合物（如淀粉、聚乳酸、聚碳酸亚丙酯等）共混制备全生物降解材料是 PBAT 领域研究的热点，其中 PBAT/淀粉复合材料和 PBAT/PLA 共混合金已经商业化。PBAT 也可与其他非生物降解聚合物材料、无机填料进行共混来优化其性能或降低其成本。

3.4.1.1 聚对苯二甲酸-己二酸-丁二醇酯与生物降解聚合物共混

（1）PBAT 与淀粉共混 淀粉含量丰富、价格低，但其较差的热塑性、加工难以及力学性能差等缺点导致其无法单独当作材料使用，将其与 PBAT 共混制备复合材料，可极大地降低成本并提高 PBAT 的降解速率，在可降解垃圾袋、快递袋、购物袋等袋制品领域有很大应用潜力。Kim 等人为了降低 PBAT 的成本，采用淀粉作为填料并加入聚亚甲基二苯二异氰酸酯（PMDI）作为增容剂，经熔融共混制备了 PBAT/淀粉复合材料，结果显示，在相同淀粉含量下，PBAT/淀粉复合材料的抗拉强度随 PMDI 含量的增加而增加，可能是由于 PBAT 的扩链反应包括交联反应以及 PBAT 与淀粉之间的相互作用得到了改善。当淀粉含量为 30%（质量分数）时可以显著提高 PBAT 的生物降解率。值得注意的是，在 PBAT/淀粉复合材料中加入 PMDI 后形成的凝胶部分也是可生物降解的，尤其是 PBAT/淀粉比例为 70/30 时，复合材料重均相对分子质量的降低最为显著。

当淀粉以热塑性淀粉的形式引入 PBAT 时，质量比和储存时间对复合材料的性能有很大影响。Garalde 等人将热塑性淀粉（TPS）与 PBAT 以不同的质量比（即 20/80、40/60 和 60/40）熔融共混并吹制成 TPS/PBAT 薄膜，研究了共混比例和储存时间对 TPS/PBAT 共混物薄膜的相形态、力学和热性能的影响。在初始阶段，TPS/PBAT 质量比的增加可以改善 TPS 在 PBAT 基体中的分散，但降低了 TPS/PBAT 共混物薄膜的拉伸强度、模量和柔韧性。此外，TPS/PBAT 质量比的增加降低了 TPS 熔点，同时提高了 PBAT 结晶温度。在储存 3 个月后，由于 TPS 和 PBAT 的重结晶作用，TPS/PBAT 共混物薄膜在 2% 应变下的拉伸强度和模量均有所提高。然而 TPS 的完全分散限制了 TPS/PBAT 薄膜中 PBAT 相的重结晶。此外，当 TPS/PBAT 质量比为 60/40 时，共混物的弹性随储存时间的延长而增加，这可能是由于甘油从 TPS 相迁移到 PBAT 连续相，从而对其产生增塑作用。

PBAT 与淀粉共混改性，主要采用螺杆熔融共混挤出工艺，涉及物理和化学反应，螺杆转速、螺杆长径比、螺杆组合、物料湿度、加工温度等工艺参数决定制品质量。PBAT 与淀粉相容性较差，故共混改性时添加相容剂如马来酸酐、甘油、柠檬酸提高淀粉与 PBAT 相容性，提高两相界面黏合性能，提高薄膜力学性能，赋予复合材料优良的使用性能。采用同向啮合双螺杆挤出机（长径比 48~50）对 PBAT 与淀粉进行熔融共混挤出，加工温度 140℃，200r/min，典型配方如表 3-6 所示。

表 3-6 PBAT 与淀粉共混的典型配方

原料	PBAT	玉米淀粉	甘油	柠檬酸
比例/phr	80	20	6	0.5

目前 PBAT/淀粉复合材料已商业化，其中巴斯夫的 Ecoflex® （PBAT）系列材料已通

过第三方测试证明，可用于工业及家庭堆肥，可以被土壤生物降解，并通过了食品安全接触认证，在中国拥有广泛的应用经验和可靠的技术支持。表 3-7 列出了 LDPE、Ecoflex®、Ecoflex®/淀粉复合、Ecoflex®/热塑性淀粉复合膜材料的机械性能。

表 3-7　　LDPE，Ecoflex®，Ecoflex®/淀粉复合和 Ecoflex®/热塑性淀粉复合
膜材料（30μm）的机械性能

性能名称	测试标准	LDPE 购物袋	Ecoflex®	Ecoflex®/淀粉	Ecoflex®/热塑性淀粉
透明性	—	不透明	半透明	不透明	不透明
可印染性	—	可八色柔印	可八色柔印	差	可八色柔印
弹性模量/MPa（纵向/横向）	ISO 527	330/270	110/100	150/140	270/205
拉伸强度/MPa（纵向/横向）	ISO 527	32/25	35/40	23/22	21/20
断裂应变/%（纵向/横向）	ISO 527	460/640	640/750	390/590	490/540
抗刺穿性/（J/mm）	DIN 53373	17	26	9	19
氧气透过率/[$cm^3/(m^2 \cdot d \cdot Pa)$]	ASTM D3985	4800	2000	—	—
水蒸气透过率/[$g/(m^2 \cdot d)$]	ASTM F1249	3	240	—	—
食品接触	2002/72/EC	不受限制	不受限制	限于干粮	限于干粮
生物降解性	EN 13432	否	是	是	是

（2）PBAT 与聚乳酸（PLA）共混改性　PLA 是一种备受关注的生物基生物降解材料，具有高强度和高模量，但其脆性极大的问题限制了其实际应用。而 PBAT 具有高柔韧性和高断裂伸长率，但其拉伸强度较低，将 PBAT 与左旋聚乳酸（PLLA）进行共混可以实现二者性能上的互补，还可保持其优异的生物降解性能，促进 PBAT 在快递袋、购物袋、地膜等领域的应用。因此，PBAT/PLA 的共混合金备受关注。

值得注意的是，PBAT 与 PLA 为热力学不相容体系，两者溶解度参数相差较大，相容性差，简单熔融共混会造成两者相分离，复合材料性能差。为提高 PBAT/PLA 共混材料性能，须在熔融共混过程引入增塑剂或增容剂如乙酰化柠檬酸三丁酯增塑剂、Joncryl 环氧类反应型增容剂、1,6-己二醇二缩水甘油醚、甲基丙烯酸缩水甘油醚、邻苯二甲酸酐、二噁唑啉、2,5-二甲基-2,5-二（叔-丁基过氧）己烷，降低两相界面张力，提升共混体系相容性。Kim 等人用挤出吹膜工艺制备了 PBAT/PLLA 共混物薄膜，并研究了己二酸、甘油酯和己二酸酯等各种增塑剂对 PBAT/PLA 吹膜制备的影响。研究发现增塑剂的加入有效地促进了 PLA 基体分子链的运动能力。此外，增塑的 PLA 相和 PBAT 相之间的界面黏合性得到增强。所得到增塑的 PBAT/PLA 薄膜具有更好的抗撕裂性能，其纵向撕裂强度从 4.63N/mm 增加到 8.67N/mm，横向撕裂强度从 13.19N/mm 增加到 16.16N/mm。Qiu 等人通过熔融加工制备了掺有纳米多面低聚体倍半硅氧烷（POSS）的可生物降解 PBAT/PLLA 共混物薄膜。研究表明 POSS 的加入改善了 PLLA 与 PBAT 的界面相容性，且相对于不添加 POSS 的 PBAT/PLLA 共混物薄膜，含有 POSS 的 PBAT/PLLA 共混物薄膜的力学性能得到了增强，共混物薄膜对水蒸气、二氧化碳和氧气的渗透性也得到了改善。

PBAT 与 PLA 共混，主要采用同向啮合双螺杆挤出机（长径比 48~50）对 PBAT 与 PLA 进行熔融共混挤出，加工温度 180℃，200r/min，典型配方如表 3-8 所示。

表 3-8　　　　　　　　　　　　PBAT 与 PLA 共混的典型配方

原料	PBAT	PLA	复合抗氧剂	增容剂 ADR
比例/phr	80	20	0.5	0.5

目前 PBAT/PLA 膜制品也已商业化，表 3-9 为 PBAT/PLA 共混膜材料的力学性能。

表 3-9　　　　　　　　　　　PBAT/PLA 共混膜材料的力学性能

性能名称	测试方法	单位	数值
拉伸强度(纵向)	ISO 527	MPa	22.4
拉伸强度(横向)	ISO 527	MPa	29.4
断裂伸长率(纵向)	ISO 527	%	258
断裂伸长率(横向)	ISO 527	%	241
撕裂强度(纵向)	ASTM D6382	MPa	1590
撕裂强度(横向)	ASTM D6382	MPa	2175
熔融指数	ASTM D1238	g/10min	4.6
密度	ASTM D792	g/cm^3	1.22

（3）PBAT 与其他生物降解材料共混改性

① 聚碳酸亚丙酯（PPC）　　PPC 是一种可生物降解的二氧化碳基聚酯，在白色污染和温室效应的背景下，是近年来的热点研究材料。PPC 具有优异的延展性和阻隔性能，但热稳定性较差，PBAT 与 PPC 进行共混改性可以提高 PBAT 的阻隔性，同时增加了 PPC 的热稳定性。Jiang 等人采用双螺杆挤出机熔融共混法制备了不同组分比的 PPC/PBAT 共混物，结果表明，PPC/PBAT 共混物的相形态和性能受共混物组成和熔体黏度的影响很大。通过将 PPC 与 PBAT 混合可以改善吹膜挤出的加工稳定性。Pan 等人用 PPC 与 PBAT 进行共混，以提高 PBAT 的降解性能和气体阻隔性能。分析表明 PPC 在 PBAT 基体中分散均匀，且随着 PPC 含量的增加，PBAT 的 T_g 降低。广角 X 射线衍射证实了 PBAT 与无定形 PPC 共混后的结晶尺寸有所降低。力学试验结果表明，PBAT/PPC 共混物薄膜具有较高的拉伸强度和撕裂强度。此外，PBAT/PPC 薄膜具有较高的二氧化碳渗透性和中等的氧气和氮气渗透性。堆肥降解后膜的质量损失和力学性能分析表明，共混物膜发生了明显的生物降解。由于 PPC 是一种脆性的脂肪族聚碳酸酯，很难制备高发泡率且具有弹性的生物可降解的 PPC 泡沫。Liu 等人利用 PPC 因特殊结构所具有的优良的二氧化碳吸收特性，以 ADR-4368 扩链剂为增容剂，通过高二氧化碳压力发泡制备了发泡比可达 15 倍的生物可降解 PPC/PBAT 共混物弹性泡沫材料。即使只添加 1%（质量分数）的 ADR-4368，复合黏度也提高了 4 倍，发泡性能显著增强，可降解泡沫的密度为 0.083g/cm^3，泡孔尺寸比较均匀，约为 15μm。

② 聚丁二酸丁二醇酯（PBS）　　PBS 是一种半结晶型的生物降解材料，具有优异的力学和热性能，但 PBS 的加工性较差，不适合吹塑和流延法加工。将 PBAT 与 PBS 共混可以改善 PBS 的加工性能。Costa 等人用模压法制备了不同质量比的 PBS/PBAT 共混物薄膜，并研究了它们的性能。流变数据显示 PBS/PBAT 二元共混物表现出明显的剪切变稀

行为，这是由于在 PBS 含量为 50%（质量分数）时，共混物中形成了两相共连续的形态。DSC 研究表明当 PBAT 含量比较高时会抑制共混物中 PBS 结晶。FTIR 和 SEM 分析表明，两相之间的相互作用有限。随着 PBS 含量比例的增加，共混物薄膜的硬度增加。当 PBS 含量大于 25%（质量分数）时，共混物薄膜的断裂伸长率急剧下降。此外，共混物薄膜的透气性随 PBS 含量的增加而降低，表明 PBS 与 PBAT 共混可调节其阻隔性能。力学性能分析表明 PBS 含量为 25%（质量分数）的共混物的弹性模量为 135MPa，断裂变形为 390%，这对于 PBS 和 PBAT 的力学性能来说是一个很好的折中值。总体而言，PBS/PBAT 因为兼具生物降解性、良好的阻隔性能和合理的机械性能，在生物降解包装薄膜方面具有很大的应用潜力。

③ 聚羟基丁酸酯（PHB）　PHB 是一种可以快速降解的生物降解材料，但其韧性差、加工性能和热性能较差（如断裂伸长率低和加工窗口窄）等缺点限制了它广泛的应用，将其与 PBAT 进行共混后，可有效改善其韧性、加工性能和热稳定性。

3.4.1.2　聚对苯二甲酸-己二酸-丁二醇酯与非生物降解聚合物共混

有学者用非生物降解聚合物与 PBAT 进行共混改性来改善其某些性能。Ibrahim 等人用熔融共混技术制备聚氯乙烯（PVC）与 PBAT 的共混物，研究了不同比例的共混物的机械和热性能以及共混物的相形态。FTIR 光谱显示 C═O 峰的频率从 1714cm^{-1} 到 1718cm^{-1} 略有增加，表明 PBAT 的 C═O 与 PVC 的 α-氢之间存在化学相互作用。PVC/PBAT 共混物的拉伸性能在质量比为 50/50 时最高。动态力学分析结果证明 PVC 和 PBAT 形成了具有一个玻璃化转变温度的相容体系。PBAT 的加入导致 PVC 黏度（损耗模量）降低，但弹性（储能模量）增加。共混物的热性能表明共混物中 PVC 的分解温度随着 PBAT 的加入而降低。拉伸断裂表面 SEM 照片显示共混物具有良好的界面黏性，界面黏性的改善在提高 PVC/PBAT 共混物机械性能（强度和模量）方面发挥了重要作用。

PBAT 与非生物降解聚合物共混时，仍旧需要克服相容性的难题。增容方式可以是原位的酯交换反应，也可以是额外引入的增容剂。Jang 等人采用双螺杆挤出法制备聚碳酸酯（PC）与 PBAT 的共混物，然后将其在 260℃下退火 5h，引发酯交换反应。核磁共振、红外光谱和 X 射线广角衍射分析结果表明，退火后的 PC/PBAT 共混体系发生了酯交换反应，并形成了无规共聚结构。由于该共聚物可以作为增容剂，PC/PBAT 共混物的相容性得到改善，并研究了酯交换反应对 PC/PBAT 共混物相容性的影响，此外，通过酯交换反应使相容性改善，最终提高了 PC/PBAT 共混体系的热稳定性。Han 等人为了延长 PBAT 地膜的分解时间和性能退化时间，进而增加地膜的使用时间，将 PBAT 与 PE 的混合物 [m（LDPE）：m（LLDPE）= 15：85]，碳酸钙和伊利石进行共混制备 PBAT/PE 共混地膜，并加入交联剂二（叔丁基过氧基异丙基）苯（BIBP）来提高 PBAT 和 PE 的相容性。

此外，还可在 PBAT 共混物中引入其他功能性纳米粒子，进一步优化 PBAT 共混合金的性能。Bang 等人使用挤出流延法制备了掺有黑色素的 PP 和 PBAT 共混薄膜。研究结果表明加入黑色素后复合薄膜的拉伸强度和断裂伸长率分别提高了 30% 和 27%，用该薄膜包装马铃薯在荧光灯照射下连续储存 6d，有效地防止了因马铃薯叶绿素的产生而导致马铃薯变绿。Da Silva 等人采用熔融共混和压缩成型等加工工艺方法制备了添加不同含量碳纳米管（CNT）的 PS/PBAT 的复合材料，研究了含离子液体的 CNT 和三己基（四癸基）-双三氟咪胺膦的非共价功能化对共连续形态复合材料的电学性能和流变性能的影响。研究结果表明离子液体的功能化作用导致含有少量填料的复合材料的电导率增加，而由于离子液体的增塑作用，离子液体官能化的 CNT 导致复合材料熔体黏度和储能模量降低。Thongsong 等人将 100∶0、90∶10、80∶20、70∶30、60∶40 和 0∶100 质量比的 PBAT 和 PET 用双螺杆挤出机混合，然后用流延膜挤出机制备出复合薄膜，并研究了 TiO₂ 和 ZnO 对薄膜性能的影响。结果表明，PBAT 含量的增加导致了 PET 薄膜断裂伸长率的增加，但共混物薄膜的模量下降，且 PBAT/PET 薄膜的热稳定性低于纯 PET 薄膜。此外，在 PET/PBAT 薄膜中加入 1%~2%（质量分数）的 ZnO 可以提高薄膜的模量和拉伸强度，而 TiO₂ 的加入对 PET/PBAT 薄膜的拉伸性能影响不大。

3.4.1.3 聚对苯二甲酸-己二酸-丁二醇酯与无机纳米粒子共混

与 PBAT 共混的无机纳米粒子主要有碳酸钙、滑石粉、蒙脱土和二氧化硅等价格低廉的无机纳米粒子，既可有效增强 PBAT，又可降低 PBAT 材料的价格；此外，也有研究将碳纳米管、氧化石墨烯等热点纳米材料用于 PBAT 复合，以实现 PBAT 的高效增强；但由于这些纳米材料的价格高昂且产量低，不利于其工业化应用，特别是在低附加价值的包装膜材料中的应用。

碳酸钙（CaCO₃）因价格便宜，常作为降低塑料成本的添加剂，将其添加到塑料基体一般可以保持塑料制品良好的力学性能。其中超细活性 CaCO₃ 具有极小的粒径、较高的活性，因此其补强性能好。用超细活性 CaCO₃ 无机粒子与 PBAT 共混制备环境友好型可降解材料，不仅能实现材料的完全快速的生物降解，还可以大幅度地降低成本，具有很大的实际应用意义。Titone 等人采用同向双螺杆挤出机制备 PBAT/CaCO₃ 纳米复合材料，分别添加 2%（质量分数）和 5%（质量分数）的 CaCO₃。结果表明纳米 CaCO₃ 的加入使复合材料的模量和拉伸强度显著提高，但断裂伸长率基本保持不变。由于硬脂酸盐涂层的存在，CaCO₃ 的存在使 PBAT 基质的光氧化速率略微增加。由于 PBAT 与 CaCO₃ 的界面黏合性低，通常 CaCO₃ 分散性较差，往往需要引入增容剂来提高 CaCO₃ 的分散性。肖运鹤等人用超细 CaCO₃ 改性 PBAT，研究发现当超细 CaCO₃ 的含量为 10%（质量分数）和增容剂乙烯-丙烯酸酯-马来酸酐的三元共聚物（EMH4210）添加量为 3 份时，PBAT/超细 Ca-CO₃ 共混物材料的拉伸强度、断裂伸长率和撕裂强度都显著增大。共混物的力学性能在超细 CaCO₃ 的含量增加到 20%（质量分数）时仍然较好。少量增容剂 EMH4210 的加入能显著地改善 PBAT 与 CaCO₃ 的相容性，使基体与 CaCO₃ 空穴减少，二者相界面变模糊。为了降低 PBAT 的高额成本，Nunes 等用 CaCO₃ 与 PBAT 进行共混，用扩链剂（ADR）来改善 CaCO₃ 分散性。研究表明 ADR 可以作为 CaCO₃ 的分散剂，使其在基体分散变好，随着 CaCO₃ 含量的增加，共混物的力学性能下降。值得注意的是 ADR 增加其分散性与一般增容剂的原理不同，扩链剂是通过与分子主链发生反应而将 CaCO₃ 包裹在分子链之间，增容剂则是通过改善二者在界面处的相互作用提高相容性进而改善分散性。

滑石粉（Talc）因为储藏丰富、价格低廉、耐热性好以及具有较高的分散性，常被用作塑料制品的填料。孙静等人用廉价的 Talc 与 PBAT 进行熔融共混制备了 PBAT/Talc 复合材料，并加入扩链剂 ADR 进行增容。研究结果显示 Talc 的加入可以提高 PBAT 的熔体强度，扩链剂的加入能增加材料的拉伸模量和改善 Talc 在基体的分散性。Raquez 等人用反应挤出法制备了新型高性能 Talc/PBAT 复合材料，先将 PBAT 与马来酸酐（MA）自由基接枝以改善 PBAT 和 Talc 之间的界面黏性，然后将得到的 MA-g-PBAT 接枝物与 Talc 通过 MA 的酸酐基团与硅醇基团的酯化反应进行反应熔融共混。结果表明，与简单的熔体共混材料相比，由这些复合材料制备的吹塑薄膜的双向拉伸性能得到了显著的提高。另外，他们成功地采用了反应式一步挤出工艺制备出了 PBAT 复合材料，其中 Talc 含量可高达 60%（质量分数）。

来源丰富又便宜的蒙脱土（MMT）是一种硅铝酸盐黏土，具有一定膨胀性和极大的层状表面积。层状结构的 MMT 具有一定的功能性，与聚合物材料共混可以有效地改善材料的力学性能、热性能和阻隔性能等。Mondal 等人以天然 MMT 和十六烷基三甲基溴化铵改性蒙脱土（CMMT）为原料，采用溶液插层法制备了 PBAT 纳米复合薄膜，研究表明在两种类型的纳米复合材料中，PBAT/CMMT 纳米复合材料的水蒸气透过率和抗菌性能增强程度更大，这是由于 PBAT/CMMT 纳米复合材料中存在季铵盐阳离子和插层形态。除此之外，在堆肥中不同微生物存在的情况下，PBAT/CMMT 纳米复合材料具有更好的耐降解性。Chen 等人采用熔融共混法制备了用十八胺（ODA）或二己胺（DHA）修饰的 MMT 和 MA 接枝的 PBAT 纳米复合材料。研究结果表明，ODA 修饰的蒙脱土在 PBAT 基体中的分散比纯 MMT 更加均匀。MMT 的加入可以提高 PBAT 的冷结晶温度，ODA 改性的 MMT 可以提高 PBAT 纳米复合材料的热稳定性。MMT 的加入对材料的拉伸强度影响不大，但杨氏模量增加。PBAT 与 MA 的接枝作用改善了聚合物基体与硅酸盐层之间的相互作用，形成了化学与物理键，有效地改善了有机黏土的分散性。将 PBAT 与 MA 接枝后，纳米复合材料的酶促生物降解作用增强，但对 PBAT 的光降解作用影响不大。此外有机改性 MMT 的加入降低了 PBAT 的水蒸气透过率。

CNT 在具有高模量和高强度的同时还具有良好的柔韧性，可以拉伸，其导电性、导热性和光学性能良好，用其改性 PBAT 可以使复合材料的性能得到极大的改善，能进一步拓宽 PBAT 的应用领域。Ding 等人采用熔融共混法制备了含 CNT 的 PBAT 生物复合材料。研究了复合材料的线性黏弹性，包括固态蠕变、蠕变恢复和应力松弛，以及熔融状态下的动态剪切流动。结果表明，CNT 主要以絮凝体或小的团聚体的形式分散在 PBAT 基体中。CNT 的加入延缓了 PBAT 的蠕变和应力松弛的整体动力学，这是由于 PBAT 分子链具有高度约束的黏弹性和黏塑性变形。

此外，一些功能母料在工业上也常用于 PBAT 的制备，以赋予终端产品更好的加工和实际使用性能。其中，开口母粒在 PBAT 加工过程中减弱自身或对金属设备黏附摩擦系数，常见开口母粒有生物降解脂肪酸酰胺（油酸酰胺，芥酸酰胺，硬脂酸酰胺），脂肪酸酯（甘油油酸酯，甘油硬脂酸酯）或脂肪酸盐（硬脂酸盐）几类。色母粒可制备不同颜色 PBAT 薄膜；不含重金属的炭黑母粒可制备黑色膜，应用在保温保墒覆盖膜领域；二氧化钛白色母粒可制备白色膜，应用在手提袋与覆盖膜领域。

3.4.2 化学改性

目前 PBAT 化学改性的研究较少，主要是通过共聚实现 PBAT 的改性。

PBAT 共聚产品主要为 PBAT 与 PLA 嵌段共聚物。已商业化的 PBAT 与 PLA 嵌段共聚物巴斯夫 Ecovio®，是生物基含量与机械性能可调的生物降解树脂。调整 PBAT 与 PLA 嵌段共聚比例，可改变材料的刚性与透明度，制备出不同功能化产品，广泛应用在垃圾袋、水果蔬菜包装袋、手提袋、纸张涂膜、农用多层复合膜、热收缩膜等软质塑料薄膜领域，也可应用在无纺布、餐盘、塑料瓶、饮料杯、发泡材料等硬质塑料制品领域。

Ecovio® 主要有两类：一种以 PBAT 为连续相，PLA 为分散相，其中 PLA 为 45%，PBAT 为 55%，力学性能接近高密度聚乙烯（HDPE），可在通用设备上进行制膜，这类膜强度与硬度高，可应用于垃圾袋、购物袋与编织袋；另一种以 PLA 为连续相，PBAT 为分散相，其中 PLA 为 60%，PBAT 为 40%，可制备高模量发泡包装材料，应用于食品包装膜与发泡盘。具体性能指标如表 3-10 所示。

表 3-10　　　HDPE 和部分 PBAT 与 PLA 共聚产品的力学性能比较

性能名称	测试标准	HDPE	55%Ecoflex+45%PLA	Ecovio® 55/45	Ecovio® 40/60
透明性	—	不透明	不透明	不透明	半透明
可印染性	—	可八色柔印	可八色柔印	可八色柔印	可八色柔印
弹性模量/MPa（纵向/横向）	ISO 527	650/630	1180/490	1020/440	270/205
拉伸强度/MPa（纵向/横向）	ISO 527	45/42	39/21	50/32	21/20
断裂应变/%（纵向/横向）	ISO 527	640/520	360/170	430/360	490/540
抗刺穿性/(J/mm)	DIN 53373	42	19	31	19
氧气透过率/[mL/(m²·d·Pa)]	ASTM D3985	2000	—	1400	—
水蒸气透过率/[g/(m²·d)]	ASTM F1249	13	—	160	—
食品接触	2002/72/EC	不受限制	不受限制	不受限制	不受限制
生物降解性	EN 13432	否	是	是	是

3.5　聚对苯二甲酸-己二酸-丁二醇酯的加工成型

PBAT 属于半结晶热塑性塑料，兼具脂肪族链段的柔顺性和生物降解性以及芳香族链段的优良机械性能和加工使用性能。PBAT 为一种软质膜制品应用的塑料材料，可在通用 LDPE 加工设备上进行挤出吹塑与流延等加工成型。螺杆熔融挤出成型是其最为普遍的连续成型加工工艺，通过料筒加热与螺杆剪切方式使 PBAT 颗粒经过输送、压缩、排气、均化、熔融转变成半成品或成品像薄片、管材、瓶材、薄膜、胶带或单纤维丝等。PBAT 生物降解聚酯加工方式注意事项：①由于生物降解聚酯材料对水分敏感，故加工前需要进行干燥处理；②避免高剪切和长停留时间，尤其对 PBAT 与淀粉复合材料；③PBAT 表面张力大于 38×10^{-5} N，无须电晕处理，可直接进行印刷。

3.5.1　聚对苯二甲酸-己二酸-丁二醇酯的吹塑成型

PBAT 挤出/多层共挤吹塑工艺是将 PBAT 树脂熔融或与其他生物降解材料熔融复合-吹胀成型的技术。PBAT 树脂经过螺杆挤出熔融后，也可通过多个螺杆挤出机熔融挤出，通过多层共挤模头融合，形成连续稳定熔体，再经过芯棒模头转变成型胚半成品，离开模头后被风环冷却装置迅速冷却形成稳定膜泡，经过夹膜板被折叠成扁平管，最后在收卷辊装置收卷。如陈等以长链超支化扩链剂（LCMAH）为增容剂制备了 PBAT/PBS 的吹塑薄膜，具体工艺如下：先将 PBAT、PBS 与不同含量的 LCMAH 预混均匀，再使用双螺杆挤出机挤出造粒，挤出机温区设置为 115~135℃，转速设置为 120r/min。再将粒料置于 60℃ 的干燥箱中，充分干燥后吹制成薄膜，吹膜机温区设置为 140~150℃，螺杆转速为 15r/min，牵引速率为 10r/min，卷取速率为 5r/min。PBAT 树脂膜机械性能会随线性拉伸吹塑工艺取向程度提高而提高，厚度 15μm 仍能保持较好的膜稳定性，具有优异的耐刺穿与耐撕裂性能。PBAT 树脂可在制袋机设备上热封，热封温度 90~100℃，但结晶速率比 LDPE 慢，热封设备需额外冷却装置。

3.5.2 聚对苯二甲酸-己二酸-丁二醇酯的流延成型

PBAT 挤出流延工艺是将 PBAT 树脂熔融或与其他生物降解材料熔融复合，再将熔体通过流延膜实验机制成平挤薄膜的工艺过程。与吹膜相比，其具有生产速度，产量高，薄膜的透明性、光泽性、厚度均匀性好等优点。PBAT 挤出流延复合材料可制备成纸杯、液体包装板或冷冻食物包装箱等包装材料，且材料防水、防油、防酸，无毒环保。其具体工艺流程如下：首先 PBAT 树脂经过螺杆挤出机熔融后，也可通过多个螺杆挤出机熔融共挤出形成连续稳定熔体，然后通过挤出模头/多层共挤模头将多个熔融挤出流体复合形成平片薄膜，通过膨胀螺栓自动控制膜厚度分布，熔融膜经过冷却辊（温度 30~40℃）冷却，在模头与冷却辊接触线之间，几分之一秒内膜被拉伸 10~50 倍，然后与纸张、纸板和金属箔通过压辊复合，最后在收卷辊装置上完成收卷。李美等通过挤出流延工艺制备了 PBAT/PLA 流延膜。首先将 PBAT 和 PLA 粒料在 80℃ 干燥箱中干燥 8h，使用高速混合机将其按比例混合均匀；再将混合均匀的 PBAT、PLA 粒子采用双螺杆挤出机熔融挤出，拉条水冷造粒。双螺杆挤出机设置各区温度为 155~170℃，螺杆转速为 25r/min。将制备的共混物粒料放置 80℃ 干燥箱中干燥 12h，最后通过微型挤出流延生产线流延成膜。流延生产线挤出机设置各区温度为 110~190℃，螺杆转速为 25r/min。冷热一体模温机控制流延辊温度 65~85℃，微型挤出流延线的拉伸比设为 1.5~4，收卷辊的收卷速度恒定 1m/min。从而得到拉伸比可调的 PBAT/PLA 膜材料。

3.5.3 聚对苯二甲酸-己二酸-丁二醇酯的发泡成型

PBAT 挤出发泡成型工艺是通过挤出-鼓气将 PBAT 树脂颗粒制备成发泡片材的成型技术。PBAT 树脂发泡塑料可应用在新鲜食品包装盘和餐饮行业一次性餐盘等终端制品领域。挤出发泡成型工艺由两个单螺杆挤出机系统串联组成。在主螺杆挤出机里，低沸点介质均匀分散在 PBAT 树脂熔体中，然后被输送至第二个螺杆挤出机中进行冷却，再通过圆环模头挤出后，黏流态的 PBAT 树脂聚合物发泡膨胀，形成发泡结构，然后被冷却辊冷却拉伸得到发泡片材，最后被收卷设备收卷。PBAT 树脂发泡片材再经过热压成型制备出形状各异的制品，具体地，片材加热到玻璃化转变温度之上，结晶温度之下，然后在真空、压力或机械力作用下在模具中定型，经过充分冷却后制备出终端制品。田翰林等基于挤出发泡成型工艺，以偶氮二甲酰胺（AC 发泡剂）为发泡剂，制备了 PBAT/PPC 发泡材料。将预处理和干燥后的 PBAT、PPC 先与 2%（质量分数）的 AC 发泡剂均匀混合，再一起加入到单（双）串挤出机（图 3-2 为模拟图）中，然后进行挤出发泡实验。其中，双螺杆的转速为 200r/min，单螺杆转速 450r/min，喂料速度为 4kg/h。一到十四区的温度分别设置为 40，70，140，160，170，170，170，170，170，170，170，170，160 以及 160℃。这里，双螺杆（主机）区域实现 PBAT、PPC 和 AC 发泡剂的均匀混合，以及促使 AC 发泡剂分解产生低沸点介质；之后共混均匀熔体物料被输送至单螺杆挤出机中，通常单螺杆挤出机的温度低于双螺杆挤出机以提高熔体强度；值得注意的是，挤出机部分要保持密封，从而提供高压环境，抑制 AC 发泡剂分解物的汽化和散逸；当熔体从单螺杆挤出机中挤出时，由于气压骤降且 AC 发泡剂分解为低沸点小分子，PBAT/PPC 熔体会快速膨胀形成发泡结构。

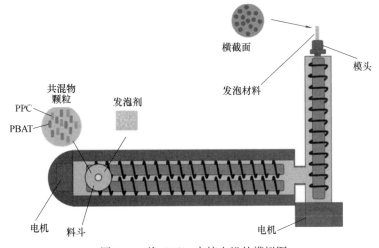

图 3-2　单（双）串挤出机的模拟图

3.6　聚对苯二甲酸-己二酸-丁二醇酯的应用

PBAT 与 LDPE 性能相近，为理想生物降解软质膜材料，可替代 LDPE 应用于软质包装袋、包装膜、堆肥袋、农业覆盖膜、卫生膜、纸复合膜、餐饮一次性制品等塑料薄膜领域，是目前市场规模最大、应用最为广泛的聚对苯二甲酸-己二酸-丁二醇酯商业化产品，市场规模如表 3-11 所示。PBAT 生物降解材料市场规模从 2007 年的 65000t 增长到 2015 年的 400000t，平均年增长速率为 25%。

表 3-11　　　　　　　　　　PBAT 应用领域与市场规模

应用领域	2007 年市场规模/t	2015 年市场规模/t
有机垃圾袋/手提袋	16000	131000
包装袋(包含发泡)	42000	248000
农业覆盖膜	7000	21000
总计	65000	400000

相较于 PE 膜应用领域的全球市场（2007 年接近 30000000t），PBAT 生物降解材料市场（2007 年 65000t）规模较小。随着消费者对塑料污染问题的高度关注，人们环保意识

的提高，政府堆肥基础设施的完善，加上立法加强生物降解材料使用以及 PBAT 生产技术进步及其新应用领域等市场驱动力，PBAT 应用前景非常好。

3.6.1 包装领域

近年来，经济的飞速发展衍生出巨大的物流快递包装与食物外卖包装市场，2019 年我国快递物流塑料包装规模超过 600 亿件，产生塑料垃圾约 800000t，2018 年我国食物外卖包装订单达到 109.6 亿单，同比增长 96.8%，再加上现有庞大的塑料商品包装市场，PBAT 包装材料市场潜力巨大，可应用在物流与快餐柔性外包装膜/袋，商品收缩包装膜，食品保鲜膜/袋，编织袋，不透明硬质包装容器，卫生膜制品，一次性纸复合包装膜/盒/箱等领域。所有 PBAT 包装材料须满足：①EN 13432 标准要求；②优异性能（符合相应包装材料国家标准）。

物流快递包装与食物外卖包装膜/袋还须满足以下要求：①优异拉伸强度性能；②优异耐撕裂/耐刺穿性能；③优异印刷性能；④优异热封/边封性能。

柔性商品包装收缩膜，用在物流运输过程中储存货物需满足以下要求：①优异机械性能〔沿挤出机方向的高收缩率（MD）大于 60%；纵向方向的低收缩率（CD）小于 20%〕；②热处理过程中高收缩速率；③松弛后高收缩强度；④优异黏合性。

PBAT 与 PLA 复合收缩膜具有良好的力学强度，较高的收缩速率，20μm 厚度收缩膜与 50μm 厚度 PE 膜收缩性能相当。PBAT 与 PLA 复合材料可通过吹塑工艺制备食物透明保鲜膜/袋透明膜，应用于肉类、蔬菜与水果的包装。

PBAT 与 PLA 复合材料编制袋采用挤出吹塑与纺织生产线共纺制备。PBAT 与 PLA 复合膜被裁成 2~5mm 宽度带制品，经过加热辊拉伸 3~5 倍，保持较高的取向，赋予膜带优异性能，再经过纺织编制成袋。

不透明硬质包装容器约占总市场的 40%。PBAT 与 PLA 复合材料通过挤出加热成型，吹塑成型或注射中空吹塑成型制备硬质包装容器。

在卫生膜领域，PBAT 膜材料柔软且水汽透过率高，穿戴舒服，满足相关标准要求，通过了 OECD404 原发性皮肤刺激测试与 OECD406 豚鼠测试，能满足在高速成型加工过程中与卫生产品复合性能。

PBAT 与纸可通过涂覆/流延复合工艺制备复合膜包装材料，该膜材料防水、防油、防酸，性能优异，废弃后可直接堆肥完全降解，可应用在食物包装纸复合材料、饮料杯、冷冻食品包装盒、包装箱与快餐一次性包装领域。

3.6.2 有机垃圾袋领域

从应用背景来看，在欧盟，有机垃圾占整个地区垃圾的 30%~40%。荷兰与德国是主要发展堆肥基础设备的国家，堆肥基础设施覆盖率分别达到 95% 和 60%，堆肥基础设施已在其他欧洲国家实施建立并不断完善。随着堆肥基础设备的不断增加，有机垃圾袋使用量将会大大增加。此外，堆肥方式经验证是最为有效的处理有机垃圾方式。

从技术背景来看，有机垃圾袋须生物降解且满足 EN 13432 认证。15~30μm 厚度有机垃圾袋须满足以下要求：①在室温条件下保持 3~4 天不出现由于生物降解造成的破洞；②承受 60℃ 条件下运输和存储；③具有一定的透气性。

PBAT/淀粉共混复合材料制备的有机垃圾袋可满足堆肥袋基本要求，还完全满足 EN 13432 标准。复合膜材料在低于 20μm 厚度仍具有优异加工性能与力学使用性能（膜强度、耐撕裂与耐穿刺性能）。复合膜材料的使用温度超过 60℃仍稳定，在存储与有机垃圾收集时提供较好的稳定性。此外，PBAT/淀粉共混复合材料质量轻且具备优异的印刷性能，相较于天然生物降解材料纸而言，还具有更好的耐水、耐油、耐酸性能，在取代纸质包装材料方面也具有很大潜力。

3.6.3 手提袋/购物袋领域

随消费者对塑料污染问题高度关注与环保意识提高，生物降解材料强制使用法律法规颁布，PBAT 生物降解超市购物袋增长迅速。生物降解购物须满足以下要求：①满足 EN 13432 标准认证；②承装比自身质量高 1000 倍的优异力学性能；③优异耐刺穿性能（耐硬质商品如液体饮料包装盒的刺穿）；④优异印刷性能；⑤优异热封性能。

目前商业化 PBAT/PLA 共混或嵌段复合材料可满足手提袋/购物袋要求，且袋厚度 10~20μm 仍具有较优的使用性能。相较于天然生物降解材料纸而言，PBAT/PLA 共混或嵌段复合材料无须经过电晕或使用涂层材料复合处理即可印刷。

3.6.4 农用覆盖薄膜领域

农业覆盖薄膜技术在日本与欧盟应用历史悠久，并于 20 世纪 70 年代引入中国。目前，我国农用覆盖薄膜使用量与覆盖面积最大，达到 100 万 t/年，覆盖面积超过 2 亿亩。农用覆盖薄膜可促使农作物早产、高产、产品质量提高，但同时土壤中废膜回收难度大，造成了严重污染。一方面，各种政府颁布法律法规强制规定，残余覆盖膜处理方式为必须回收；另一方面，非全生物降解农用薄膜废弃物回收时需通过拾取等方式收集和再处理，清理土壤中残膜难度大且成本昂贵。在此背景下，采用 PBAT 生物降解膜作为生物降解覆盖膜应运而生，其优势在于农作物收获后覆盖膜可直接降解，无须回收，不污染土壤。综合来说，生物降解覆盖膜是比较环保经济的。生物降解覆盖膜须满足以下要求：①满足 EN 13432 标准认证；②生物/生命降解周期可调控（农作物生长环境与要求各异）；③优异的耐撕裂机械性能；④优异的保温保熵性能（与 LDPE 相当）。

PBAT/PLA/嵌段共聚酯/功能性母粒（UV-紫外光稳定剂、阻隔母粒、开口母粒等）复合膜是目前应用较多的生物降解薄膜，通过改变复合膜中树脂比例和功能性母粒含量可调控膜的降解周期，满足不同农作物生长周期要求。

3.7 前景展望

截至 2020 年，以 PBAT 为主的脂肪-芳香族共聚酯全球市场规模超 200000t/年，我国产能超 100000t/年，预计 2022 年将新增 500000t/年以上产能规模。鉴于目前全球限塑与禁塑法律法规颁布，消费者环保意识增强，应用领域拓宽及技术进步生产成本不断下降等因素，PBAT 共聚酯市场保守估计，年均增长率约 25%。相较于全球 PE 市场规模来说，PBAT 市场增长规模潜力非常巨大。PBAT 共聚酯是一种革新的生物降解塑料材料，性能与 LDPE 相近，是较为完美的绿色环保软质膜材料，提供了一种生物降解塑料商业化生产与实际应用的成熟方案。此外，PBAT 为可再生资源如淀粉共混物加工与商业化应用提供了可能，积极推动了广阔的生物降解塑料市场发展。

思 考 题

1. PBAT 的全称是什么？其结构有什么特点？
2. PBAT 的常用制备方法有哪些？
3. PBAT 的性能特点有哪些？
4. PBAT 的应用有哪些？

参 考 文 献

［1］ Witt U，Müller RJ，Augusta J，et al. Synthesis properties and biodegradability of polyesters based on 1，3-propanediol ［J］. Macromolecular Chemistry and Physics，1994，195（2）：793-802.

［2］ Witt U，Müller RJ，Deckwer WD. New biodegradable polyester-copolymers from commodity chemicals and favorable use properties ［J］. Journal of Polymers and the Environment，1995，3（4）：215-223.

［3］ Witt U，Müller RJ，Deckwer WD. Evaluation of the biodegradability of copolyesters containing aromatic compounds by investigations of model oligomers ［J］. Journal of Polymers and the Environment，1996，4（1）：9-20.

［4］ Witt U，Müller RJ，Deckwer WD. Studies on sequence distribution of aliphatic/aromatic copolyesters by high-resolution ^{13}C nuclear magnetic resonance spectroscopy for evaluation of biodegradability ［J］. Macromolecular Chemistry and Physics，1996，197（4）：1525-1535.

［5］ Witt U，Müller RJ，Deckwer WD. Biodegradation behavior and material properties of aliphatic/aromatic polyesters of commercial importance ［J］. Journal of Polymers and the Environment，1997，5（2）：81-89.

［6］ Müller RJ，Witt U，Rantze E，et al. Architecture of biodegaradable copolyesters containing aromatic constituents ［J］. Polymer Degradation and Stability，1998，59（1-3）：203-208.

［7］ Yoo ES，Im SS，Yoo Y. Morphology and degradation behavior of aliphatic/aromatic copolyesters ［J］. Macromolecular Symposia，1997，118（1）：739-745.

［8］ Rantze E，Kleeberg I，Witt U，et al. Aromatic components in copolyesters：model structures help to understand biodegradability ［J］. Macromolecular Symposia，1998，130：319-326.

［9］ Witt U，Yamamoto M，Seeliger U，et al. Biodegradable polymeric materials-not the origin but the chemical structure determines biodegradability ［J］. Angewandte International Edition Chemie，1999，38（10）：1438-1442.

［10］ Witt U，Einig T，Yamamoto M，et al. Biodegradation of aliphatic-aromatic copolyesters：evaluation of the final biodegradability and ecotoxicological impact of degradation intermediates ［J］. Chemosphere，2001，44（2）：289-299.

［11］ Müller RJ，Kleeberg I，Deckwer WD. Biodegradation of polyesters containing aromatic constituents ［J］. Journal of Biotechnology，2001，86（2）：87-95.

［12］ Abou-Zeid DM，Müller RJ，Deckwer WD. Biodegradation of aliphatic homopolyesters and Aliphatic-Aromatic copolyesters by anaerobic microorganisms [J]. Biomacromolecules, 2004, 5 (5): 1687-1697.

[13] Atfani M, Brisse F. Syntheses, charaterizations, and strucutres of a new series of aliphatic-aromatic polyesters. 1. The poly (tetramethylene terephthalate dicarboxylates) [J]. Macromolecules, 1999, 32 (23): 7741-7752.

[14] Yamamoto M, Witt U, Skupin G, et al. Biodegradable aliphatic-aromatic Polyesters: "Ecoflex®" [B]. Biopolymers, 2005, 4: 299-305.

[15] Jiao J, Zeng X, Huang X. An overview on synthesis, properties and applications of poly (butylene-adipate-co-terephthalate)-PBAT [J]. Advanced Industrial and Engineering Polymer Research, 2020, 3 (1): 19-26.

[16] 刁晓倩, 翁云宣, 宋鑫宇, 等. 国内外生物降解塑料产业发展现状 [J]. 中国塑料, 2020, 34 (5): 123-135.

[17] 李迎春, 畅贝哲, 董星, 等. 一种聚己二酸/对苯二甲酸丁二醇酯共聚酯复合材料及其制备方法: 202011229686. 3 [P]. 2020-11-06.

[18] 王有超. 新型生物降解材料-PBAT 的连续生产工艺 [J]. 聚酯工业, 2016, 29 (1): 28-29.

[19] 马一萍, 张乃文, 杨军伟. PBAT 的制备与性能 [J]. 塑料, 2010, 39 (4): 98-101.

[20] 苑仁旭, 徐依斌, 麦堪成. 生物降解 PBAT 的合成与表征 [J]. 化工新型材料, 2012, 40 (12): 85-87.

[21] Herrera R, Franco L, Rodríguez-Galán A, et al. Characterization and degradation behavior of poly (butylene adipate-co-terephthalate) s [J]. Journal of Polymer Science. Part A: Polymer Chemistry, 2002, 40 (23): 4141-4157.

[22] Gan Z, Kuwabara K, Yamamoto M, et al. Solide-state structures and thermal properties of aliphatic-aromatic poly (butyllene adipate-co-butylene terephthalate) copolyesters [J]. Polymer Degradation and Stability, 2004, 83 (2): 289-300.

[23] Edge M, Hayes M, Mohammadian M, et al. Aspects of poly (ethylene terephthalate) degradation for archival life and environmental degradation [J]. Polymer Degradation and Stability, 1991, 32 (2): 131-153.

[24] Allen NS, Edge M, Mohammadian M, et al. Physicochemical aspects of the environmental degradation of poly (ethylene terephthalate) [J]. Polymer Degradation and Stability, 1994, 43 (2): 229-237.

[25] Tokiwa Y, Suzuki T. Hydrolysis of polyesters by lipases [J]. Nature, 1977, 270 (5632): 76-78.

[26] Lefevre C, Mathieu C, Tidjani A, et al. Comparative degradation by microorganisms of terephthalic acid, 2, 6-naphthalene dicarboxylic acid, their esters and polyesters [J]. Polymer Degradation and Stability, 1999, 64 (1): 9-16.

[27] Tokiwa Y, Ando T, Suzuki T, et al. Biodegradation of synthetic polymers containing ester bonds [J]. Agricultural and Synthetic Polymers, 1990, 12: 136-148.

[28] Jun HS, Kim BO, Kim YC, et al. Synthesis of copolyesters containing poly (ethylene terephthalate) and poly (ε-caprolactone) units and their susceptibility to pseudomonas sp. lipase [J]. Journal of Environmental Polymer Degradation, 1994, 2: 9-18.

[29] Jun HS, Kim BO, Kim YC, et al. Synthesis of copolyesters containing poly (ethylene terephthalate) and poly (ε-caprolactone) units, and its biodegradability [J]. Studies in Polymer Science, 1994, 12: 498-504.

[30] Tan FT, Cooper DG, Mari M, et al. Biodegradation of a synthetic co-polyester by aerobic mesophilic microorganisms [J]. Polymer Degradation and Stability, 2008, 93 (8): 1479-1485.

[31] Shah AA, Eguchi T, Mayumi D, et al. Purification and properties of novel aliphatic-aromatic co-polyes-

ters degrading enzymes from newly isolated roseateles depolymerans strain TB-87 [J]. Polymer Degradation and Stability, 2013, 98 (2): 609-618.

[32] Kasuya K, Ishii N, Inoue Y, et al. Characterization of a mesophilic aliphatic-aromatic copolyester-degrading fungus [J]. Polymer Degradation and Stability, 2009, 94 (8): 1190-1196.

[33] Kleeberg I, Hetz C, Kroppenstedt RM, et al. Biodegradation of aliphatic-aromatic copolyesters by thermomonospora fusca and other thermophilic compost isolates [J]. Applied and Environmental Microbiology, 1998, 64 (5): 1731-1735.

[34] Seligra PG, Moura LE, Famá L, et al. Influence of incorporation of starch nanoparticles in PBAT/TPS composite films [J]. Polymer International, 2016, 65 (8): 938-945.

[35] Olivato JB, Grossmann MVE, Yamashita F, et al. Compatibilisation of starch/poly (butylene adipate co-terephthalate) blends in blown films [J]. International Journal of Food Science and Technology, 2011, 46 (9): 1934-1939.

[36] Brandelero RPH, Yamashita F, Grossmann MVE. The effect of surfactant Tween 80 on the hydrophilicity, water vapor permeation, and the mechanical properties of cassava starch and poly (butylenes adipate-co-terephthalate)(PBAT) blend films [J]. Carbohydrate Polymers, 2010, 82 (4): 1102-1109.

[37] Ren J, Fu H, Ren T, et al. Preparation, characterization and properties of binary and ternary blends with thermoplastic starch, poly (lactic acid) and poly (butylene adipate-co-terephthalate) [J]. Carbohydrate Polymers, 2009, 77 (3): 576-582.

[38] Emilio M, Ester Z, Jose-Ramon S. Direct measurement of the enthalpy of mixing in miscible blends of poly (DL-lactide) with poly (vinylphenol) [J]. Macromolecules, 2006, 38 (22): 9221-9228.

[39] Emilio M, Ester Z, Jose-Ramon S. Miscibility and specific interactions in blends of poly (L-lactide) with poly (vinylphenol) [J]. Macromolecules, 2005, 38 (4): 1207-1215.

[40] Kumara PHS, Nagasawa N, Yagi T, et al. Radiation-induced crosslinking and mechanical properties of blends of poly (lactic acid) and poly (butylene terephthalate-co-adipate) [J]. Journal of Applied Polymer Science, 2008, 109 (5): 3321-3328.

4 聚丁二酸丁二醇酯

聚丁二酸丁二醇酯（PBS）具有优异的耐热性、加工性能和力学性能，在使用和储存过程中性能较稳定，同时在酶、微生物等条件下降解为 CO_2 和 H_2O 等物质，而且原料能够完全来源于可再生资源，因而受到了最多的关注，被公认为一种综合性能较好的可替代石油基聚合物的环境友好型生物降解塑料。目前 PBS 已应用于生活生产、医药、农业等领域，工业化较好。

4.1 概　　述

PBS 是一种化学合成的脂肪族聚酯生物可降解高分子材料，其原料可以从可再生资源中获得，并且具有生物降解特性。与大然高分子如淀粉、纤维素等和其他化学合成的可降解高分子相比，PBS 的综合性能较佳，其拥有可以与传统塑料材料相媲美的力学性能、加工性能和热稳定性等，且由于其分子链柔顺，主链中的酯键易被微生物或酶分解，还有着优良的生物降解性能，PBS 成为聚乳酸之外另一种具有吸引力的生物基聚合物。

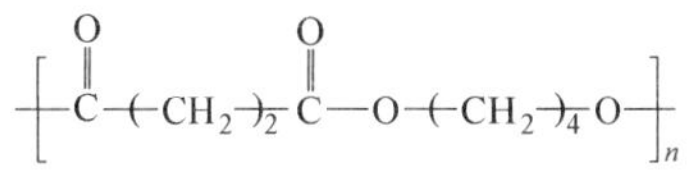

聚丁二酸丁二醇酯是由 1,4-丁二酸和 1,4-丁二醇经缩聚得到的，它的分子链主要由易降解的酯键（—COO—）和柔性的脂肪烃基（—CH$_2$—CH$_2$—，—CH$_2$—CH$_2$—CH$_2$—CH$_2$—）组成，其结构式如图 4-1 所示。PBS 呈乳白色，无臭、无味，密度是

图 4-1　PBS 的结构式

1. 26g/cm^3，玻璃化转变温度为−32℃，熔点约为114℃，通过调控相对分子质量和相对分子质量分布，结晶度可控制在 25%~45%，热分解温度在 350~400℃。其合成的主要原料丁二醇、丁二酸及其衍生物，可以通过石油化工和煤化工路线获得（如从马来酸酐中提取），也可以通过纤维素、葡萄糖、乳糖等可再生资源生物发酵获得。同时，PBS 又因分子链中含有大量酯键，使用后易被自然界的多种微生物或动植物体内的酶代谢、分解，最终转化为水和二氧化碳，是一种可以实现来自自然而又回归自然的完全生态循环生产的绿色材料。

20 世纪 30 年代，Carothers 首先合成 PBS；1993 年，日本昭和公司首先研发了用异氰酸酯扩链制备高相对分子质量 PBS 的技术，该公司所制备的 PBS 材料力学性能好，耐热接近 100℃，可用传统聚烯烃加工设备加工，产品名称为 Bionolle。该产品主要用于生产包装瓶和薄膜等，已批量生产投入市场。2001 年，德国巴斯夫公司推出了生物降解的脂肪族-芳香族共聚酯 Ecoftex，由丁二醇、己二酸和对苯二甲酸缩聚而成，年产 6000t。2003 年，日本三菱化学公司推出了商标为 GSPla 的 PBS 产品，由丁二酸、乳酸和丁二醇共聚而成，年产 3000t。

国内 PBS 产业起步相对较晚。2007 年，依托中国科学院理化技术研究所技术，杭州鑫富药业公司建成年产 3000t 的 PBS 生产线。郭宝华课题组用熔融缩聚法合成了高相对分子质量的 PBS，通过与对苯二甲酸二甲酯、甲基丁二酸和丙二醇等单体共聚，制备的无规共聚物可调节生物降解速率和力学性能。安徽安庆和兴化工有限责任公司依托该技术建成年产万吨级的 PBS 连续法生产线，新疆蓝山屯河化工有限公司建成年产 5000t 的间歇法薄膜级树脂生产线。此外，北京化工大学、中国科学院化学研究所、中国科学院上海有机化学研究所、北京理工大学、天津大学、四川大学、华东理工大学和江南大学等单位也进行了 PBS 的相关研究。

尽管 PBS 已经得到了规模化的商业化生产，然而与传统塑料如聚乙烯（PE）、聚丙烯（PP）等相比，PBS 使用过程中仍存在熔体强度差、结晶速率慢和成本高昂等不足，这些问题成为制约 PBS 大量应用的一个主要原因，因此，需进一步研究其合成工艺和后期改性加工来提高性能、降低材料成本并拓展其应用。

4.2　聚丁二酸丁二醇酯的合成

生物降解脂肪族聚酯合成方法理论上有生物发酵法和化学合成法两种，其中生物发酵法的成本一般较高，相关的研究较少；化学合成法包括直接酯化法、酯交换法和扩链法。

4.2.1　直接酯化法

直接酯化法是先将丁二酸和过量丁二醇在氮气和较低温度下进行酯化反应，分子间脱水，生成端羟基的低聚物，然后在高温、高真空度条件下，低聚物通过催化剂的作用脱除二元醇，得到高相对分子质量的 PBS。直接酯化法又根据是否在反应过程中使用溶剂分为溶液缩聚和熔融缩聚两种合成方法。

4.2.1.1　溶液缩聚法

溶液缩聚法是将丁二醇和丁二酸及不同的溶剂置于一定温度下反应，再将反应生成的水除去后使其在较高温度下发生缩聚反应进而获得聚酯。常用条件为以甲苯为溶剂，将丁二酸、丁二醇及不同催化剂在 140℃ 下反应 1h 后减压蒸馏，并升温至 230℃ 反应3h，之后进行醇沉并真空干燥收集产物，产物为 PBS 的聚合物，其数均相对分子质量 M_n 为 $(2\sim8.95)\times10^4$，二氯化锡催化或氯化亚锡/对甲苯磺酸催化均具有较好的效果。

4.2.1.2　熔融缩聚法

熔融缩聚法是先将催化剂和丁二醇、丁二酸等单体在一定温度下完成酯化反应，随后将其置于较高温度和真空环境中发生缩聚反应生成线型 PBS。目前，常用两步熔融缩聚法，按 n（1,4-丁二醇）：n（二羧酸）= 1.2：1 的比例合成了聚（丁壬/丁二酸丁二醇酯）共聚物，其数均相对分子质量 M_n 和重均相对分子质量 M_w 分别为 10900~17400 和 21300~32800。以 n（丁二醇）：n（丁二酸）= 1.15：1 的比例进行投料，加入 CO_2 氛围的 170℃反应器中酯化反应 1.5h，随后放入 20Pa 的真空泵中在 205℃ 下聚合反应 3.5h，最终得到M_n 约为 6.9×10^4 的 PBS。

4.2.2　酯　交　换　法

酯交换法是在催化剂的作用下，二元酸二甲酯或二乙酯与等当量的二元醇发生酯交换反应，脱除甲醇，生成 PBS 预聚物，然后在高温和高真空条件下，预聚物进行缩聚，得到高相对分子质量 PBS。由于酯交换法反应过程中生成的甲醇可通过加热等简单操作去除，因此得到的 PBS 纯度较高，但相比于直接酯化法，其原料成本升高，反应时间长，且合成的 PBS 相对分子质量不高。

直接酯化法和酯交换法均属于缩合聚合，所采用的催化剂主要有稀土类、钛酸酯类和锡基类等。其中，钛酸四丁酯是最为常用的催化剂。上述两种方法都是可逆反应，反应后期需要不断脱除副产物来提高 PBS 的相对分子质量，并且在反应过程中，尤其是反应后期，温度往往超过 200℃，不可避免地会出现环化、热降解和热氧化等副反应。在 PBS 实际合成中经常会出现产物色泽发黄的现象，这主要是由于丁二醇在高温下发生环化和氧化等反应，生成了副产物四氢呋喃。为此，要控制预聚合阶段的温度，尽可能避免丁二醇环化，或采用冷阱的方法在反应过程中抽出四氢呋喃。此外，为了防止氧化，可以在反应后期加入聚磷酸等抗氧化剂。

4.2.3　扩　链　法

为了克服直接酯化法和酯交换法副产物多、产物相对分子质量低等缺点，研究人员开发了扩链法，即利用扩链剂的活性基团与 PBS 预聚物的端羟基或羧基反应，达到扩链的效果，以提高产物的相对分子质量。这种方法对反应条件要求不高，仅在较温和的反应条件下就能得到较高相对分子质量的 PBS。扩链剂是指能增加聚合物相对分子质量的某些具有高活性双官能团的低相对分子质量化合物。这类物质能在短时间内通过与两个聚酯的端基反应将聚合物连接增加聚合物的相对分子质量。依据扩链剂与聚酯不同端基反应，可以将聚酯扩链剂分为羟基加成型和羧基加成型两种。常用的羟基加成型扩链剂主要有二异氰酸酯、二元酰胺、二元酰氯、酸酐，羧基加成型的扩链剂主要为二噁唑啉、二环氧化物等。

但扩链法也存在一定缺陷，有些扩链剂具有一定毒性，而且容易残留在产物内，限制了 PBS 在食品包装及药用器材领域的使用。

综合上述三种方法，酯交换法对用料的配比要求不高，能有效地避免因原料配比不合理而生成端羧基的预聚物，从而终止链增长。另外，副产物甲醇易脱除，有利于酯交换反应的进行。但是酯交换反应法首先要制备二元酸二甲酯或二乙酯，原料成本较高，并且甲醇的毒性较大，故该方法应用较少。扩链法主要采用的扩链剂是二异氰酸酯，但是其具有一定的毒性，大大降低了 PBS 的卫生和安全性能，从而限制了 PBS 的应用范围。此外，PBS 主链中引入二异氰酸酯结构会导致其酯键更难断裂，因此产物的生物降解能力会变差。经过长期的合成研究，目前 PBS 的合成主要采用直接酯化法，通过开发高效的安全催化体系、调节丁二酸和丁二醇的摩尔比、控制反应温度和提高真空度等，制备具有良好的综合性能的 PBS，为其产业化奠定了坚实的合成基础。

4.3　聚丁二酸丁二醇酯的性能

PBS 材料除了具有普通塑料的性能外，还具有良好的透明性、良好的光泽度及印刷性能等优点，被认为是最有前景的绿色环保型高分子材料之一，在未来包装材料领域中所占的比例将越来越高。

4.3.1　力学性能

PBS 是典型的半结晶型脂肪族聚酯，早在 1931 年时就已被合成出来，但当时摩尔质量仅能提高到 5000g/mol 左右，不具有实用价值，因此一直没有受到重视。直到 20 世纪 90 年代，随着工艺条件的改善，日本 Showa High Polymer 公司合成出了相对分子质量超过 20 万的高相对分子质量的 PBS，产品命名为"Bionolle"。当相对分子质量超过 10 万时，PBS 表现出了和传统聚酯不一样的性能，此时 PBS 具有良好的力学性能，完全可以用作通用塑料。表 4-1 列出了一种 PBS 产品 Bionolle 与低密度聚乙烯（LDPE）、高密度聚乙烯（HDPE）和 PP 的主要性能的相关数据。从表 4-1 中可以看出，PBS 与 LDPE、HDPE 和 PP 的基本物理性能和力学性能相近，尤其是从拉伸、弯曲和冲击强度的角度而言，PBS 所具有的基本特性可以使其作为结构材料。此外，PBS 还可以在通用的塑料加工设备上采用注塑、挤塑、吹塑、纺丝、吸塑、压制、发泡等成型方法进行加工，从而制成各种不同形状的塑料产品。

表 4-1　　　　　　　　　Bionolle 与 LDPE、HDPE 和 PP 的性能比较

性能	Bionolle	LDPE	HDPE	PP
密度/(g/cm^3)	1.26	0.92	0.95	0.90
结晶度/%	25~45	40	70	45
熔点/℃	114	110	129	163
玻璃化转变温度/℃	−32	−120	−120	−5
结晶温度/℃	75	95	115	−5
燃烧热/(J/g)	23.58	>45.98	—	—
熔融指数/(g/10min)	1~3	0.8	11	3.0
屈服强度/MPa	35.5	10	29	30
断裂强度/MPa	58	17.5	—	41.5
断裂伸长率/%	600	700	300	800
弯曲强度/MPa	17.7	—	—	42
弯曲模量/MPa	530	—	120	1350

4.3.2　结晶性能

PBS 是一种结晶性的聚合物，具有结晶快、结晶度高等特点，其结晶形态、晶体结构、结晶的程度等对材料的力学性能、生物降解性能有着重要的影响。可通过对其结晶过程的调控来制备各种不同性能的制品，从而满足不同领域的应用。在结晶聚合物的基体中添加异质填充物（包括纤维、无机填料、纳米有机填料等），不仅可以诱导 PBS 的异相成核，还可提高结晶度或结晶速度，成核效果与粉体表面性质和晶型结构有关。研究还发现部分有机纤维可以诱导 PBS 成核，由于成核密度大，晶体沿垂直于纤维表面的方向生长为横晶，如尼龙纤维、聚对苯二甲酸乙二醇酯（PET）、聚对苯二甲酸丁二醇酯（PBT）等聚酯纤维都可以诱导 PBS 的横晶生长，其根本机理在于异质纤维与基体 PBS 存在着相

互作用力。在异质填充物表面附生结晶的行为对聚合物/填充物的界面性质有较大影响，而界面性质是影响复合材料性能的关键因素之一，尤其是材料在外力作用下的应力传递行为和破坏行为。研究发现尼龙微粉对 PBS 具有较强的异相成核能力，可诱导 PBS 在微粉表面快速成核结晶。由于成核密度较大，使得晶体只能沿着近乎垂直于微粉表面的方向生长。尼龙微粉不改变 PBS 的晶体结构，PBS/尼龙微粉复合材料均形成 PBS 的 α-晶型。不同尼龙微粉含量的 PBS 复合材料在相同结晶温度下等温结晶时具有相同的晶体生长速率，即尼龙微粉的加入只改变 PBS 结晶的成核速率。随着尼龙微粉含量的增加，结晶温度出现先升高后降低的趋势，结晶度小幅减小。

某些芳环或脂环羧酸、β-环糊精等有机成核剂对 PBS 结晶也有较好的促进作用。研究表明带芳香基团的有机成核剂比非芳香类有机成核剂具有更好的异相成核效果，特别是芳香胺和取代芳基羧酸酯盐的有机成核剂，表明具有刚性平面分子结构的成核剂更有利于促进 PBS 的成核结晶，加快 PBS 的结晶速率，有利于提高 PBS 制品的成型效率，且有效细化 PBS 球晶，完善 PBS 球晶，从而提高 PBS 的强度和刚性，但有机成核剂并未改变 PBS 的晶型。

4.3.3 生物降解性能

PBS 降解的本质是聚合物中化学键的断裂，其中既包括主链中化学键的断裂，又包括支链中化学键的断裂，主链结构中化学键的断裂对聚合物降解起着决定性的作用。在 PBS 分子链中引入较弱的化学键或较易发生化学反应的化学键，则该键较易断裂，聚合物就较易降解。降解还受到许多因素的影响，如化学结构、亲疏水平衡、固体形态和结晶度等。

生物降解主要包括土壤掩埋降解、微生物降解和酶降解，且一般线型脂肪族 PBS 共聚物的降解速率快于芳香族共聚酯的降解速率，低相对分子质量 PBS 聚酯的降解速率高于大相对分子质量 PBS 聚酯。其降解速率是酶降解速率>微生物降解速率>土壤掩埋堆肥降解速率比。

PBS 在生理条件下（即温度为 37℃，pH=7.4，磷酸盐缓冲液）的降解非常缓慢，经数周后质量仍保持相对恒定，仅表现出相对分子质量的降低，这是 PBS 较高的初始结晶度及疏水性所致。PBS 的体外模拟降解可以分为 2 个阶段：在第一阶段，聚酯链段发生随机断裂，且随着结晶度的增加，随机断裂速率降低。当相对分子质量下降至 13000 左右时，PBS 水解进入第二阶段，首先水解无定形区，而后水解紧密堆积的晶区。因此具有较低初始结晶度的聚酯可表现出良好的可降解性，通过向 PBS 主链中引入亲水性基团及离子基团可达到提高 PBS 均聚物生物降解性的目的。

另外，脂肪酶和角质酶是最常见的可催化 PBS 水解的酶。PBS 的酶解作用也受许多因素的影响，如聚酯的化学组成、亲疏水平衡、结晶度和表面形貌等。酶水解过程主要基于表面侵蚀作用，与简单水解作用不同的是，在酶水解过程中，低相对分子质量产物易于溶解在水性介质中，降解前后聚酯的相对分子质量几乎不会发生变化。与脂肪酶相比，角质酶对 PBS 基聚酯具有更高效的生物降解性，降解率高且所需降解时间较短（48h 以内）。而脂肪酶一般需要数天甚至数周的降解时间，且降解率相对较低。无论是使用角质酶还是脂肪酶降解 PBS，聚酯的酶解过程均受诸多因素的影响。通常情况下，减小聚酯的结晶度、增加其碳链长度和疏水性以及制备共聚或共混物均有利于加速酶降解作用的进行。研究还发现，球晶中纤维填充的程度也对酶侵蚀过程有很大影响。由细纤维填充的球晶，水分子难以深入渗透到聚酯薄膜内部，因此失重较慢。酶解作用从球晶的中心部分开始，随后球晶的其他部分被降解。而对于充满粗糙纤维且堆积松散的球晶型貌，水分子可以很容易地渗透到聚酯内部，导致深度侵蚀。

因此，为提高其在土壤环境中的可降解性，一方面可使用微生物悬浮液模拟天然微生物环境探究 PBS 的降解过程及机理，并通过探究得到的降解机理对 PBS 进行改性设计，在不降低其应用性能的同时达到提高生物降解性的目的；另一方面，可综合酶降解及生理环境降解过程中影响 PBS 降解速率的相关因素，对 PBS 进行改性，提高降解性能。如向PBS 主链中引入亲水性基团、降低聚酯的结晶度、增加聚酯的碳链长度以及制备 PBS 共聚物等。

4.3.4　其他性能

PBS 具有出色的耐热性能，是完全生物降解聚酯中耐热性能最好的品种，热变形温度接近 100℃，改性后可超过 100℃，满足日常用品的耐热需求，可用于制备冷热饮包装和餐盒。

化学稳定性是指包装材料对来自被包装物（如化工产品、食品、饮料等），以及来自包装外部环境的水、氧、二氧化碳、化学介质等腐蚀的抵抗能力。PBS 在正常储存和使用过程中性能很稳定，且其只有在堆肥等接触微生物的条件下才能降解。

PBS 无毒、无味、热稳定性和卫生性良好，可以满足食品、药品包装要求。尤其是对PBS 进行共混改性后，PBS 复合包装材料性能进一步提升且多样化，更适用于食品、药品包装材料。例如，将具有抗菌特性的物质（壳聚糖、纳米氧化锌）与 PBS 共混制备的包装材料具有优异的抗菌性，能够很好地抑制细菌生成，保证食品的品质。

4.4　聚丁二酸丁二醇酯材料的改性

PBS 是一种性能优异的脂肪族聚酯，但是与传统塑料相比，仍存在着价格高、生物降解速率慢、熔体强度低、力学性能差等缺点，特别是冲击强度，难以满足实际应用中对材料性能的要求。

4.4.1　物理改性

共混改性是将两种或者两种以上的物质，按照一定的比例混合均匀后在相应的加工设备里熔融混合的过程，作为塑料行业中应用广泛的改性方法，相比化学改性的繁杂和高成本，其具有操作简单、成本低廉和共混对象多元等优势。

4.4.1.1　聚丁二酸丁二醇与生物降解高分子材料的共混

（1）PBS 与聚乳酸（PLA）共混　PLA 是一种可完全生物降解的新型绿色塑料，是目前全世界广泛研究、价格相对低廉的生物基生物降解高分子材料。它不仅具有良好的生物相容性，而且性能与聚苯乙烯（PS）和 PP 等通用塑料相近，广泛应用于电子、生物医药、服装和汽车等众多领域。将 PLA 和 PBS 进行简单的物理共混，两者的相容性较差，提高两者的相容性成为改性成功的关键因素之一。其中，通过扩链以增加其相对分子质量是一种行之有效的方法。亚磷酸三苯酯（TPPi）可以作为 PLA、聚对苯二甲酸丁二醇酯类聚合物的扩链剂提高体系的相对分子质量。TPPi 对 PLA 和 PBS 的扩链反应符合 TPPi 对 PET 的扩链机理，即 TPPi 在 PBS/PLA 共混体系中作为一种酯化促进剂，促进 PLA 和 PBS 分子链间发生酯化反应，起到扩链的作用，反应机理如图 4-2 所示：

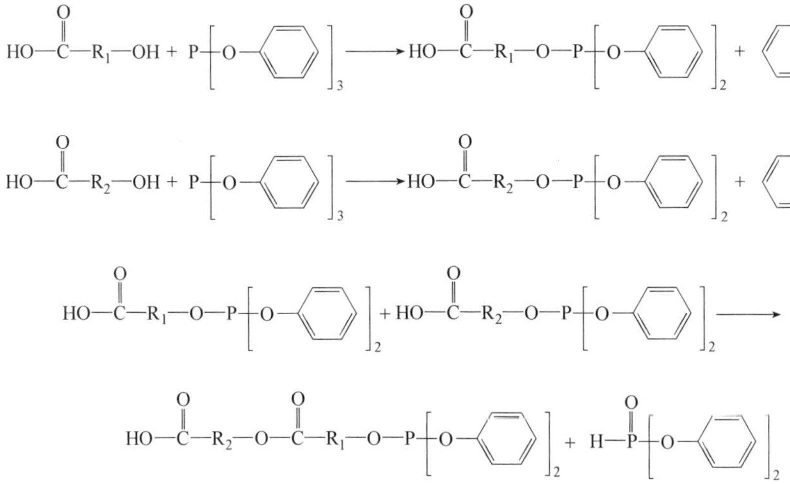

图 4-2　TPPi 与 PBS/PLA 的反应

在 PBS/PLA 共混物中，PBS 能有效地降低 PLA 的脆性，但是两相为部分相容体系。为改善两组分的相容性，可以采用不同的方法。根据生物黏附分子表面改性机理，利用多巴胺的强吸附性来改性滑石粉，改性后的滑石粉能有效改善 PLA 和 PBS 的相容性。利用聚乙二醇（PEG）、聚 ε-己内酯（PCL）等材料作为增容剂，增强 PBS 与 PLA 的相容性。在 PLA/PBS/PEG 体系中，PEG 组分能够降低 PBS 分散相的尺寸、均化尺寸分布、增加界面层厚度；随着 PEG 含量增加，PLA/PBS/PEG 共混物复数黏度降低、剪切变稀行为更加显著，共混物中 PLA 组分的玻璃化转变温度和冷结晶温度降低幅度随着 PEG 含量增加而增大，同时结晶度增加。PCL 是一种含有极性键且生物降解的高分子材料，具有较低的玻璃化转变温度（$T_g = -62$℃）和低熔点（$T_m = 57$℃），因此，其在室温下呈橡胶态，具有良好的柔韧性和延展性。PCL 是通过极性酯键与 PLA 和 PBS 结合，起到增容效果。以 PCL 作为增容剂加入到 PLA/PBS 共混体系中后，没有显著改变 PLA/PBS 共混物的结晶结构，当 PCL 用量不超过 2phr 时，PCL 对共混体系主要起增容作用，PLA 与 PBS 的相容性得到改善。

除此之外，还可以加入聚碳酸亚丙酯基聚氨酯（PPCU）提高 PLA 和 PBS 的相容性。采用熔融共混法和挤出吹膜工艺制备了 PLA/PBS/PPCU 薄膜。研究发现 PLA 与 PBS 的结晶可互相抑制，共混体系总结晶度下降，有利于薄膜的韧性提高。PBS 的加入可以改善 PLA 的柔韧性，使其断裂伸长率增大，而杨氏模量下降显著；同时 PBS 可降低体系的黏度，增加 PLA 熔体的流动性。此外，PBS 对改善共混薄膜亲水性有一定作用。

（2）PBS 和淀粉共混　淀粉是一种可完全降解的天然高分子，但加工性能与物理性能差，难以单独作为材料使用。淀粉存在大量的分子内及分子间氢键，结构复杂，大多以颗粒状态存在，直接与 PBS 共混时相容性差，在聚合物基体中很难均匀分散，从而导致共混材料的力学性能变差。为了改善淀粉/PBS 共混材料的相容性和力学性能，以氯化镁/甘油为复配改性剂，通过这两种物质与淀粉/PBS 共混材料产生的强相互作用，破坏淀粉/PBS 共混材料原有的氢键与结晶结构，提高淀粉与 PBS 的相容性，使共混材料的玻璃化转变温度、结晶温度、冷结晶温度及结晶度降低；采用氯化镁/甘油复配改性剂可制备出具有良好性能的淀粉/PBS 共混材料，改性后的淀粉/PBS 共混材料的断裂伸长率和拉伸强度均得到提高。

4.4.1.2 聚丁二酸丁二醇酯与非生物降解高分子材料的共混

PBS 与非生物降解高分子材料共混，可以赋予 PBS 一定的功能性。当聚异戊二烯（TPI）与 PBS 共混时，材料的力学性能发生变化，同时材料会具有形状记忆特性。研究发现，在 TPI/PBS 共混物中，随着 PBS 用量的增加，共混物的交联密度逐渐减小，力学性能下降，热刺激响应温度和形状恢复率整体也呈下降趋势。然而，当氧化聚乙烯（CPE）加入时，TPI 与 PBS 两相的相容性得到改善，共混物的力学性能和热致形状记忆也得以提高。

PBS 与非生物降解高分子材料共混，可以与 PBS 发生共结晶。PBS 与聚延胡索酸丁烯酯（PBF）、聚乙二醇硬脂酸酯（PEOST）共混，均有利于 PBS 结晶。

4.4.1.3 聚丁二酸丁二醇酯与无机材料的共混

在聚合物中加入无机添加剂能够有效降低聚合物的生产成本，同时还能很好地改善聚合物的热稳定性、耐蠕变性、刚性与硬度等。此外，填料的加入使熔体弹性形变减小，因而使加工中出现熔体破裂的临界剪切速率值得到提高，从而可以改善加工条件，并可以提高生产效率。此外，由于无机矿物质在土壤中会溶解，通过控制无机填料的加入量可以调整材料在环境中的生物降解特性，为制备不同生物降解速率的降解材料提供基础。同时无机填料的加入还能够增强材料的透气性、阻燃性及尺寸稳定性等。

无机添加剂主要包括滑石粉、碳酸钙、黏土、蒙脱土、硅酸盐和玻璃微珠等。以 PBS 为基体树脂、经 KH560 处理的有机蒙脱土（DK2）为填料制备的 PBS/DK2 纳米复合材料，与纯 PBS 相比，PBS/DK2 的断裂伸长率提高明显，而拉伸强度变化不大。在这些无机添加剂中，滑石粉源自于天然矿物质，来源广泛、价廉易得，具有化学稳定性和耐热性好、白度高、粒径均匀、分散性强等优点，广泛用作塑料与橡胶的填充剂、增强剂等。而且滑石粉的片层式结构以及大的高宽比使其与碳酸钙等其他无机填料相比更能够提升材料的硬度与蠕变强度。滑石粉填充的 PBS 可用于制备包装材料，不仅能够有效降低材料的成本，还将适当地改善材料的物理性能。

除上述无机添加剂外，无机晶须也可广泛应用于聚合物的改性，并且已经取得一定的效果。常见的无机晶须主要有四针状 ZnO 晶须（T-ZnO$_w$）、碳酸钙晶须（CC$_w$）、硫酸镁晶须（MOS$_w$）等。其中，T-ZnO$_w$ 是晶须家族中唯一拥有空间立体结构的晶须，具有增强增韧、抗菌及导热绝缘等特点。但是，T-ZnO$_w$ 存在与聚合物相容性较差的问题，为了提高 T-ZnO$_w$ 与 PBS 的相容性，通过 T-ZnO$_w$ 的表面化学改性，负载有机活性基团，使表面粗糙度增加，有利于 T-ZnO$_w$ 与 PBS 的复合。ST-ZnO$_w$ 有助于改善 T-ZnO$_w$ 与 PBS 两相间的相容性，但并不改变 PBS 的晶型。ST-ZnO$_w$ 的加入有效提高了 ST-ZnO$_w$/PBS 复合材料的热稳定性，ST-ZnO$_w$ 在 PBS 中起增强增韧的作用，复合材料的最大拉伸强度、断裂伸长率和弹性模量均高于纯 PBS。

由于部分天然生物高分子具有优异的强度、高比表面积、生物可降解的特点，其在改性增强 PBS 材料中具有巨大的优势。其中，微晶纤维素（MCC）具有高强度、高结晶度以及较大的比表面积等优势。MCC 的加入使得 PBS 的杨氏模量有了显著的提升，但是拉伸强度和断裂伸长率却降低了。纳米晶纤维素（CNC）作为一种可再生的天然纳米填料，已经被用于增强 PBS，制备得到 PBS/CNC 复合材料，其研究主要集中于 CNC 表面改性以改善 PBS 和 CNC 两相间的相容性，试验样品大多以塑料薄片为主。通过熔融共混的方式制备 PBS/CNC 复合材料后进一步熔融纺丝制得复合纤维，希望通过应力作用使得 CNC 在纤维中沿轴向有序排列，充分发挥 CNC 的增强作用。另外，PBS 作为复合材料的基质，具有良好的生物相容性，与木质纤维素纤维材料复合制备的复合材料能够在大自然环境中自行降解，最终的产物为 CO_2 和水。研究表明 PBS 基质中添加棉秆皮纤（CSBF）后，可以提高复合材料的力学性能和热学性能，水降解实验表明，复合材料表面有严重的破损，出现絮状的空洞，内部的 CSBF 发黑，质量减轻。

4.4.2 化学改性

4.4.2.1 聚丁二酸丁二醇酯的共聚改性

PBS 的共聚改性是指向其分子链中引入其他单体结构或基团，包括脂肪族聚酯单体和芳香族聚酯单体，以改变主链的化学结构和序列分布，从而达到改善 PBS 均聚物性能的目的。脂肪族共聚单体的加入可以显著地降低共聚物的结晶度，改善其韧性并调控其生物降解活性。

（1）与脂肪族聚酯单体共聚　通过在 PBS 主链中引入了己二酸组分，力学性能（尤其是冲击强度）随着己二酸含量的增加呈现先下降后上升的趋势，并且其生物降解性则随着己二酸含量的增加而提高。用长柔性链段的二聚酸（二聚酸由含 18 个碳原子的不饱和脂肪酸聚合得到）代替部分丁二酸，通过原位共聚制备的一种新型聚丁二酸丁二醇酯，会影响 PBS 的结晶性能，但生物降解性能下降，降解速度减慢。然而，当脂肪族单体与 PBS 共聚时，由于脂肪族聚酯的特性使其难以达到在实际应用中对工程材料性能的多方面要求。

（2）与芳香族聚酯单体共聚　芳香族聚酯在主链上带有刚性的苯环，其热性能稳定，力学性能优良。因此在 PBS 主链中适量引入芳香族单元，合成出脂肪与芳香族共聚酯，能够综合两种聚酯的优点，在保证一定降解能力下，提高了共聚酯的熔点和力学性能。以丁二酸、丁二醇和对苯二甲酸为原料，合成一系列不同组分含量的生物降解聚对苯二甲酸-co-丁二酸丁二醇酯（PBST），通过加入助催化剂，可以进一步提升共聚酯的相对分子质量。相比于 PBS 均聚物，共聚酯的热分解温度和最大降解速率时的温度都有明显提高。同时，对 PBS 和 PBST 的结构及结晶性能进行研究，结果表明 PBS 为均聚物，为单斜晶系；而 PBST 是无规共聚物，其晶体结构为三斜晶系，并且结晶度和结晶尺寸均比 PBS 小，有利于改善加工性能。

4.4.2.2 聚丁二酸丁二醇酯的交联改性

PBS 较低的熔体强度限制了它在许多领域如泡沫包装材料方面的应用。交联可限制分子链的运动和发泡过程中气泡的过度增长，保持气泡适宜大小直至冷却定型，从而解决 PBS 因熔体强度过低而造成的气泡过大、串泡及泡孔塌陷等问题。大分子实现交联的方法主要有辐射交联、过氧化物交联、硅烷交联、紫外光交联和其他交联反应（如环氧和端羧基交联）：①辐射交联投资较大，操作和维护技术复杂，安全防护的要求也比较苛刻，所引起的降解更是不容忽视。②过氧化物交联也容易导致降解反应的发生。③紫外光交联技术有其独特的优点，设备易得，投资费用低，操作简单，防护容易。采用紫外光光照的方法，在光引发剂和交联剂的共同作用下可成功实现 PBS 的交联，并且交联度可控。

交联之后，PBS 的玻璃化转变温度升高，熔点和结晶度降低，材料的热稳定性得到有效提高，刚性也有所增强。虽然交联后材料的酶降解速度下降，但仍保持了生物降解性。流变性能测试结果表明，交联有效提高了 PBS 的熔体强度，交联后的 PBS 经自由发泡可以得到泡孔均匀细密的泡沫塑料。

4.4.2.3 其他

通过加入扩链剂，在 PBS 分子链上引入其他分子结构以提高 PBS 相对分子质量的改性方法称为 PBS 扩链改性。异氰酸酯类、环氧类以及唑啉类是比较常见的扩链改性剂。

以左旋乳酸（L-LA）为原料合成聚左旋乳酸（PLLA），再与 PBS 共混，通过加入高效反应型扩链剂 2,2-（1,3-亚苯基）-二噁唑啉（PBO）和 4,4-二苯基甲烷二异氰酸酯（MDI）合成新的嵌段聚合物。利用 PBO 易与羧基发生反应的特点，生成端基多为羟基的共混体系，并用酸值滴定法验证了 PBO 对羧基的反应选择性；加入易与羟基反应的 MDI，使得分子链进一步增长，并且提高两相相容性。如图 4-3 所示，通过添加扩链剂 PBO（a）和 MDI（b）改善了 PLLA/PBS 的相容性，材料的相对分子质量有了跨越式增长，而且 PBO 与 MDI 小分子中都含有苯环基团，与通过扩链反应后形成的酰胺基一样，使其拉伸强度提高了 140%，断裂伸长率达到 129.4%。

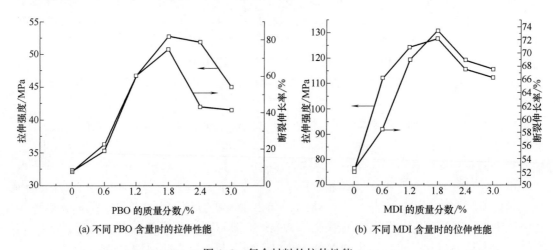

(a) 不同 PBO 含量时的拉伸性能　　　　　(b) 不同 MDI 含量时的位伸性能

图 4-3　复合材料的拉伸性能

利用 PBS 的生物降解性和高韧性，构筑其疏水结构可以使其在疏水涂层、油水分离海绵等方面有良好的应用前景。以氯仿为溶剂、无水乙醇为非溶剂，利用聚合物微相分离原理，制备具有强疏水性的生物可降解 PBS 薄膜材料，通过改变 PBS 浓度和非溶剂的含量，材料表面的接触角可达到 142.5°，比未处理 PBS 薄膜的接触角增大了 60° 左右，所得到的薄膜材料均为具有高黏附性的类玫瑰花效应的疏水表面。

4.5 聚丁二酸丁二醇酯材料的加工成型

现代树脂材料的成型加工方法（注塑成型、挤出成型、吹塑成型、发泡成型、真空成型等）均适用于 PBS 的加工成型。本章重点介绍 PBS 泡沫、纤维和薄膜三种材料的加工成型方法。

4.5.1 聚丁二酸丁二醇酯泡沫的模压法

目前，PBS 泡沫材料的制备大多集中在间歇式化学发泡上，即先通过混合设备将 PBS 和各种助剂或填料（包括化学发泡剂）混合在一起，然后再通过模压法、烘箱加热法或辐射交联法对混合物进行发泡。

模压法是指将混合物加入到模具中，通过加热加压进行发泡成型的过程。该方法过程简单，制备的发泡 PBS 材料质量好，性能优良。采用双辊塑炼机将 PBS、交联剂［过氧化二异丙苯（DCP）］、助交联剂［三羟基丙烷三甲基丙烯酸酯（TMPTMA）］等进行混炼压片，然后在 160℃，10MPa 下进行模压化学发泡，制备得到 PBS 泡沫材料。通过 DCP 交联的 PBS 泡沫材料基本上为闭孔结构，随着 DCP 量的增加，泡孔尺寸会逐渐减小，泡孔的尺寸分布更加均匀。但是熔体强度也会随着 DCP 量的增加而增大，太大的熔体强度会阻止泡孔的生长，导致泡孔壁较厚和泡孔密度增加。

4.5.2 聚丁二酸丁二醇酯泡沫的烘箱加热法

烘箱加热法即将均匀的混合物放入到模具中施加压力后，放到烘箱中进行发泡的方法。Lim Sang-Kyun 等采用扩链剂、碳纤维、碳纳米管及蒙脱土等助剂或填料对 PBS 进行改性后，在烘箱中进行加热发泡，制备了交联闭孔 PBS 泡沫材料。利用该方法制备的发泡材料，随着发泡时间和发泡温度的增加，泡孔不断增加，但泡孔形态变得越来越不规则。发泡温度的上升使得 PBS 的黏度下降，泡孔更容易生长，泡孔尺寸越来越大，泡孔形状多为椭圆形的闭孔结构。这些说明交联有利于泡孔稳定增长，阻止塌陷和破裂的产生。

4.5.3 聚丁二酸丁二醇酯泡沫的辐射交联发泡

辐射交联发泡是一种通过各种射线辐照发泡的方法。它具有安全、环保、可控等优点，获得了广泛的关注。首先将 PBS 和化学发泡剂在密炼机上进行混合，将制得的样条在空气中进行电子辐射，最后再将辐射后的样条在 200℃下进行模压发泡。研究 PBS 在不同辐射量电子束辐射下交联发泡的行为，结果表明，经辐射交联后的 PBS 的凝胶含量上升，在一定程度上可以提高 PBS 的熔体强度，但是过度交联又会限制泡孔的生长。研究发现，随着发泡剂用量的增加，泡孔尺寸成倍增长。

4.5.4 聚丁二酸丁二醇酯纤维的复丝法

研究人员通过研究 PBS 的可纺性、可加工性，开发研制出了长丝纱线和纺织品。德国亚琛工业大学（RWTH Aachen）纺织技术研究所开展了将 PBS 用于纺织品的可行性研究，该项目实现了中试和工业规模的 PBS 纺丝工艺开发，并进行了进一步的性能分析。该项目方法步骤如图 4-4 所示。

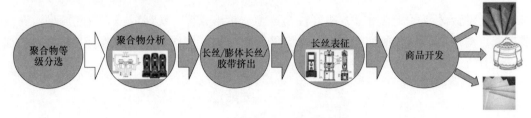

图 4-4　PBS 纺丝工艺步骤图

采用化学纤维生产的典型工艺进行 PBS 的纺丝，包括预取向丝（POY）、全拉伸丝（FDY）和工业拉伸丝（IDY）。制得了含有 24 根单丝和 48 根单丝的复丝。纺丝参数如表 4-2 所示。

表 4-2　　　　　　　　　　　　　PBS 纤维的工艺参数

复丝类型	熔体拉伸倍数	最大拉伸倍数	最高卷绕速度/（m/min）
POY	118	1.01	2800
FDY	40	2.03	3800
IDY	22	2.40	2680

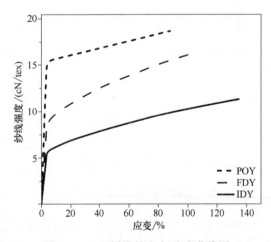

图 4-5　PBS 纤维的应力-应变曲线图

对 PBS 复丝进行了拉伸实验，得到应力-应变曲线，如图 4-5 所示。对于 PBS 复丝，其断裂强度可达 $12 \sim 20 cN/tex$。采用 IDY 工艺时，尽管其达到的总拉伸倍数相对较低，但其制得纤维的断裂强度较高。

将纺制的复丝加工成纺织品，制得非织造材料、机织物和针织物。为生产非织造材料，借助切割装置将最初纺丝制得的长丝切断为 $10 \sim 40 mm$ 长的短纤维，随后，使用双辊轧机将切断纤维制成非织造材料；采用窄幅织机织制机织物，经、纬向密度均为 20 根/cm，每分钟织入 28 根，制得幅宽为 8cm 的平纹和缎纹机织物；采用小型圆筒针织机编织 RL 装订的针织物，针织机圆筒直径为 3.75in（9.50cm），每英寸（2.54cm）16 针，以 75r/min 的速度编织针织物。

4.5.5　聚丁二酸丁二醇酯薄膜的湿法共混法

湿法共混是指将填料分散在水等液体中再与原料共混的工艺。与干法共混相比，湿法共混增强了各组分之间的相容性，提升了材料的性能。用水和甘油为增塑剂，将玉米淀粉与 PBS 直接湿法共混得到母粒，然后流延制备了 PBS/淀粉薄膜。用甘油/水混合增塑的淀粉可以在 PBS 基体中均匀地分散，与淀粉的干法填充改性相比，湿法原位塑化后的淀粉与 PBS 的相容性得到明显改善，并且薄膜的综合力学性能较好。在淀粉填充量高达 25%和 30%时，薄膜横纵向拉伸强度仍分别可以满足 GB/T 4456—2008《包装用聚乙烯吹塑薄膜》中规定的 A 类优等品和合格品的要求。该薄膜材料在满足食品等包装使用需求的同时，有效地降低了成本，并且可以完全生物降解。用湿法共混法改性淀粉，由于小分子增塑剂（甘油和水）使得淀粉发生了凝胶化，淀粉分子链变得柔顺，增加了淀粉与 PBS 链之间的相互缠结，两者的相容性提高了。表 4-3 总结了高淀粉填充下 PBS/淀粉流延膜的力学性能。

表 4-3 　　　　　　　　高淀粉填充下 PBS/淀粉流延膜的力学性能

淀粉质量分数/%	拉伸强度/MPa		断裂伸长率/%		直角撕裂强度/MPa	
	纵向	横向	纵向	横向	纵向	横向
20	13.60	13.10	33.77	18.37	97.35	78.94
25	13.17	12.48	31.66	41.65	87.21	67.98
30	11.42	10.73	38.69	66.90	71.56	63.62

4.5.6　聚丁二酸丁二醇酯薄膜的吹塑成型

吹塑成型是指利用压缩空气将流动态的混合材料吹胀成中空制品的一种成型方法，具体步骤如下所示。

① 共混造粒　挤出造粒前，将 PBS 在 70℃下鼓风干燥 24h，把干燥后的 PBS 与 LDPE、DCP、衣康酸（ITA）、三羟基丙烷三甲基丙烯酸酯（TMPTMA）、三烯丙基异氰酸酯（TAIC）、抗氧剂等配料分别按比例混合，在双螺杆挤出机中熔融挤出，经水冷后切粒，然后将所制得的粒料在 70℃下鼓风充分干燥，干燥后的 PBS 再经吹膜机制备成不同厚度的薄膜。

② 吹塑成型　吹塑机各区温度分别是：一区温度 140℃，二区温度 145℃，三区温度 135℃，四区温度 130℃，五区温度 130℃。

4.6　聚丁二酸丁二醇酯的应用

4.6.1　生物医药领域

PBS 具有优异的力学性能、生物相容性和生物降解性能，因此近年来在组织工程、药物缓释载体和医用塑料等领域已经得到了广泛研究。以 PBS 和聚乳酸共混获得了一种 PBS/PLA 包覆二水合酒石酸钠微胶囊，发现 PBS/PLA 的复合性物的药物包覆量和缓释性能均明显优于 PBS 或 PLA 单一包覆。采用酯交换缩聚法合成了一种 PBS-co-十五内酯共聚物（PPBS），发现喜树碱可以稳定地存在于 PPBS 纳米胶囊中，喜树碱在微胶囊中可以持续释放 40 天，和单独 PBS 固载喜树碱相比，在体内的抗肿瘤疗效显著提高。另外，仿生基团磷酰胆碱的引入也可以改善 PBS 对聚合物药片的缓释速率，且采用该法改性的 PBS 具有更好的生物相容性和生物降解性能。

基于 PBS 优异的力学性能和良好的生物安全性，其在人工皮肤、创伤愈合、牙齿增强、骨组织和人工器官等组织工程领域也得到广泛关注，但是 PBS 结构中酯基的存在降低了 PBS 的生物活性；PBS 主链上缺乏活性反应位点也是限制其在组织工程领域广泛应用的主要因素。为了提高 PBS 的亲水性能，文献采用 NH_3 和 H_2O 的等离子体对 PBS 进行了表面改性，结果发现 NH_3 和 H_2O 处理 PBS 可以增加其表面 $C—NH_2$ 和 $C—OH$ 的浓度，从而达到提高其亲水性的目的，显著提高了 PBS 与骨细胞的相容性。研究也发现 N_2 处理后的 PBS 表面含有丰富的含氮基团，引入该类基团还可以赋予 PBS 优异的抗菌性能，使其在骨细胞再生领域具有广泛的应用前景。另外，采用共混改性策略将具有优异生物相容性能的壳聚糖和羟基磷灰石引入到 PBS 中得到一类生物相容性能更为优异的复合材料。羟基磷灰石为动物骨骼的主要成分，在提高 PBS 生物相容性的基础上还可以有效促进细胞和组织的诱导性生长，与 PBS 表现出很好的协同效应。

此外，将 5-硝基-8-羟基喹啉钾混合到 PBS/PLA 静电纺丝中得到的混合材料还具有优异的杀菌性能。该类材料在一次性注射器、血液试管和医用导管等医用塑料领域也具有很好的应用前景。

4.6.2　包 装 领 域

PBS 薄膜具有优异的力学性能和热性能，加热变形的温度通常高于 97℃，可降解，具有良好的加工性能以及化学稳定性，在包装材料方面具有很大的应用潜力。如德国 APACK 公司研究的具有良好密封性的 PBS 薄膜，主要被应用于食品包装领域；日本的吉田拉公司以 PBS 为主要原料，研制出一种力学强度和耐用性良好的塑料制品。

4.6.3　其　　　他

除此之外，以腐植酸（HA）和 PBS 为原料，通过熔融共混制备了 HA/PBS 复合地膜。随着时间的增加，复合地膜的薄膜降解明显，拉伸强度和断裂伸长率均降低。另外，复合地膜对绿色蔬菜生长具有明显的促进和保护作用。

从美洲松中提取的松脂与 PBS 熔融共混，制备了一种 PBS 和松树脂的混溶共混物。研究表明，混合物中松脂具有选择性降解的特性，并且降解程度随着混合物中松脂的增加而增加。松脂对除大肠杆菌外的所有细菌均有抑制作用，而混合菌对铜绿假单胞菌和枯草芽孢杆菌均有抑制作用，其在医疗器械领域（如导管等）具有巨大的研究前景。

4.7　问题与展望

PBS 作为目前为数不多已实现产业化的聚酯类聚合物，已成为最有发展前途的生物可降解高分子材料之一，其应用价值已经获得了认可。据欧洲生物塑料协会分析，全球生物塑料的生产能力在 2022 年达到 221 万 t，而生物基降解塑料的产能在 2022 年达到 114 万 t。PBS 作为生物可降解高分子材料中的佼佼者，符合环境保护与可持续发展战略的要求，受国家环保、能源政策的推动，以及随着 PBS 聚合工艺和成型加工技术壁垒的突破，其应用领域还会不断扩大。因此，PBS 将迎来政策性发展机遇。

但是，PBS 还存在单体来源单一、熔体强度低、价格高及结晶速率慢等问题，因此

PBS 的推广仍需做大量的研究工作。今后 PBS 的研究重点应集中在以下几个方面：①开发绿色环保高效、产出效益更好的催化剂，优化聚合工艺，进一步提高 PBS 相对分子质量；②通过共聚或共混等改性手段，进一步优化 PBS 的综合性能，扩大其应用范围；③丰富 PBS 原料来源，大力发展生物基丁二酸和生物基丁二醇合成技术及产业化关键技术，降低价格和输出成本。

<h1 style="text-align:center">思　考　题</h1>

1. 简述聚丁二酸丁二醇酯（PBS）的结构和性能的关系。
2. 简述制备 PBS 薄膜制品的成型设备和工艺流程。
3. 如何克服 PBS 的不足，制备性能优异的高分子材料？

<h1 style="text-align:center">参 考 文 献</h1>

[1] Yang J, Hao Q, Liu X, et al. Novel Biodegradable Aliphatic Poly（butylene succinate-co-cyclic carbonate）s with Functionalizable Carbonate Building Blocks. 1. Chemical Synthesis and Their Structural and physical Characterization [J]. Biomacromolecules, 2004, 5（1）: 209-218.

[2] Ba C, Yang J, Hao Q, et al. Syntheses and physical characterization of new aliphatic triblock poly（L-lactide-b-butylene succinate-b-L-lactide）s bearing soft and hard biodegradable building blocks [J]. Biomacromolecules, 2003, 4（6）: 1827-1834.

[3] Li Y D, Zeng J B, Wang X L, et al. Structure and properties of soy protein/poly（butylene succinate）blends with improved compatibility [J]. Biomacromolecules, 2008, 9（11）: 3157-3164.

[4] Ajioka M, Suizu H, Higuchi C, et al. Aliphatic polyesters and their copolymers synthesized through direct condensation polymerization [J]. Polymer Degradation & Stability, 1998, 59（1-3）: 137-143.

[5] 张昌辉, 张敏, 赵霞. 溶液熔融相结合法合成聚丁二酸丁二醇酯 [J]. 现代化工, 2008, 28（10）: 54-56.

[6] Nikolic, Marija S, Djonlagic, et al. Synthesis and characterization of biodegradable poly（butylene succinate-co-butylene adipate）s [J]. Polymer Degradation and Stability, 2001, 74（2）: 263-270.

[7] Takasu A, Iio Y, Oishi Y, et al. Environmentally benign polyester synthesis by room temperature direct polycondensation of dicarboxylic Acid and Diol [J]. Macromolecules, 2013, 38（4）: 1048-1050.

[8] Jin H J, Lee B Y, Kim M N, et al. Properties and biodegradation of poly（ethylene adipate）and poly（butylene succinate）containing styrene glycol units [J]. European Polymer Journal, 2000, 36（12）: 2693-2698.

[9] 君晖. 我国研发 PBS 取得突破性进展 [J]. 工程塑料应用, 2006（2）: 6.

[10] 张勇. 不同软段长度 PBT-co-PBS-b-PEG 嵌段共聚物的合成与表征 [J]. 高分子学报, 2003（6）: 776-783.

[11] 席克会. 聚丁二酸丁二醇酯的降解性能调控 [D]. 厦门: 厦门大学, 2017.

[12] Shibata M, Inoue Y, Miyoshi M. Mechanical properties, morphology, and crystallization behavior of blends of poly（l-lactide）with poly（butylene succinate-co-l-lactate）and poly（butylene succinate）[J]. Polymer, 2007, 48（9）: 2768-2777.

［13］ 陈阳娟. 聚丁二酸丁二醇酯的结晶性质及其阻燃改性的研究［D］. 合肥：中国科学技术大学，2011.

［14］ 季君晖. 全生物降解塑料的研究与应用［J］. 塑料，2007，36（2）：37-45.

［15］ Yang J，Zhang S P，Liu X Y，et al. A study on biodegradable aliphatic poly（tetramethylene succinate）：the catalyst dependences of polyester syntheses and their thermal stabilities［J］. Polymer Degradation and Stability，2003，81（1）：1-7.

［16］ Wang P L，Tian Y，Wang G X，et al. Surface interaction induced trans-crystallization in biodegradable poly（butylenesuccinate）-fibrecomposites［J］. Colloidand Polymer Science，2015，293：2701-2707.

［17］ 王萍丽，臧晓玲，王格侠，等. 尼龙微粉对生物降解聚丁二酸丁二醇酯结晶性能的影响［J］. 高分子材料科学与工程，2019，35（2）：102-106.

［18］ 陈双陆，苏志芳，王玉海. 不同结构有机成核剂对聚丁二酸丁二醇酯结晶的影响［J］. 广东化工，2018，45（18）：1-2，13.

［19］ Wu Y，Xiong W，Zhou H，et al. Biodegradation of poly（butylene succinate）film by compost microorganisms and water soluble product impact on mung beans germination［J］. Polymer degradation and stability，2016，126：22-30.

［20］ 许国光，熊雯，林炎群，等. 聚丁二酸丁二醇酯薄膜的微生物降解与水溶性产物［J］. 暨南大学学报（自然科学与医学版），2015，36（4）：285-289.

［21］ Gigli M，Fabbri M，Lottin N，et al. Poly（butylene succinate）based polyesters for biomedical applications：A review［J］. European polymer journal，2016，75：431-460.

［22］ Bikiarisd N，Papageorgiou G Z，Achiliasd S. Synthesis and comparative biodegradability studies of three poly（alkylene succinate）s［J］. Polymer degradation and stability，2006，91（1）：31-43.

［23］ 林鸿裕，夏新曙，杨松伟，等. ADR4370F 对聚乳酸流变行为和力学性能的影响［J］. 中国塑料，2017，31（6）：54-58.

［24］ 白桢慧，苏婷婷，王战勇. 聚丁二酸丁二醇酯基脂肪族聚酯生物降解研究进展［J］. 中国塑料，2018，32（12）：10-15.

［25］ Tserki V，Matzinos P，Pavlidou E，et al. Biodegradable aliphatic polyesters. Part Ⅱ. Synthesis and characterization of chain extended poly（butylene succinate-co-butylene adipate）［J］. Polymer Degradation and Stability，2006，91（2）：377-384.

［26］ 何小全，赵彩霞，邹国享，等. 聚（丁二酸丁二醇-co-二聚酸丁二醇）酯的合成及等温结晶行为［J］. 高分子材料科学与工程，2016，32（6）：6-11.

［27］ Luo S，Li F，Yu J，et al. Synthesis of poly（butylene succinate-co-butylene terephthalate）（PBST）copolyesters with high molecular weights via direct esterification and polycondensation［J］. Journal of Applied Polymer Science，2010，115（4）：2203-2211.

［28］ 顾晶君，李婷婷，张瑜，等. 生物可降解共聚物 PBST 和 PBS 的结构与结晶性能［J］. 合成纤维工业，2007，30（2）：17-19.

［29］ 朱大勇，辜婷，郑强，等. 亚磷酸三苯酯对聚乳酸/聚丁二酸丁二醇酯共混体系性能的影响［J］. 高分子材料科学与工程，2018，34（4）：43-48.

［30］ 辜婷，朱大勇，郑强，等. 多巴胺改性滑石粉对聚乳酸/聚丁二酸丁二醇酯共混体系结晶行为及流变性能的影响［J］. 高分子材料科学与工程，2017，33（9）：65-71.

［31］ 杨永潮，李翔宇，张清清，等. 聚乙二醇含量对聚乳酸/聚丁二酸丁二醇酯合金结构与性能的影响［J］. 高分子材料科学与工程，2019，35（3）：73-78.

［32］ 辜婷，朱大勇，郑强，等. 聚 ε-己内酯对聚乳酸/聚丁二酸丁二醇酯共混体系性能的影响［J］. 高分子材料科学与工程，2018，34（2）：42-47.

［33］　张也，佟毅，李义，等. 聚乳酸/聚丁二酸丁二醇酯/二氧化碳基热塑性聚氨酯三元薄膜的制备与性能研究［J］. 塑料工业，2018，46（1）：99-103，146.

［34］　石飞飞，夏琳，王衡. 共混比对反式聚异戊二烯/聚丁二酸丁二醇酯形状记忆共混物性能的影响［J］. 合成橡胶工业，2019，42（1）：32-36.

［35］　高俊，邹琴，吴鹏伟，等. 氯化镁/甘油改性淀粉/聚丁二酸丁二醇酯共混材料的结构与性能［J］. 高分子材料科学与工程，2018，34（7）：49-53.

［36］　孙炳新，韩春阳，张佰清，等. 聚丁二酸丁二醇酯滑石粉填充改性研究［J］. 包装工程，2018，39（5）：105-109.

［37］　郭欢欢，张敏州，李成涛，等. 四针状 ZnO 晶须改性对 ZnO/聚丁二酸丁二醇酯复合材料性能的影响［J］. 复合材料学报，2018，35（7）：1800-1809.

［38］　吴灿清，温馨，李新安，等. 聚丁二酸丁二醇酯/纤维素纳米晶复合纤维增强机制［J］. 合成纤维，2019，48（4）：1-5.

［39］　夏胜娟，杨丹，马博谋，等. 棉秆皮纤维增强聚丁二酸丁二醇酯复合材料的制备及降解性能研究［J］. 化工新型材料，2018，46（3）：147-151.

［40］　罗刘闯，宗杨，杨会歌，等. 聚丁二酸丁二醇酯疏水薄膜的制备与性能研究［J］. 中国塑料，2017，31（6）：22-27.

［41］　黄险波，王伟伟，曾祥斌. 生物基降解塑料行业现状［J］. 生物产业技术，2017（6）：86-91.

［42］　张昌辉，张敏，赵霞. 高相对分子质量生物降解聚丁二酸丁二醇酯的合成［J］. 石油化工，2009，38（2）：185-189.

［43］　Diaz A，Franco L，Estrany F，et al. Poly（butylene azelate-co-butylene succinate）copolymers：crystalline morphologies and degradation［J］. Polymer Degradation and Stability，2014，99（1）：80-91.

［44］　李进博. 生物降解聚丁二酸丁二醇酯的合成［D］. 郑州：郑州大学，2013.

［45］　张敏，赵研，李莉，等. 聚丁二酸丁二酯/蒙脱土纳米复合材料改性研究［J］. 工程塑料应用，2012，40（8）：28-31.

5 二氧化碳基聚酯

5.1 概 述

二氧化碳基聚酯是指在催化剂作用下，二氧化碳与环氧化物发生共聚反应所生成的脂肪族聚碳酸酯，是一种热点研究的非常有前景的新型合成材料。1969 年日本科学家、日本油封公司井上祥平等采用乙基锌为催化剂，首次合成出二氧化碳-环氧烷烃交替型脂肪族聚碳酸酯（聚碳酸亚丙酯，或称聚甲基乙撑碳酸酯，Polypropylene carbonate，简称 PPC），并发现该聚碳酸酯具有优良的生物可降解性，此后二氧化碳基聚酯受到越来越多的关注。20 世纪 80 年代以后，由于人们对能源与环境及可持续发展的认识日益提高，二氧化碳的固定及利用已经成为世界各国科学家研究的焦点课题。二氧化碳基聚酯备受关注的主要原因是其生物降解的特性以及其主原料之一为二氧化碳。此外，大部分二氧化碳基聚酯还具有高延展性、透明、高阻隔、生物相容等优点，使二氧化碳基聚酯在包装材料、农用地膜、生物医药等领域均具有巨大的潜力。在全球白色污染严重、温室效应不断严重的背景下，发展二氧化碳基聚酯并促进其实际应用具有重要的社会价值。

二氧化碳与环氧化物共聚时，选用不同的环氧化物，可以得到不同化学结构的二氧化碳基聚酯，目前报道的二氧化碳基聚酯主要有二氧化碳/环氧丙烷共聚物，二氧化碳/环氧丙烷/环氧乙烷三元共聚物和二氧化碳/环氧丙烷/环氧环己烷三元共聚物，其中最具有商业使用价值的是二氧化碳/环氧丙烷的共聚产物——PPC。PPC 化学结构如图 5-1 所示，其分子内同时含有碳酸酯键和醚键，大量醚键赋予其主链较好的柔顺性和延展性，但也使 PPC 难以结晶；碳酸酯基可

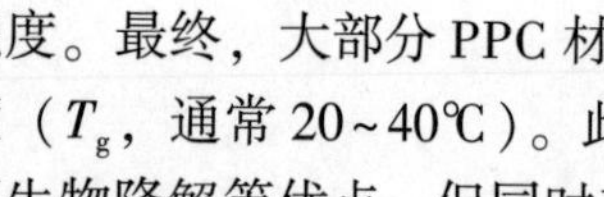

图 5-1 PPC 的化学结构式

强化分子链间的相互作用，大量甲基侧基也会限制链段运动，从而赋予 PPC 一定的力学强度。最终，大部分 PPC 材料表现出高延展性，一定的力学强度和较低的玻璃化转变温度（T_g，通常 20~40℃）。此外，作为一种脂肪族碳酸酯，PPC 还具有无毒、生物相容、可生物降解等优点，但同时表现出较差的耐热性。

5.2 二氧化碳基聚酯的合成

二氧化碳基聚酯是在催化剂作用下，二氧化碳和环氧化物共聚生成的聚合物，图 5-2 为其反应机理示意图。就结构而言，二氧化碳基聚酯中包含大量的碳酸酯基和脂肪族短链。

在理论上，二氧化碳与环氧化物间反应后可能生成两种产物，即五元环状碳酸酯（图 5-3）和二氧

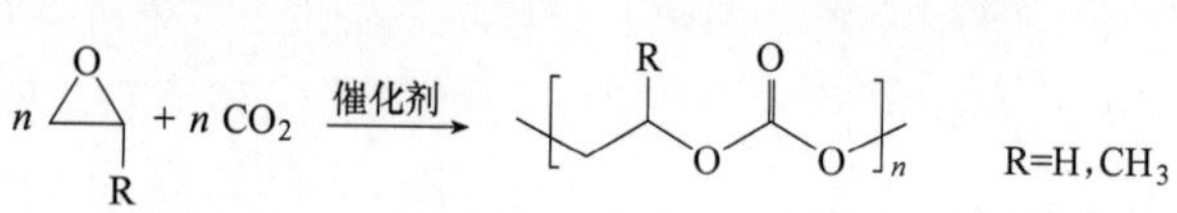

图 5-2 二氧化碳基聚酯合成反应示意图

化碳基聚酯。相关的机理可简述如下（图5-4）：首先通过路易斯酸活化环
氧基团［图5-4（a）］，促进路易斯碱对环氧基团的亲核进攻，环氧基团
开环后形成醇盐中间产物［图5-4（b）］；其次，醇盐中间产物又充当新
的亲核基团进攻二氧化碳，从而形成碳酸酯中间产物［图5-4（c）］；最
后，通过环闭合［图5-4（e）］形成环状碳酸酯［图5-4（f）］，或通过
交替嵌入环氧化物和二氧化碳分子，生成二氧化碳基聚酯［图5-4（d）］。

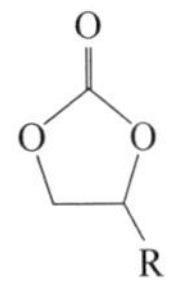

图5-3　五元
环状碳酸酯

　　由于催化剂的性能和合成工艺条件的不同，二氧化碳基聚酯分子链中
也有可能连续嵌入两个甚至多个环氧化物分子，从而在二氧化碳基聚酯中生成醚键或是聚
醚链段。这些聚醚链段的存在会提高二氧化碳基聚酯分子链的柔顺性，进而降低其转变温
度和力学性能。此外，合成的二氧化碳基聚酯中还可能存在一些游离态的副产物，如均聚
聚醚（图5-5）和环状碳酸酯（图5-3）等。这些副产物的存在对二氧化碳基聚酯的性
能都是很有害的，因此要选择合适的催化剂和合成工艺，尽可能避免副产物的生成。

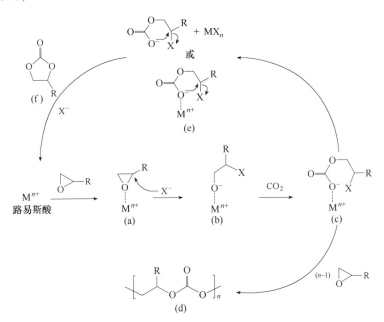

图5-4　存在路易斯酸（M^{n+}，主要为金属阳离子）和路易斯碱（X^-）时，
二氧化碳与环氧化物反应生成环状碳酸酯或二氧化碳基聚酯的机理图

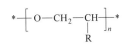

图5-5　均聚聚醚结构式

　　催化体系是制备二氧化碳基聚酯的关键，目前二氧化碳基
聚酯的催化体系主要包括：锌类催化剂、金属卟啉类催化剂、
稀土催化剂和金属Salen配合物催化剂（SalenMX）等。不同催
化体系制备的二氧化碳基聚酯的结构和性能不同。如高平等通
过稀土氧化物对二元羧酸锌进行改性，得到了稀土改性的二元羧酸锌催化剂。在该催化剂
催化下，CO_2与环氧丙烷共聚的转化率可达70.8%～79.7%，可生成CO_2与环氧丙烷1:1
的交替共聚物，共聚物的热分解温度是238.1℃，相对分子质量约10万。以SalenMX为
催化剂，生成的共聚产物中环状碳酸酯最低可控制在1%以下，醚键含量在1%以下，具
有很好的催化效率和结构选择性，并且所得聚合物的相对分子质量分布窄。

就聚合条件而言，在 CO_2 与环氧化物的反应中，CO_2 的压力、反应温度和时间、溶剂等都对聚合反应有影响。适当提高 CO_2 的压力会提高共聚物的产率和相对分子质量。CO_2 的最佳压力范围为 $0.1 \sim 1.5MPa$，低于 $0.1MPa$ 时，催化剂的活性和效率降低；大于 $1.5MPa$ 时，聚合物的产率和相对分子质量基本保持不变，但会造成能量的浪费。提高反应温度会加快反应的速率，增大产率，但是过高的温度会使得聚合物的相对分子质量下降，同时会影响催化剂的活性，所以要综合考虑选择的催化剂的种类来控制反应的温度。此外，在实际合成过程中要合理把握反应时间。一般而言随着反应时间的增加，聚合反应的相对分子质量和产率在一定的范围内增加；但是当反应充分后，再提高反应时间，对聚合物的相对分子质量和产率基本不影响。反应介质的选择是聚合时要考虑的一个重要因素。对于 CO_2 与环氧化物的聚合反应而言，反应介质一般为环氧丙烷，因为环氧丙烷对聚合物的溶解性能较好，它不仅可以提高聚合物的相对分子质量，还可以回收再利用。

5.3　二氧化碳基聚酯的性能

目前二氧化碳基聚酯中只有二氧化碳与环氧丙烷共聚得到的 PPC 实现了小规模产业化，因此，下文中主要针对 PPC 的相关性能进行论述。

PPC 是目前最有希望的环保塑料之一，外观为淡黄色或白色或透明半固体或固体，易溶于丙酮、苯、氯仿，低相对分子质量 PPC 可溶于四氢呋喃，但高相对分子质量 PPC 难以溶解，PPC 不溶于水、醇及醚类溶剂，密度为 $1.1 \sim 1.3g/cm^3$。

5.3.1　力学性能

由于催化体系和合成工艺的不同，不同 PPC 的力学性能会有一定的差别。整体而言，室温下（25℃）下 PPC 的力学强度较差，只有 $5 \sim 10MPa$，但断裂伸长率可超过 1000%。可通过合适的方法对 PPC 进行改性，改性后 PPC 的力学强度可达 $10 \sim 50MPa$。该数值可与部分商用聚乙烯（PE）的力学性能相媲美，即在某种程度上来说，PPC 可以部分替代这些商业产品。

由于 PPC 的玻璃化转变温度在室温区间，即室温下 PPC 部分链段处于玻璃态，部分链段处于冻结态，当测试温度不同时，会影响到 PPC 中玻璃态和冻结态链段的比例，因此测试温度的高低会严重影响测得的力学性能数据：一般测试温度高，则测得的强度和模量较低，同时断裂伸长率较大；测试温度低，则测得的强度和模量较高，同时断裂伸长率较低。如在 25℃ 和 31℃ 对 PPC 进行拉伸测试，发现 25℃ 时 PPC 的杨氏模量和屈服强度远高于 31℃ 时的测试结果，同时断裂伸长率有所降低（图 5-6）。当测试温度为 15℃ 时，PPC 则表现出硬而脆的特性。此外，PPC 的拉伸性能对拉伸速率很敏感：高拉伸速率类似于低温，会增加 PPC 的强度和模量，同时降低其断裂伸长率；而低拉伸速率类似于高温，会降低 PPC 的强度和模量，同时增加其断裂伸长率。

5.3.2　热稳定性

就热稳定性而言，PPC 起始热降解的温度一般高于 180℃，即 PPC 可以在 $140 \sim 160℃$ 下进行密炼、挤出或模塑等高温加工而不会出现明显降解现象。但与大部分树脂相比，

PPC 的热稳定性较差，更容易发生降解。

PPC 的热降解机理主要有两种：一种为解链式降解机理，另一种为无规断链式降解机理。①当 PPC 中端羟基含量较高或存在锌催化剂时，主要发生解链式降解，其降解温度主要在 150~180℃。图 5-7 为 PPC 的解链式降解机理示意图，主要是羟基进攻碳酸酯基，生成低相对分子质量的 PPC 和环状碳酸丙酯。一般相对分子质量越低，端羟基含量越高，因此 PPC 的解链式降解随着相对分子质量的降低而加剧。②当端羟基含量很低或锌催化剂被有效去除时，PPC 主要发生无规断链式降

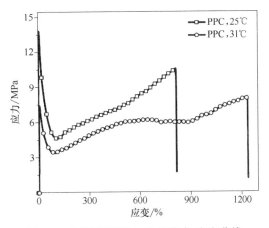

图 5-6　不同温度下 PPC 的应力-应变曲线

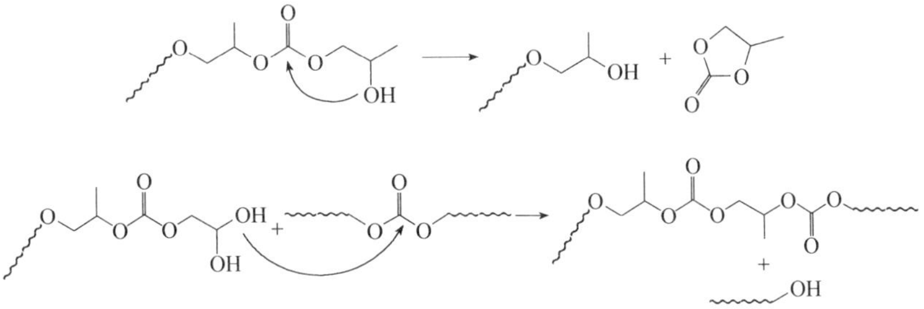

解，图 5-8 为 PPC 无规断链式降解机理示意图。无规断链式降解温度一般在 230~260℃，且与相对分子质量大小无关。该过程主要是碳酸酯基发生断裂，释放出二氧化碳，同时生成低相对分子质量的含端羟基的 PPC 和含双键的 PPC。随着 PPC 制备工艺的不断成熟，PPC 中锌催化剂的残留越来越少；此外，随着 PPC 相对分子质量的不断增加，端羟基含量越来越少，且通过封端的方式可进一步降低 PPC 中端羟基的含量。因此，PPC 树脂的热稳定性不断提高，降解方式以无规断链式降解为主。

图 5-7　PPC 解链式降解机理示意图

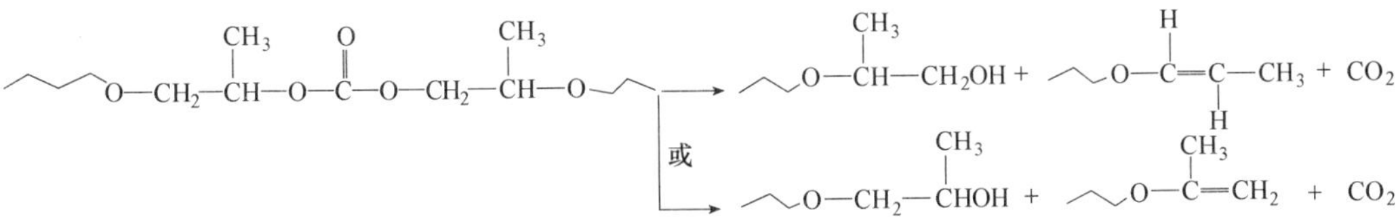

图 5-8　PPC 无规断链式降解机理示意图

提高 PPC 热稳定性的方法主要有以下几种：①提纯 PPC。PPC 中残留的催化剂会加快 PPC 的降解速率，降低其降解温度。通过去除残余催化剂，可提高 PPC 的热稳定性；②加入"封端剂"，使 PPC 链中的端羟基发生反应，生成稳定的端基如 O—S、O—P、O—C 等，进而大大提高 PPC 的热降解温度。这是因为 PPC 中的端羟基容易与碳酸酯基发生反应，生成环状碳酸酯和多元醇，从而引起 PPC 的降解。使用马来酸酐（MA）对

PPC 进行封端可显著提高 PPC 的热分解温度。通过简单的熔融共混，MA 就可以接枝到 PPC 上，从而实现 PPC 对 MA 的封端。加入 MA 封端后 PPC 热分解温度可提高 140℃。异氰酸酯（MDI）也是一种常见的 PPC 封端。当在 PPC 中引入 1%（质量分数）的 MDI 时，其外延分解起始温度从纯 PPC 的 176℃ 提高到了 260℃，显著提高了 PPC 的加工温度和熔融窗口，有效提高了材料的耐热性能。③通过共聚在 PPC 分子中引入可提高分子链刚性的第三单体，如环状酸酐、苯乙烯、氧化环己烯等，可大幅提高 PPC 的热分解温度。④添加无机填料。在 PPC 中添加蒙脱土、氧化石墨烯、海泡石等无机填料，可改善 PPC 的热稳定性。⑤制备 PPC 共混物。在 PPC 中添加可与其形成分子内或分子间氢键的聚合物，如淀粉、聚乳酸、聚琥珀酸丁二酯、纤维素衍生物等，可提升 PPC 的热稳定性。

5.3.3 玻璃化转变温度

PPC 的玻璃化转变温度（T_g）较低，一般在 20~40℃，该值低于大多数常见的热塑性树脂，这也是 PPC 室温下力学性能较差的一个主要原因。此外，PPC 较低的 T_g 还会导致 PPC 的粒料在夏天时容易互相粘连，非常影响 PPC 的取样和成型加工。PPC 的 T_g 较低的主要原因是其分子链间的相互作用较弱，且主链中含有大量柔顺的碳碳单键和醚键。影响 PPC 的 T_g 的因素很多。首先，链段结构会影响 PPC 的 T_g。有文献指出，当 PPC 中 "头-尾" 结构含量高时，其 T_g 会显著提高。如当 PPC 中 "头-尾" 结构从 70% 提高到 77% 时，其 T_g 会从 37℃ 提高至 42℃。此外，当 PPC 中醚键含量增加时，会降低 PPC 的 T_g，这是因为醚键本身非常柔顺，运动能力强。其次，链段结构受催化体系的影响非常严重，因此催化体系也会显著影响 PPC 的 T_g。此外，相对分子质量会显著影响 PPC 的 T_g。当 PPC 的数均相对分子质量 M_n 从 29000 增加到 141000 时，其 T_g 会从 30℃ 提高到 36℃。

5.3.4 生物降解性

在降解性方面，PPC 具有一定的生物降解性，但降解速率取决于环境条件。水在 PPC 降解中起到非常关键的作用。PPC 本身是疏水的，虽然含有可吸水的碳酸酯基，但在水中浸泡一段时间（4h）后的吸水量仅为 1.5%（质量分数）。因此 PPC 本身在室温下的降解速率非常缓慢。通过将 PPC 与亲水性强的生物降解树脂共混，可促进其生物降解性。对比 PPC 和 PPC/PHBV 共混物的生物降解性，发现纯 PPC 在 30 天没有明显的生物降解，而 PPC/PHBV 共混物具有良好的生物降解性。这是因为 PPC 亲水性差，微生物无法在其表面生长，当可快速降解的 PHBV 降解后，微生物能够对 PPC 进行降解。其次，PPC 的生物降解性能受结构和相对分子质量的影响很大，增加环氧丙烷链节含量或降低其相对分子质量，都可以加速其生物降解速度。

5.3.5 其他性能

PPC 对 O_2 和水蒸气的阻隔性好，氧气透过率可达 $2.3×10^{-9} cm^3 \cdot cm/(cm^2 \cdot s \cdot Pa)$，水蒸气透过率可达 $1.0×10^{-9} cm^3 \cdot cm/(cm^2 \cdot s \cdot Pa)$。以 PPC 为阻隔层，与其他力学性能优异的聚合物一起可制备多层的高阻隔薄膜。此外，PPC 还具有良好的透明性和生物相容性。

综上，PPC 具有生物降解性、透明性、高阻隔性、良好的柔性等优点，但同时存在力学强度偏低、热稳定性差和 T_g 低等问题。要将 PPC 发展为一种通用的生物降解塑料，更广泛地用于人们的日常生活，PPC 的性能还需进一步改善以满足更多的应用要求。

5.4 二氧化碳基聚酯改性

由于 PPC 热稳定性差、T_g 较低且性能严重依赖相对分子质量，其整体表现出较低的力学强度和熔融加工温度，因此 PPC 单独使用时，难以满足商业应用的要求。PPC 的改性主要有物理改性和化学改性。其中物理改性是指通过引入填料、将 PPC 与其他高强度的树脂共混、添加含羟基或酰胺基小分子等物理方法来提升 PPC 的综合性能，特别是力学性能和 T_g；化学改性是指通过共聚或引入交联结构等化学方法改性 PPC。

5.4.1 物理改性

5.4.1.1 刚性填料改性二氧化碳基聚酯

填料改性是通过在 PPC 中引入合适的刚性填料来实现 PPC 性能的显著提升。使用纳米填料对 PPC 进行改性是一种常见且简单易行的改性手段。从纳米到微米的多种尺度的填料和颗粒、晶须、片状或纤维状等多种形状的填料均可用于 PPC 的填料改性。PPC 复合材料的性能取决于 PPC 的性能、填料的添加量、填料的种类和分散程度，以及填料与 PPC 间的界面作用。目前报道的用于 PPC 改性的填料可分为纳米颗粒和微米级颗粒，其中纳米颗粒有纤维素、黑色素、淀粉、蒙脱土、埃洛石纳米管、碳纳米管、海泡石等；微米级颗粒有木粉、植物纤维、碳酸钙等多种类型。其中纳米颗粒是 PPC 填料改性的主体，其主要分为无机纳米颗粒、生物基纳米颗粒。

（1）纳米颗粒改性二氧化碳基聚酯　纳米颗粒是指颗粒的显微组织中至少有一相的一维尺寸在 $1\sim100nm$ 的颗粒。由于平均粒径小、表面原子多、比表面积大、表面能高，纳米颗粒具有独特的小尺寸效应、表面效应、量子隧道效应等特性，具有许多材料所没有的性能。针对 PPC 力学性能差、热性能不佳的特点，将刚性纳米颗粒引入到 PPC 中可高效优化 PPC 的力学和热性能。

添加无机纳米颗粒是比较常见的一种聚合物改性的方法。一般添加无机纳米颗粒可显著提高聚合物的屈服强度和杨氏模量，部分具有功能性的填料还可赋予复合材料一定的功能性，如蒙脱土（MMT）可提高复合材料的阻隔性能，碳纳米管、石墨烯可赋予材料一定的导电性等。

① 蒙脱土　MMT 又名胶岭石、微晶高岭石，是一种硅酸盐的天然矿物，具有片状或层状结构。尽管蒙脱土的长、宽尺寸是几百纳米，但它的厚度仅为 1nm。因此它的单个片层的长宽比范围是 $200\sim1000$，是一种物美价廉的二维片状纳米填料，在提高聚合物材料的阻隔性能具有很大优势。将 MMT 与 PPC 相结合，可以制备出超高阻隔性能的 PPC/MMT 复合材料。MMT 的插层和有效剥离是高性能 PPC/MMT 复合材料的关键。以十六烷基三甲基溴化铵（CTAB）为插层剂对蒙脱土进行插层改性，然后通过熔融共混制备 PPC/有机蒙脱土（OMMT）复合材料，OMMT 的加入有利于改善 PPC 的力学性能，尤其对提高复合材料的杨氏模量十分有效。当复合材料中 OMMT 的含量达到 5%（质量分数）时，复合材料的综合性能最好，杨氏模量较纯 PPC 树脂提高了 61.8%，热分解温度提高

了 32.3℃。OMMT 的引入还可进一步提高 PPC 的阻隔性能。通过熔融共混的方法将 OM-MT 与 PPC 共混，基于 OMMT 的有效剥离及 OMMT 与 PPC 间的氢键作用，OMMT 可在 PPC 中均匀分散。对复合材料的阻隔性能进行测试并与纯 PPC 的性能进行对比，发现当引入 3phr OMMT 时，PPC 的氧气透过率降低了 44.7%。

② 碳纳米管　碳纳米管（CNT）是一种具有特殊结构（径向尺寸为纳米量级，轴向尺寸为微米量级，管子两端基本上都封口）的一维量子材料。碳纳米管主要由呈六边形排列的碳原子构成数层到数十层的同轴圆管。层与层之间保持固定的距离，约 0.34nm，直径一般为 2~20nm。碳纳米管具有许多异常的力学、电学和化学性能。将 CNT 与 PPC 共混，不仅可以提高 PPC 的力学性能，还可以赋予其一定的功能性。多个研究团队研究了多壁碳纳米管（MWCNT）对 PPC 和 PPC/聚乳酸（PLA）复合材料性能的影响，同时研究了 MWCNT 和 PLA 对 PPC 的增强效应。当在 PPC/PLA（质量比为 90/10）中添加不同量的 MWCNT，复合材料表现出非常优异的性能。当 MWCNT 含量在 0~2%（质量分数）时，复合材料的屈服强度不断增加，而断裂伸长率并没有明显变化。显著提高的力学性能主要源于 MWCNT 的高增强效率。一方面，MWCNT 可以促进 PLA 在 PPC 中的分散，且 MWCNT 在 PPC 和 PLA 中的分散都比较均匀；另一方面，MWCNT 可以充当纳米桥促进 PPC 和 PLA 间力的传递。为了证明 MWCNT 可以充当纳米桥，研究者调控了 PPC、PLA、MWCNT 的加料顺序，当先将 PPC 与 MWCNT 混合，再添加 PLA 时，结果并没有形成纳米桥。因此，熔融共混的顺序对于纳米桥的形成有非常大的影响，这可能是 PPC/PLA 的界面张力差导致的。对于没有纳米桥的 PPC/MWCNT/PLA（90/2/10）而言，其屈服强度从 10MPa 提高至 17MPa。而含有纳米桥的 PPC/PLA/MWCNT（90/10/2），其屈服强度则高达 29MPa。这表明纳米桥对复合材料的结构和性能均有非常大的影响。此外，在 PPC 或 PPC/PLA（90/10）中添加 MWCNT，均可显著提高复合材料的电导率。通过研究 MWCNT 含量在 0.75%~3%（质量分数）时两种复合材料的电导率，发现 PPC/PLA/MWCNT 复合材料的电导率高于 PPC/MWCNT 复合材料，这主要归因于 PPC/PLA/MWC-NT 复合材料中，MWCNT 主要位于界面处，更容易形成导电网络。

③ 石墨烯　石墨烯是单层碳原子通过 $sp2$ 杂化紧密堆积形成的二维蜂窝状晶格结构的一种新炭材料。石墨烯具有超高的力学性能（模量约 1100GPa，断裂强度约 130GPa）、低密度（约 2.2g/cm^3）、高导热性能且高度各向异性 [面内 5000W/(m·K)，面外 2W/(m·K)]、高电子迁移率 [高达 20000cm^2/(V·s)]、高的透光率（97.7%）、高比表面积（极限值可达 2630m^2/g）和高阻隔性能等。石墨烯表现出来独特和优异的物理和电子特性，使其在复合材料、纳米器件、传感器、锂电池、储氢材料等领域有着巨大的应用前景。与其他填料如炭黑（CB）、SiO$_2$、CNTs、黏土等相比，石墨烯作为聚合物纳米填料，具有更高的比表面积、强度、弹性、热导率和电导率等。在聚合物中加入少量石墨烯，不仅能明显提高复合材料的机械性能，还能赋予其功能性。

通过溶液共混将氧化石墨烯（GO）与 PPC 复合，得到的 PPC/GO 复合材料表现出显著提高的 T_g、拉伸强度和杨氏模量。该显著的提升应归因于 GO 的纳米级分散，以及 PPC 与 GO 间强的相互作用。此外，通过热压的方法将 PPC/GO 纳米复合材料成型，可以发现即使添加了 20%（质量分数，下同）的 GO，成型后的复合材料中 GO 仍表现出优异的分散效果，即使在 75℃ 的较高温度的条件下，该 PPC/GO 纳米复合材料仍表现出优异的增强效果。值得注意的是，PPC/10% GO 复合材料的力学性能可以与聚丙烯（PP）和 PLA 相媲美。通过溶剂交换和溶液沉淀的方法制备 PPC/GO 复合材料，采用这种方法时，复合材料中 GO 的含量可高达 20%。随着 GO 含量的增加，复合材料的储能模量和 T_g 均单调递增。该结果主要源于 GO 的刚性以及 GO 与 PPC 间的氢键作用。在 70℃时，PPC/15% GO 和 PPC/20% GO 复合材料的储能模量仍高达 300MPa 左右。该结果表明 PPC 与 GO 相互穿插，使 GO 形成了一个刚性网络，从而显著提升了 PPC/GO 复合材料的力学强度。此外，PPC/15% GO 和 PPC/20% GO 复合材料均表现出两个 T_g，而其他 PPC/GO 复合材料只有一个 T_g。高 GO 含量时观察到的第二个 T_g 表明部分 PPC 链段只在高温下才具有运动能力。同时含有高 T_g 和低 T_g 的 PPC/GO 复合材料有望用作形状记忆材料、传感器等。

将一维填料与 GO 一起添加到 PPC 中时，该复合材料会表现出明显的协同作用。将一维的碳化硅（SiC）纳米线和二维的 GO 片相结合，再与 PPC 复合，结果发现 SiC 和 GO 表现出优异的协同效应。这是因为 SiC 纳米线可与 GO 形成三维网状结构，进而与 PPC 基体互锁。最终，该 PPC/GO/SiC 复合材料中 SiC 和 GO 均表现出优异的分散性，与 PPC/GO 或 PPC/SiC 复合材料相比，该 PPC/GO/SiC 复合材料在力学性能、热性能和阻隔性能表现出明显的性能优势。

通过化学修饰可提高 GO 在 PPC 中的分散程度，进一步提高 GO 的增强效率。用异氰酸酯（TDI）对 GO 进行改性，再将 GO-TDI 与 1,4-丁二醇进行反应以制备化学修饰的 GO（MGO）；然后通过溶液共混制得了 PPC/MGO 复合材料。与纯 PPC 相比，该复合材料表现出极为优异的力学性能：当添加 3%（质量分数）MGO 时，该复合材料的拉伸强度提高了 200%，弹性模量提高了 122%。类似的，PPC/MGO 的热降解性能和 T_g 也远高于纯 PPC。这些优异的性能主要源于 MGO 的纳米级分散以及 MGO 与 PPC 间的强界面作用。但是当 MGO 的含量高于 3% 时，复合材料的性能会逐渐下降，这是因为部分 MGO 会团聚。

④ 埃洛石　埃洛石（HNT）是一种主要的黏土矿物质，与高岭石有些类似，也是一种硅酸盐矿物。埃洛石与高岭土在结构上的主要区别是埃洛石为中空管状构造，蒙脱土为二维片状构造。通过熔融共混的方法制备 PPC/埃洛石纳米管（HNTs）复合材料，研究结果表明 HNTs 在 PPC 中分散优异，达到了纳米尺度；此外随着 HNTs 用量的增加，材料的拉伸强度和拉伸模量均得到显著提高；但是 HNTs 的用量对材料的 T_g 影响较小。

⑤ 碳酸钙　碳酸钙（$CaCO_3$）是一种廉价易得的无机填料，常用于塑料和橡胶的增强改性。碳酸钙的尺寸会显著影响最终复合材料的性能。如通过熔融共混的方法，将三种尺寸（38μm，10μm，65nm）的 $CaCO_3$ 与 PPC 进行共混以制备 PPC/$CaCO_3$ 复合材料。结果发现三种尺寸的 $CaCO_3$ 均可显著提高 PPC 的拉伸强度和弹性模量，强度最高可达 34MPa。$CaCO_3$ 的尺寸越大，复合材料的强度和弹性模量越高，但同时断裂伸长率和断裂能越低。

⑥ 纳米氧化锌　纳米氧化锌（ZnO）是一种高端的多功能精细无机产品，具有许多特殊的性能，如非迁移性、吸收和散射紫外线性、抗菌、压电性等，近年来在气体传感器、荧光体、紫外线遮蔽材料、抗菌剂、压电材料等领域的应用越来越广泛。如将 PPC 与氧化锌纳米颗粒进行复合，可研究 PPC/ZnO 纳米复合材料在抗菌包装材料方面的应用。研究结果表明，PPC/ZnO 复合材料表现出非常优异的抗菌性能，这将促进该复合材料在食

品和生物医药包装材料领域的应用。但与纯 PPC 相比，该复合材料的热稳定性有所下降，这是因为 Zn 的存在会催化 PPC 的降解；此外，该复合材料的氧气透过率显著下降，当添加 10%（质量分数）的 ZnO 时，其氧气透过率从 $554\text{mL}/(\text{m}^2 \cdot \text{d})$ 降低至 $140\text{mL}/(\text{m}^2 \cdot \text{d})$。

⑦ 其他 很多生物基高分子材料，如纤维素、淀粉、黑色素（PDA）等，可形成刚性的纳米级颗粒，且兼具生物降解性，是生物降解塑料改性的优良选择。此外，这些生物基颗粒通常含有大量羟基，可与 PPC 中的大量碳酸酯基形成氢键，构筑强的界面作用，实现 PPC 力学性能和玻璃化转变温度的高效提升。但是含有大量羟基的填料与 PPC 的相容性较差，非常容易团聚，所以目前主要是通过溶液共混的方法制备 PPC/生物基纳米颗粒复合材料，或是对生物基纳米颗粒进行改性后再与 PPC 复合。

a. 纤维素 纤维素是一种可再生、来源丰富、价格低廉、低毒、低密度（1.6g/cm^3）的生物降解材料。纳米微晶纤维素是由纤维素深度水解分离而来的纺锤状的填料，通常长度在 $500\text{nm} \sim 2\mu\text{m}$，直径在 $8 \sim 20\text{nm}$，具有高结晶度和高力学性能（强度为 10GPa，弹性模量为 50GPa），是一种新型的生物基材料，在复合材料的研究中以其优异的力学性能被广泛地应用。将 PPC 与 NCC（纳米晶纤维素）复合，可制备一种生物降解的 PPC/NCC（纳米晶纤维素）复合材料。通过性能测试发现复合材料的热稳定性随着 NCC 含量的增加而不断提升。当引入 30% 的 NCC 时，发现材料的 5% 失重温度（$T_{5\%}$）从纯 PPC 的 226℃提高到了 265℃。该热稳定性的提高主要源于 NCC 与 PPC 间的多重氢键作用。此外，PPC 与 NCC 间的氢键作用对最终复合材料的 T_g 几乎没有影响。与之对比，当 30%（质量分数）微米级的 MCC（微晶纤维素）与 PPC 复合后，材料的 T_g 却从 33.3℃降到了 14℃，该 T_g 的下降主要源于 MCC 中非晶部分的塑化作用。也可通过先溶液共混制备 PPC/CNC（纳米晶纤维素）母料，再通过熔融共混制备不同 CNC 含量的 PPC/CNC 复合材料。纯 PPC 的屈服强度和杨氏模量分别为 1.8MPa 和 201MPa。基于 CNC 与 PPC 间的大量氢键，仅添加 0.1%（质量分数）的 CNC 时，复合材料的屈服强度和杨氏模量便显著增加。当 CNC 的添加量为 1.5%（质量分数）时，相比于纯 PPC，复合材料的屈服强度提高了 1904%，杨氏模量提高了 1010%（表 5-1）。此外，该材料的 T_g 也增加了 12℃。但该复合材料的断裂伸长率下降非常明显。该优异的增强效果主要源于 CNC 在基体中的优异分散以及 CNC 与 PPC 间的多元氢键作用。

表 5-1　　　　　　　不同 CNC 含量时 PPC/CNC 复合材料的力学性能

试样	杨氏模量/MPa	屈服强度/MPa	断裂强度/MPa	断裂伸长率/%
纯 PPC	201±63	1.82±0.66	7.43±0.38	489±24
PPC/0.1%CNC	1283±91	16.22±1.05	12.17±0.84	465±29
PPC/0.3%CNC	1531±82	23.48±0.56	14.86±0.76	392±19
PPC/0.7%CNC	1814±58	27.36±0.73	19.72±0.69	254±12
PPC/1.5%CNC	2231±82	36.48±0.56	20.36±1.04	168±14

纤维素在 PPC 中的形态会随着含量的增加而不断演变。如对 PPC/纤维素复合材料进行形貌研究，扫描电镜结果显示复合材料的相形态因纤维素含量的增加由"海-岛"结构变为纤维状聚集结构，当纳米纤维素的含量为 1.5%（质量分数）时，复合材料的拉伸强

度较聚碳酸亚丙酯提升了 288%，断裂伸长率为原来的 1.6%，纳米纤维素的加入显著增强了聚碳酸亚丙酯的力学性能。对纤维素进行改性，可提高其与 PPC 的相容性，进而提高复合材料的性能。如将乙酰化的微纤化纤维素（MFC）与 PPC 进行溶液共混，制备出 PPC/MFC 复合材料。由于较好的界面相互作用，该复合材料表现出显著提高的力学、热学和热机械性能。当添加 20phr MFC 时，该复合材料的屈服强度可高达 60MPa，峰值分解温度提高了约 50℃。此外，该复合材料还表现出形状记忆特性和自愈合效果。

  b. 淀粉 淀粉是一种可再生的、价格低廉的高分子化合物，是由葡萄糖分子聚合而成的，基本构成单位为 D-吡喃葡萄糖，分子式为 $(C_6H_{10}O_5)_n$。由于淀粉是一种生物降解的颗料，常用来增强或增韧生物降解材料。纯淀粉可增强 PPC，但由于淀粉团聚严重，还会产生空穴，进而显著降低 PPC 的断裂伸长率。如通过熔融共混制备 PPC/淀粉（CS）复合材料，其中 PPC 和 CS 的比例为 65/35～30/70。研究结果表明，复合材料的杨氏模量增加得非常明显，而且该杨氏模量的值高于理论预测的值。该现象主要源于 PPC 与 CS 间的强氢键界面作用。但是，该 PPC/CS（65/35）复合材料的断裂伸长率从 641% 显著下降至 1.87%。进一步研究发现当 PPC 中含有大量 CS 时，PPC 基体与 CS 颗粒间存在很多空穴和间隙，这主要是因为 CS 与 PPC 相容性差，CS 在 PPC 中分散得特别差，容易团聚成大颗粒。

  通过对淀粉进行改性，可提高 PPC 与淀粉的亲和性，进而提升淀粉在 PPC 中的分散程度以及 PPC/淀粉复合材料的性能。构筑淀粉基核壳粒子是近几年报道的一种淀粉改性方法。基于丙烯酸酯间的聚合反应，在淀粉表面构筑形成聚合物壳层，制得具备核壳结构的淀粉（CSS），再将其与 PPC 熔融共混，结果发现 PPC/CSS 中淀粉分散性显著提升（图 5-9），复合材料的强度和模量远高于 PPC/纯淀粉（NS）复合材料，且保持较高的断裂伸长率（表 5-2）。使用化学介质进行改性也是一种常见的淀粉改性方法。通过对淀粉进行乙酰化，可以大大提高其疏水性和与 PPC 的亲和性。通过控制乙酰化程度，可进一步调控其疏水性。将乙酰化淀粉与 PPC 熔融共混制成复合材料后，发现复合材料的强度随着乙酰化淀粉含量的增加而不断增加。此外，乙酰化程度也会影响复合材料的性能，随着乙酰化程度的提高，复合材料的力学性能也不断提高。但是当乙酰化淀粉的含量过高时，复合材料的韧性会显著下降。这是因为淀粉含量过高时，会破坏 PPC 本身的连续性。

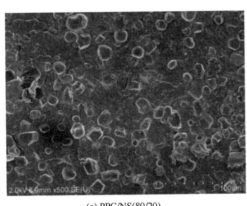
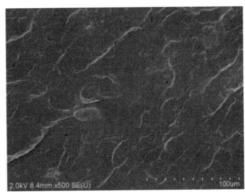

(a) PPC/NS(80/20)   (b) PPC/CSS(80/20)

图 5-9　PPC/NS（80/20）和 PPC/CSS（80/20）的 SEM 图片

表 5-2　　PPC、PPC/NS、PPC/CSS 和 PPC/PMA 复合材料的力学性能统计表

试样	杨氏模量/MPa	屈服强度/MPa	断裂强度/MPa	断裂伸长率/%
PPC	17.4±0.5	—	6.7±0.6	1050±32
PPC/CSS(90/10)	726±18	14.5±0.8	16.2±1.2	723±20
PPC/CSS(80/20)	877±20	17.1±1.0	21.5±1.0	666±26
PPC/CSS(70/30)	645±18	12.9±1.0	19.1±1.1	599±33
PPC/CSS(60/40)	628±16	13.5±1.2	19.0±1.4	486±22
PPC/NS(80/20)	529±15	11.5±0.6	11.5±0.8	47±6
PPC/PMA(80/20)	152±8	6.0±0.6	10.6±0.8	817±22

　　c. 黑色素　　黑色素是一种天然的多功能大分子，可以从动物、微生物和植物中提取，其结构中含有大量酚羟基，既有助于与碳酸酯基形成氢键，又可赋予复合材料一定的抗紫外线能力。通过溶液共混制备 PPC/黑色素复合材料，基于 PPC 与黑色素间的强界面作用（图 5-10），仅引入 1%（质量分数）的 PDA，PPC 的玻璃化转变温度提升了约 10℃，且屈服强度增加了 4 倍（从纯 PPC 的 7.8MPa 增加至 41.7MPa）。该 PDA 的增强效率远高于 GO、蒙脱土、玻璃纤维等材料的增强效率，这主要因为 PDA 与 PPC 间强的界面作用。

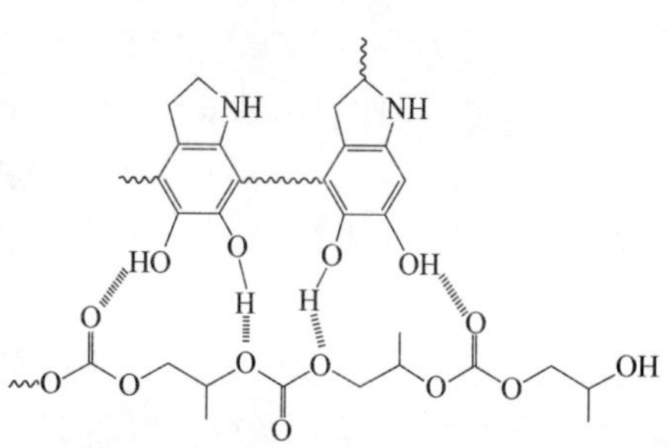

图 5-10　PDA 与 PPC 间的
强氢键界面相互作用

　　（2）微米颗粒改性二氧化碳基聚酯　　与未填充的聚合物相比，纤维增强的复合材料（FRP）一般具有高比强度、高比模量。近年来，在白色污染和能源危机的背景下，可再生和可持续的 FRP 材料吸引了大量的关注。使用纤维增强生物降解的 PPC 时，天然纤维由于具有可再生、储量丰富、生物降解和轻质等特点而被广泛用于 PPC 增强。如将 PPC 与木质素纤维（HPF）复合制备一种全生物降解的 PPC 复合材料。添加 10%（质量分数，下同）的 HPF 时，复合材料的断裂伸长率显著下降；添加 40% 的 HPF 时，断裂伸长率达到平衡。该现象是短纤维增强复合材料典型特色。此外，通过碱处理去除了木质素纤维中的半纤维素，并将其与未处理的样品进行了对比。结果表明，碱处理对木质素基复合材料的力学性能影响不大。

　　其他研究中，鸡血藤纤维、竹木粉等均被用于 PPC 复合材料的制备。这些材料可与 PPC 构筑氢键界面作用，进而显著提高 PPC 的屈服强度、杨氏模量。

　　木粉是由木材打成的粉末，是一种廉价的节能环保原料及填充料。木粉表面含有大量的羧基、胺基和磺酸基团，这些基团可与 PPC 中的羰基构筑氢键作用，在一定条件下羧基和胺基还可以与 PPC 发生化学反应（图 5-11）。因此将木粉颗粒（PWF）与 PPC 复合，也可以增强 PPC。研究结果表明，随着 PWF 含量增加至 50%（质量分数，下同），复合材料的杨氏模量持续增加，而当 PWF 的含量为 30% 时复合材料拉伸强度达到最大值。也可先对 PPC 进行改性，再与木粉复合，增强 PPC 与木粉间的相互作用。如使用马来酸酐（MA）接枝的 PPC 作为基体，从而增强基体与 PWF 间的相互作用。结果表明，使用 MA-g-PPC，可进一步提高复合材料的断裂伸长率、杨氏模量、拉伸强度、冲击强度

等性能。木粉虽然可以增强 PPC，但由于木粉本身的尺寸较大（一般是微米级），与 PPC 的相容性较差，在增强 PPC 时仍不可避免地会降低其断裂伸长率。如仅添加 2phr PWF 时，PPC/WP 复合材料的 T_g 和拉伸强度、杨氏模量和储能模量均显著增加。这主要归因于 WP 与 PPC 间的氢键作用和共价键作用。但是，该复合材料的断裂伸长率也显著降低。这是因为 WP 尺寸较大，且 WP 在 PPC 中容易团聚。

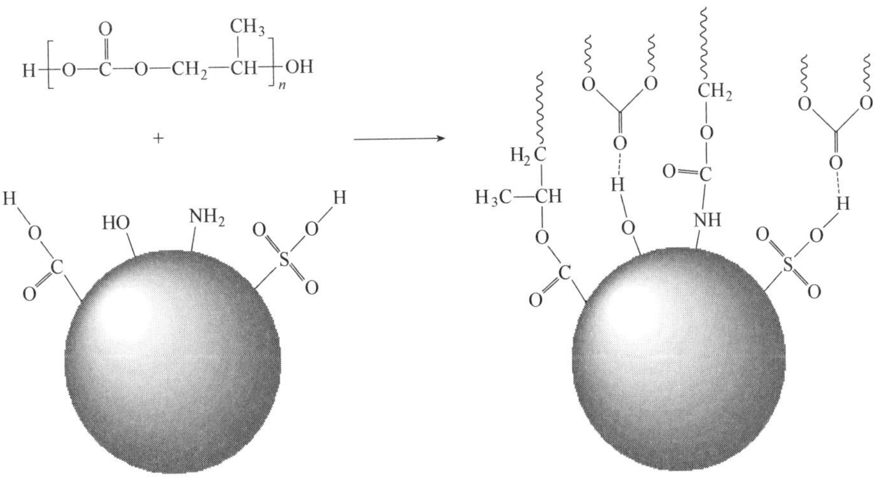

图 5-11　PPC 与木粉颗粒间的相互作用机理图

整体而言，刚性填料改性 PPC 时需要克服填料分散和界面管控等方面的关键技术。实现刚性填料在 PPC 中的均匀分散，充分发挥填料的刚性及其他特性是刚性颗粒增强 PPC 需要解决的一个关键技术。此外，刚性颗粒与 PPC 间界面相互作用的强弱会影响填料的分散以及应力的有效传递，因此通过合理的界面设计强化纳米填料与 PPC 的界面作用是纳米颗粒增强 PPC 需要解决的另一个关键技术。

5.4.1.2　聚合物改性二氧化碳基聚酯

将 PPC 与其他高强度的聚合物进行共混是另一种常见的 PPC 改性方法，该方法制备出的复合材料有望同时具备两种或多种聚合物的性能特点，且方法成本低、易于实现。目前报道的与 PPC 共混的聚合物主要有 PLA、聚丁二酸丁二醇酯（PBS）、聚（3-羟基丁酸酯（P3HB）和3-羟基丁酸酯和3-羟基戊酸酯的共聚物（PHBV）等生物降解聚合物，以及聚乙烯醇（PVA）、聚甲基丙烯酸甲酯（PMMA）、聚苯乙烯（PS）、环氧树脂等高性能树脂。通过聚合物共混的方法改性 PPC 时，需要解决 PPC 与其他聚合物之间的相容性问题。有效地提高了相容性，才能促进分散相聚合物在基体中的均匀分散甚至完全相容，从而制备出性能优异的聚合物共混物。

（1）二氧化碳基聚酯与生物降解聚合物共混

① 与 PLA 共混　PLA 具有原料可再生、全生物降解、高屈服强度和高杨氏模量等优点，是一种非常具有市场前景的生物降解塑料，在包装、纺织、3D 打印、电子元器件、生物医药等领域均具有巨大的应用潜力。目前 PPC/PLA 体系是研究最多的一种基于 PPC 的聚合物混合物。研究发现当 PPC 与 PLA 共混时，会有两个独立的 T_g 存在，但 PPC 的 T_g 从 22℃提高至 34℃，而 PLA 的 T_g 下降了约 3℃，这表明 PPC 与 PLA 是部分相容的。

由于 PLA 具有高强度、高模量，PPC/PLA 共混物的强度和模量会随着 PLA 含量的增加而不断增加。但是当 PLA 含量高于 60%（质量分数）时，共混物的强度低于理论计算强度，这主要因为 PPC 与 PLA 的界面相互作用较弱、相容性有限。因此，关于 PPC 和 PLA 增容的研究也多有报道。有研究指出，在 PPC 与 PLA 熔融共混时，引入 $Ti(OBu)_4$ 做催化剂，可以促进 PPC 和 PLA 的酯交换反应，从而在共混过程中生成 PPC-b-PLA 共聚物。该共聚物可以充当增容剂，提高 PPC 和 PLA 的相容性。制备出的 PPC/PLA 共混物表现出更优异的综合力学性能。将适量的 MAH 引入到 PPC/PLA 混合物中，也会起到增容效果。如有研究指出，在 PPC/PLA/MAH 体系中，当 MAH 含量低于 0.3%（质量分数，下同）时，分散相的尺寸会明显降低；而当 MAH 含量高于 0.3% 时，分散相的尺寸反而会增加。添加聚醋酸乙烯酯（PVAc）也可以增容 PPC/PLA 共混物。如对于马来酸酐封端的 PPC（MAH-PPC）和 PLA 的共混物而言，当添加 10% 的 PVAc 时，可以提高分散相的分散性。其主要机理为 PVAc 会位于 MAH-PPC 和 PLA 的界面处充当桥接剂，进而增加 MAH-PPC 和 PLA 的相容性。此外，还有人尝试将多壁碳纳米管（WCNT）引入到 PPC/PLA 体系中，结果发现，当将 1.5% 的 PLA 和 1.5% 的 WCNT 与 PPC 进行熔融共混时，该复合材料在保持高断裂伸长率的同时，还表现出显著提高的屈服强度。此外，该 PPC/PLA/WCNT 复合材料还具有良好的导电性，在室温下已具有替代聚丙烯等传统石油基材料的条件。

② 与 3-羟基丁酸酯和 3-羟基戊酸酯的共聚物（PHBV）共混 PHBV 是一种以淀粉为原料，运用发酵工程技术生产出的生物聚酯，具有完全生物降解性，在包装和生物医药领域具有巨大的应用潜力。PHBV 具有较高的强度和熔点，将 PPC 与 PHBV 共混，可提高 PPC 的力学强度和热变形温度。如将不同含量的 PHBV 与 PPC 复合制备出 PPC/PHBV 复合材料。由于 PHBV 的高强度和高硬度，复合材料的屈服强度、杨氏模量和热变形温度均随着 PHBV 含量的增加而不断提高；PPC 的韧性随着 PHBV 含量的增加而有所降低，这主要源于 PHBV 的脆性。此外，当添加 30%（质量分数）的 PHBV 时，复合材料的收缩率显著降低。将 PPC 与 PHBV 复合，还能制备出高阻隔性能的膜材料。如通过熔融挤出制备 PPC/PHBV 复合材料薄膜（100~150μm），研究薄膜的氧气透过率和水蒸气透过率，结果发现复合材料的氧气透过率和水蒸气透过率显著降低，即复合材料的阻隔性能显著提高，这主要由于 PHBV 具有高结晶性，可以阻挡气体通过，进而延长气体通过薄膜的路径。但是 PHBV 的引入也显著降低了 PPC 的韧性，这主要源于 PHBV 的脆性和其在 PPC 中较差的分散性。

PHBV 与 PPC 的相容性较差，反应性增容有望通过简单易行的方式提高 PPC 和 PHBV 间的界面作用。如在制备 PPC/PHBV 时引入 0.2%（质量分数）的过氧化二异丙苯（DCP）和 1%（质量分数）的甲基丙烯酸缩水甘油醚（GMA）。熔融共混时，PHBV 通过酯交换反应接枝到 PPC 上，形成 PHBV-g-PPC。生成的共聚物可以提高 PHBV 与 PPC 间的相容性，复合材料中 PHBV 以小且均匀的颗粒存在。性能测试结果表明，增容复合材料的结晶度比未增容时低了 12.3%。增容后复合材料的机械性能也显著提升：增容后复合材料的冲击能和断裂伸长率比未增容复合材料高了 10 倍和 18 倍。该优异的性能主要源于增强的相容性。

③ 与聚（3-羟基丁酸酯）(P3HB) 共混 PHB 是另一种具有潜力的生物基聚酯，具有优异的生物降解性、生物相容性。此外，PHB 的力学强度可与 PP 相比，可用于 PPC

改性。以氯仿为溶剂，通过溶液共混制备PPC/PHB复合材料。研究结果表明，当PHB的含量低于30%（质量分数，下同）时，PPC与PHB表现出较好的相容性。也有研究指出，当PHB的含量为10%或更低时，PPC/PHB复合材料只有一个T_g，表明该条件下PPC与PHB完全相容。但是，当PHB的含量高于30%时，复合材料可以观察到两个T_g，这表明该条件下PHB与PPC并不相容。力学性能结果表明，PHB可以提高PPC的强度，但会显著降低PPC的韧性。当添加40%PHB时，复合材料的断裂伸长率从1090%显著降低至2.7%，这主要归因于PHB的刚性和高添加量。

近年来很多研究者通过优化PPC和PHB间的相容性来制备综合性能优异的复合材料。添加增塑剂是一种简单易行的、常见的增容方法。有研究通过溶液共混制备了PPC/PHB复合材料，并在制备复合材料时引入乙酰柠檬酸三乙酯（ATEC）做塑化剂、引入PVAc做增容剂。随着ATEC和PVAc的引入，PPC/PHB复合材料的相容性显著提高：当PPC含量较高时，如果没有添加剂，PPC与PHB完全不相容，PPC以大尺寸的分散相存在于PHB中；当引入ATEC和PVAc后，PPC分散相以小且均匀的尺寸分布在PHB中。碳酸丙烯酯（PC）是一种PPC的有效增塑剂。有研究指出，在MAH封端的PPC/PHB（50/50）共混物中加入0~15%（质量分数）的PC来研究共混物的脆-韧转变。结果发现当PC的添加量为12.5%时，脆-韧转变温度从60℃降至10℃。塑化后共混物的模量随着PC含量的增加而不断增加，同时PPC分散相变得更加均匀、尺寸也更小。该结果有助于提高PPC共混物的韧性和降低脆-韧转变温度。

④ 与聚丁二酸丁二醇酯（PBS）共混　PBS是一种由丁二酸和丁二醇经缩聚而生成的脂肪族生物降解聚酯，具有半结晶性、生物降解性、优异的热稳定性和力学性能。因此，将PBS与PPC共混有望制备综合性能优异的全生物降解塑料。通过熔融共混制备PPC/PBS复合材料，发现当PBS的含量低于10%（质量分数，下同）时，PPC和PBS部分相容，当PBS的含量高于10%时，PPC和PBS完全不容。这是因为PBS含量高时，PBS开始结晶，从而导致明显的相分离。此外，当PBS含量为10%时，复合材料的冲击强度略有增加；当PBS含量在10%~20%时，复合材料的冲击强度逐渐下降；当PBS含量高于20%时，复合材料的冲击强度会呈指数级快速下降，使得柔性的PPC变成脆性的PPC/PBS复合材料。整体而言，直接熔融共混，当PPC/PBS比例为90∶10时，复合材料表现出最佳的综合性能。此外，PPC热成型时收缩较大，当添加50%的PBS时，PPC的收缩可以被完全消除，大大提高了PPC的尺寸稳定性。

引入合适的添加剂，如增容剂或偶联剂，PPC/PBS的性能可以被显著提高。三苯基甲烷三异氰酸酯（TTI）是一种常见的反应性增容剂。以TTI为反应性增容剂，TTI的添加量为0~0.54%，研究PPC/PBS复合材料的性能发现，当TTI的含量在0~0.36%时，PPC/PBS复合材料的拉伸强度和柔韧性均有所提高，但是当TTI的含量高于0.36%时，复合材料的性能反而会显著下降。

在PPC中添加L-天冬氨酸（Asp）可以优化其熔融加工性能。如图5-12所示，当没有添加Asp时，PPC在120℃和150℃加工时均表现出低黏度，这是因为PPC在热加工过程中会部分降解，导致相对分子质量下降。当加入2%的Asp时，PPC加工后的相对分子质量和黏度并没有明显下降。这表明Asp可以提高PPC的热稳定性。此外，Asp还对PPC/PBS体系具有增容效果：当在PPC/PBS体系中加入2%的Asp，复合材料表现出显著提高的柔韧性、屈服强度和杨氏模量。这主要是因为 Asp 可以提高 PPC 和 PBS 间的界面相互作用。

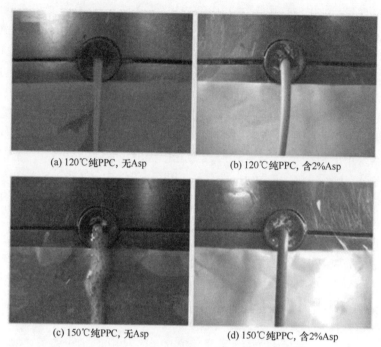

(a) 120℃纯PPC，无Asp   (b) 120℃纯PPC，含2%Asp

(c) 150℃纯PPC，无Asp   (d) 150℃纯PPC，含2%Asp

图 5-12　不同加工条件下 PPC 的挤出图片

⑤ 与乙烯-乙烯醇共聚物（EVOH）共混　EVOH 是一种生物降解的半结晶热塑性塑料，具有加工性能优异、透明、耐化学腐蚀和高气体阻隔等优点。有研究指出，将 PPC 与 EVOH 共混，可提高 PPC 的性能。如通过熔融共混制备不同 EVOH 含量的 PPC/EVOH 共混物。当 EVOH 的含量较低 ［小于 40%（质量分数，下同）］ 时，PPC 与 EVOH 是不相容的。但是，当 EVOH 的含量高于 40% 时，PPC 与 EVOH 的相容性反而比较好，这是因为 EVOH 与 PPC 间可形成大量的氢键作用。力学性能方面，当 EVOH 的含量小于等于 30% 时，复合材料的强度并没有明显提升，且断裂伸长率显著下降。当 EVOH 的含量在 40%~60% 时，复合材料的拉伸强度显著增加且断裂伸长率没有明显变化，这主要是因为相容性增加。EVOH 的刚性和 PPC 的柔性协同作用，赋予材料优异的强度和韧性。综合而言，当 PPC 和 EVOH 的比例为 40/60 时，PPC/EVOH 的性能最佳。

（2）二氧化碳基聚酯与非生物降解聚合物共混　除了与生物降解聚合物共混，部分学者还研究了 PPC 与非生物降解聚合物的共混，这些非生物降解聚合物有 PMMA、PP、聚乙烯-醋酸乙烯酯（EVA）、PS 等，主要用来改善 PPC 的力学性能、加工性能和热性能。

① 与 PMMA 共混　PMMA 是甲基丙烯酸甲酯的聚合物，是一种长链的高分子聚合物，相对分子质量约为 200 万，其具有高透明度、低价格、易于机械加工等优点，是经常使用的玻璃替代材料，又称为有机玻璃。鉴于 PMMA 具有高力学强度和高 T_g，将 PMMA 与 PPC 共混可优化 PPC 的力学性能和热性能。由于 PPC 与 PMMA 是不相容的，需要在 PPC/PMMA 体系中添加增容剂。以醋酸乙酯树脂（PVAc）为增容剂，制备了 PPC/PM-

MA 共混物。研究结果表明添加增容剂 PVAc 后，PMMA 在 PPC 中的分散性显著提高。当 PMMA 含量高时，无增容剂时，PPC/PMMA 共混物的微观形貌为"海-岛"结构，添加增容剂后 PPC/PMMA 共混物的微观形貌变为共连续结构。当 PVAc 含量在 5phr 以内时，其可明显提高 PPC/PMMA 共混物的力学强度和模量；但是当 PVAc 含量高于 5phr 时，其对 PPC/PMMA 共混物的力学强度几乎没有影响且会降低共混物的模量。聚乙烯-co-甲基丙烯酸缩水甘油酯（EGMA）、MAH 接枝的聚（苯乙烯-g-丙烯腈）(SAN-g-MAH) 和 MAH 是三种常用于 PPC/PMMA 体系的增容剂。研究三种增容剂对 PPC/PMMA（70/30）共混物性能的影响，发现这三种增容剂均可提高 PMMA 在 PPC 中的分散性，PMMA 相尺寸从 3.4μm 降至 0.9μm。这主要源于 PPC 与 PMMA 间的界面作用有所增强。在三种增容剂中，SAN-g-MAH 的增容效果是最好的。

②与 PP 共混　PP 是最常见的高分子材料之一，具有较高的耐冲击性，机械性质强韧，抗多种有机溶剂和酸碱腐蚀。有研究者将 PPC 与 PP 熔融共混，以提高 PP 的韧性和压延性。当添加 3%（质量分数）的 PPC 时，共混物表现出高的强度和杨氏模量。PPC/PP 共混物在高拉伸速率时断裂属于韧性断裂。其显著提高的韧性可归结于以下原因：界面区域的应力集中会产生很多微孔，这些微孔随后会造成垂直于拉伸方向的较大的银纹。这些银纹会耗散能量并阻止微孔扩展。银纹进一步发展后产生垂直于拉伸方向的裂缝，进而导致样品断裂。

③与 EVA 共混　EVA 是由乙烯和醋酸乙烯共聚而得的一种热塑性树脂，在乙酸乙烯含量较高时，具有较好的弹性、柔软性、黏合性、相容性、透明性和溶解性。有研究者探索了 EVA 对 PPC 性能的影响。研究结果表明随着 EVA 含量的增加，PPC 的 T_g 不断增加，这表明 PPC 与 EVA 是部分相容的。此外，PPC 的拉伸强度、弹性模量和热稳定性均随着 EVA 含量的增加而不断增加。

④与 PS 共混　PS 是苯乙烯的聚合物，具有高强度、高 T_g。有研究者制备了高 PS 含量（40%，质量分数）的 PPC/PS 共混物，结果发现共混物的拉伸强度比纯 PPC 高了 3 倍，但共混物的断裂伸长率显著下降。

5.4.1.3　有机小分子改性二氧化碳基聚酯

近年来，在 PPC 中引入含羟基、酰胺基或氨基甲酸酯的小分子与 PPC 中的碳酸酯基构筑氢键作用，可以同时提高 PPC 的强度和韧性。可将超支化的聚醚胺（HBP，相对分子质量约 2000）与 PPC 直接熔融共混。当 HBP 的添加量为 0~5%（质量分数，下同）时，HBP 的尺寸随着其含量的增加而不断增加，但整体分散较为均匀。HBP 尺寸的增加主要源于 HBP 间的氢键作用。当 HBP 添加量较少时，PPC/HBP 复合材料的强度和断裂伸长率均有所增加。当 HBP 含量超过 5% 时，复合材料的强度和断裂伸长率降低。这主要源于 HBP 的相分离和团聚。也可将 PPC 与双酚 A（BPA）通过溶液共混制备复合材料。当 BPA 含量低于 30% 时，由于氢键作用，PPC 与 BPA 相容性良好；当 BPA 含量高于 30% 时，PPC 与 BPA 不相容，这是因为 BPA 开始结晶。此外，还可将含氨基甲酸酯的小分子［1,6-双（羟乙基脲烷）己烷（BEU）、1,6-双（羟异丙基脲烷）己烷（BPU）、1,6-双（甲基脲烷）己烷（HDU）］与 PPC 熔融共混。当添加 1% 的 BEU 时，复合材料的强度增加了 37%。当进一步增加 BEU 含量，则复合材料的断裂伸长率增加，而强度逐渐下降。对于 BPU 而言，当添加 5% 的 BPU 时，复合材料的断裂伸长率增加了 2 倍，而拉伸强度也高达 50MPa。这表明这些小分子可以同时提高 PPC 材料的强度和韧性。这主要归因于小分子与 PPC 间的氢键作用，可与促进小分子与 PPC 的相容性。但是，当 BPU 的含量高于 10% 时，复合材料的强度会低于纯 PPC。对于 HDU 而言，当添加 10% 时，复合材料的断裂伸长率比纯 PPC 高了 53 倍，且拉伸强度可高达 30MPa。这个结果可与 LDPE 相媲美。该优异的结果主要源于 HDU 与 PPC 间的分子级相容。但时，该体系的 T_g 有所下降。因此，HDU 可以看作是 PPC 的优异增塑剂。其可有效增强 PPC 链段的运动能力，降低分子间黏性。

5.4.2 化学改性

除了与纳米颗粒、高强度树脂共混等物理改性方法，还可通过共聚或在 PPC 中引入交联结构等化学方法实现 PPC 的改性。

5.4.2.1 共聚改性二氧化碳基聚酯

环氧环己烷和均苯四甲酸二酐是两种常见的刚性基团，在聚合制备 PPC 时引入这些刚性单体进行共聚，可显著提高 PPC 材料的强度和热稳定性。在制备 PPC 时添加环氧环己烷，当环氧环己烷的含量达到 7%（摩尔分数）时，该合成的 PPC 的拉伸强度可达到 43MPa，但断裂伸长率只有 14.5%；此外该 PPC 的热稳定性有一定的提升。以二羧酸锌为催化剂，二氧化碳、环氧丙烷和环氧环己烷为原料，合成的三元共聚 PPC 表现出显著提高的 T_g 和力学性能。在聚合环氧丙烷和二氧化碳时引入均苯四甲酸二酐，可制备含有刚性基团的高性能 PPC 材料。该 PPC 在高温下进行处理而不分解，使其可能在农用地膜、包装材料等领域得到更广泛的应用。

5.4.2.2 交联改性二氧化碳基聚酯

合成 PPC 时引入可交联的单体，再引入交联剂可制得交联型 PPC 材料。如在制备 PPC 时用含有双键的烯丙基环氧甘油醚（AGE）代替部分环氧丙烷（少量），从而在 PPC 中引入一定的双键，进而可通过紫外辐射制备交联型 PPC 材料。该交联 PPC 表现出显著提高的分解温度和非常低的永久变形。与此类似，在用电子束处理 PPC 时加入多官能团单体三丙烯异三聚氰酸（TAIC），也可制备交联型 PPC 材料。在 50kGy 辐射剂量下，该 PPC 凝胶含量可高达 60.7%（质量分数），使其拉伸强度由纯 PPC 的 38.5MPa 提高到了 45.5MPa，同时热分解温度和玻璃化转变温度也分别提高了 35℃ 和 9℃。此外，添加一些可与羟基反应的多官能试剂，也可制备微交联的 PPC 材料。如含有多个环氧基团的超支化聚合物（EHBP），将少量 EHBP 与 PPC 共混，基于 PPC 中的—OH 与环氧基团间的反应，实现 PPC 的微交联。该交联 PPC 的玻璃化转变温度、强度和断裂伸长率均有所提升。

可以看到，从合成的角度引入刚性基团和交联结构可实现 PPC 强度、玻璃化转变温度和耐热性能的提升。但该类方法制备过程比较复杂，且对催化体系有新的要求，不利于大规模的推广应用。

5.5 二氧化碳基聚酯加工成型

PPC 的成型方法主要有挤出吹塑成型、热压成型和多层共挤出成型。在成型前通常需要先将 PPC 与添加剂混合均匀，再将混合均匀的料进行成型。

5.5.1　二氧化碳基聚酯的挤出吹塑成型

挤出吹塑是塑料薄膜成型方法之一，其过程是先将树脂与添加剂混合均匀，再用挤出机将混好的料熔融塑化并挤成薄壁管，然后趁热用压缩空气将塑料吹胀，再经冷却定型后得到筒状薄膜制品。此外，挤出吹塑也是一种制造中空热塑性制件的常用方法。广为人知的吹塑对象有薄膜、瓶、桶、罐、箱以及所有包装食品、饮料、化妆品、药品和日用品的容器。

挤出吹塑前，PPC 需先与添加剂共混均匀。实现 PPC 与添加剂共混的方法有很多，比如挤出、高温密炼、压延、溶液共混等。但适用于挤出吹塑的主要是挤出和高温密炼。挤出是一种常见的熔融共混方法，所用设备为挤出机。挤出机可分为单辊挤出机和双螺杆挤出机。单螺杆挤出机仅需设置一个温度，而双螺杆挤出机需设置多段温度。如有研究者将 PPC 与塑化后的 PVA（T_m 为 163℃）通过单螺杆挤出机复合，复合温度为 170℃，制备出了 PPC/PVA 共混物。基于 PPC 与 PVA 间的氢键作用，少量 PVA［≤10%（质量分数）］引入 PPC 中时，PVA 与 PPC 是完全相容的。随着 PVA 的引入，PPC 的力学强度和模量显著提升，但同时断裂伸长率会显著下降。此外，有研究者将 PPC 与可快速降解的 PHB 复合，并以乙烯-丙烯酸甲酯-甲基丙烯酸缩水甘油酯无规三元共聚物（AX-8900）为增容剂，通过双螺杆挤出机制备了 PPC/PHB 共混物。挤出造粒时喂料口到机头的温度分别为 150，160，170，180，170，160，150，140℃，转速为 90r/min。高温密炼是另一种常见的 PPC 熔融共混方法，主要通过转矩流变仪实现 PPC 与添加剂在高温下的均匀共混。如有研究指出通过高温密炼将 PPC 与 OMMT 共混均匀，制备了 PPC/OMMT 共混物。其共混温度为 150℃，转速为 90r/min。也有文献在 160℃、60r/min 的条件下通过高温密炼实现了 PPC 与 OMMT 的熔融共混。此外，还有研究者在 170℃、80r/min 的条件下制备了 PPC/PLA/海泡石纤维共混物，在 180℃、30r/min 的条件下制备了 PPC/CaCO$_3$ 共混物。整体而言，PPC 的加工温度较低，在 140~180℃，而且温度越高，加工时的转速越低，以尽量消除加工过程中造成的 PPC 降解，这与 PPC 的低热稳定性较为一致。

PPC 与添加剂混合均匀后，将共混均匀的料通过挤出机挤成薄壁管，再趁热用压缩空气将塑料吹胀，经冷却定型后得到筒状薄膜制品。由于吹塑成型过程中材料受双向拉伸作用，相比于共混物，膜材料的微观形态会有一点变化，且膜材料的横向和纵向性能会有所不同，表现出一定的各向异性。此外，相比于流延成型制备的薄膜，挤出吹塑薄膜的力学强度更高一些，但热封性较差。

有研究者通过挤出吹塑成型制备了 PPC/PHB 复合材料的薄膜，并研究了 PPC 和 PHB 的相容性以及 PHB 含量对薄膜力学性能和阻隔性能的影响。微观形态结果表明加入少量的增容剂，可提高 PPC 和 PHB 的相容性能，当 PHB 含量达到 20%（质量分数）时，薄膜综合性能优异。复合薄膜的纵向拉伸强度从未加入 PHB 时的 11.5MPa 增大到 20.1MPa，提高了 74.7%。薄膜的水蒸气渗透系数和氧气渗透系数均随着 PHB 含量的增大而不断减小，表明其阻水及阻氧性能得到提高。与纯 PPC 相比，当 PHB 含量增大至 30%（质量分数）时，薄膜的水蒸气透过系数下降了 62.3%，氧气阻隔性能提升了约 5 倍。采用 Nielsen 模型预测复合薄膜的阻隔性能，与实测值更接近。当厚长比 W/L 为

0.02、PHB 体积分数为 11% 时，Nielsen 模型的预测值与实测值几乎相等，随着体积分数增大，实测值更加偏向于 W/L 等于 0.05 时的预测值，可能是随着 PHB 含量的增加，PHB 有一定团聚。此外，有研究者通过高温密炼制备了 MA 封端 PPC 和聚对苯二甲酸乙二醇酯-1,4-环己烷二甲醇酯（PETG）的共混物（PPC-MA/PETG），采用套管上吹法将共混物吹塑成膜。结果表明：PPC-MA/PETG 共混物为部分相容体系；MA 封端 PPC 可以提高 PPC 5% 失重时的分解温度（T_d），PETG 与 PPC-MA 共混进一步提高了 PPC 的热性能；当 PETG 含量低时，PETG 作为岛相分散在 PPC 基体中；随着含量的增加，共混物将从"海-岛"结构转变成"海-海"结构；共混物薄膜的力学性能较纯 PPC 大幅增强，从 4.7MPa 提高到 16.93MPa。PPC-MA 与 PETG 共混可以获得力学性能较好的膜材料，改善 PPC 材料的缺陷，在包装、生物医用材料等领域具有广阔的应用前景。

5.5.2　二氧化碳基聚酯的热压成型

热压成型是塑料加工业中简单、普遍使用的加工方法，主要是利用加热使聚合物处于黏流态，通过施加压力使黏流态的试样充满模具，控制试料的压板温度及时间，实现聚合物高温成型、低温定型，再将定型后的试样取出即可。此外，热压成型也是实验室小规模研究时比较常用的一种成型方法。

热压成型前也需先将 PPC 与改性剂共混均匀。适用于热压成型的共混方法主要有高温密炼、压延、溶液共混等。高温密炼在 5.5.1 部分已介绍，这里不再赘述。压延也是一种较为常见的熔融共混方法，是指将 PPC 通过相对旋转、水平设置的两个加热过的辊筒之间的辊隙，实现 PPC 与添加剂混合均匀并制成胶片等半成品的工艺。有研究者通过压延的方式制备了 PPC/PBS 共混物，并通过调节加工温度（160~210℃）和压延辊的转速（15~35r/min）来优化共混物的性能。研究发现，当辊温为 200℃ 时，共混膜的力学性能最佳，且该共混膜沿着机器方向（MD）的力学性能高于垂直于机器方向（TD）的力学性能。这是由于加工过程中 PBS 结晶相会沿着加工方向取向。类似的，提高压延辊的转速可以促进结晶相取向，进而提高 MD 方向的力学强度，降低 TD 方向的力学强度。溶液共混是一种在实验室中开展研究时常用的共混方法，指将 PPC 和添加剂溶解或分散在溶剂中，通过超声或搅拌的方式将 PPC 与添加剂混合均匀，然后通过浇铸成膜、絮凝和抽滤等方式去除溶剂，从而制备 PPC 共混物的方法。溶液共混的一个关键问题是找到合适的溶剂，要求既能溶解 PPC，又能溶解或有效分散添加剂，从而制备出混合均匀的共混材料。由于 PPC 在氯仿和丙酮中的溶解性较好，PPC 溶液共混时的主溶剂一般为氯仿或丙酮。此外，低相对分子质量的 PPC 也可溶于四氢呋喃（THF），因此部分报道以 THF 为溶剂进行溶液共混；还有部分报道以二甲基亚砜（DMSO）为溶剂进行 PPC 的溶液共混，但 DMSO 的沸点较高，需要在较高温度或较长时间才能去除干净。如有研究将硅烷偶联剂改性的海泡石分散在氯仿中，然后将该分散液滴加进 PPC 的氯仿溶液，磁力搅拌 2h 后超声 10min，然后用甲醇絮凝，经抽滤和干燥后制得了 PPC/海泡石共混物。当添加剂无法在氯仿或 THF 中溶解或良好分散时，可选用其他溶剂为分散液，但该分散液的添加量不能太多。如聚多巴胺（PDA）不溶于氯仿或 THF，以 THF 和水为共溶剂（THF：H_2O=5：1，体积比）制备了 PDA 分散液，然后将 PPC 溶于 THF 中，再将 PDA 分散液逐滴滴加到 PPC 的 THF 溶液中，强烈搅拌 15min 后用甲醇絮凝，絮凝后的混合物用去离子水洗涤并干燥，从而得到了 PPC/PDA 复合材料，其中 PDA 的最高含量仅为 2%（质量分数），但由于 PDA 分散均匀，所以增强效率非常高，仅添加 1% 的 PDA，PPC 的 T_g 可从 45℃ 提高至 55℃，同时拉伸强度从 11.5MPa 增加至 40.5MPa，但断裂伸长率下降明显。

通过高温密炼、压延、溶液共混等方法混合均匀的料，可进一步进行热压实现成型，所使用设备为平板硫化仪。热压温度一般在 140~180℃，热压时通常包括预热、排气、热压、冷却和开模等步骤。预热时应尽量使加热板靠近模具，提高预热效率，避免长时间热氧环境下 PPC 的降解；PPC 的预热时间通常为 4~6min；PPC 的排气次数为 10~20 次，确保材料成型后光滑无气泡的情况下，尽量减少排气次数；PPC 的热压时间通常为 3~6min，通冷却水的情况下冷却时间为 2~5min。Yang Jianning 等通过高温密炼实现了 PPC 与单宁酸的均匀混合，在 150℃ 下热压成型制备了 PPC/单宁酸片材，并进一步研究了 PPC/单宁酸片材的力学性能、热性能和生物降解性能。Li Yuhan 等通过溶液共混制备了 PPC/PDA 共混物，通过在 140℃ 下热压 6min 制备了哑铃状的 PPC/PDA 样条，并详细分析了 PPC/PDA 材料的力学、热学和抗氧化特性。

5.5.3　二氧化碳基聚酯的多层共挤出成型

多层共挤是使多层具有不同特性的物料在挤出过程中彼此复合在一起，使制品兼有几种不同材料的优良热性能，在特性上进行互补，从而得到符合特殊要求的性能和外观，如防氧和防湿的阻隔能力、着色性、保温性、热成型和热黏合能力及强度、刚度、硬度等力学性能。

有研究者以 PPC 和聚对苯二甲酸-己二酸-丁二醇酯（PBAT）为原料，采用多层共挤吹塑的方法制备了全生物降解高阻透性 3 层复合薄膜 PBAT/PPC/PBAT，并讨论了不同 PPC 层厚度、不同 PBAT 层厚度及在一定挤出量时薄膜牵引速度对复合薄膜性能的影响。表 5-3 为 PBAT/PPC/PBAT 多层共挤出薄膜的挤出条件。对膜性能研究发现，与纯 PPC 薄膜相比，PBAT/PPC/PBAT 复合薄膜的拉伸强度和加工性能得到提高，其拉伸强度最大提高了 200%；薄膜厚度和分子链的取向度对阻透性有较大影响，当 PPC 层厚度最大（约为 12μm）时，氧气透过率最小，为 $9.5×10^{-15}$ cm³·cm/（cm²·s·Pa）；牵引速度最大，即分子链取向度最大时，氧气透过率最小，为 $9.52×10^{-15}$ cm³·cm/（cm²·s·Pa）。

表 5-3　　　　　　　　PBAT/PPC/PBAT 多层共挤出薄膜的挤出条件

样品	熔点/℃	转速/(r/min)	牵引速度/(m/min)	挤出机温度1/℃	挤出机温度2/℃	挤出机温度3/℃	挤出机温度4/℃	挤出机温度5/℃	模头温度/℃
PPC	—	40~80	6.5~9.5	110	140	160	160	160	165
PBAT	125	40~80	6.5~9.5	140	160	170	170	170	165

整体而言，PPC 共混物的加工方法主要有熔融共混和溶液共混。熔融共混法实施简单、成本低、易于规模化应用，是工业上最常用的方法，但对于 PPC 体系而言也存在诸多限制。首先，PPC 的热稳定性较差，高温时容易降解，影响其性能，所以 PPC 熔融共混时的加工温度一般不高于 180℃ 且共混时转子转速不能太快，因此难以与一些转变温度高的聚合物进行熔融共混，或是共混的效果较差。其次，熔融共混制得的共混物中添加剂的分散性有待进一步提高。可通过母料法，即先通过溶液共混将少量 PPC 与添加剂混合

均匀，制备添加剂分散均匀的母料；再通过熔融共混，用大量 PPC 稀释母料，制备出添加剂整体分散均匀的 PPC 复合材料。需要注意的是，PPC 中含有碳酸酯基，有一定的吸收空气中水分的能力，而熔融加工又是在高温下进行，因此 PPC 在熔融共混前需要干燥。溶液共混法操作简单且能实现分散剂在 PPC 中的均匀分散，是目前科学研究中的常用方法，但该方法也存在诸多限制：①该方法需用到大量有机溶剂，易造成环境污染且成本高；②需找到合适的溶剂，既能溶解 PPC，又能有效分散添加剂，对溶剂种类的要求较高；③该方法一般用于添加剂含量较低的体系。因此溶液共混的方法在广泛应用方面比较受限。

PPC 的成型方法主要有挤出吹塑成型、热压成型和多层共挤出成型。在成型前通常需要先将 PPC 与添加剂混合均匀，再将混合均匀的料进行成型。此外，对于 PPC 而言，由于其热稳定性较差，成型时需严格控制成型条件，如成型温度不能过高、成型时间不能过长等。

5.6　二氧化碳基聚酯的应用

近年来，因塑料废弃物，特别是塑料包装材料所引起的白色污染越来越严重，具有生物降解特性的聚合物受到高度关注。PPC 具有生物降解性，且兼具延展性好、氧气和水蒸气透过率低、透明性好和生物相容性好等优点，但同时具有转变温度低、热稳定性较差、力学强度不足等缺陷。因此，PPC 比较合适寿命周期要求较短、不需要高温、力学性能要求不高，但对变形能力和阻隔性能有较高要求的应用场景。

5.6.1　包 装 领 域

塑料包装材料在塑料材料的应用中占非常大的比重。2015 年，约有 38% 的塑料被用作包装材料。通常塑料包装材料要求兼具轻质、柔韧性和高气体阻隔性能。这些性能要求 PPC 均能满足。更重要的是，PPC 由于热稳定性差，其使用周期会比较短，而包装用 PPC 材料在各类工业用材料中的寿命要求也是最短的，一般不到 3 年，如表 5-4 所示。因此，PPC 的性能特点与包装材料的要求高度契合，非常适合用作包装材料。澳大利亚的 Cardia Bioplastic 公司一直在研发可用于包装、购物袋和容器等商业应用的 PPC/淀粉复合材料。食品包装材料对于氧气阻隔性能要求非常高。PPC 本身的氧气阻隔性能非常优异，将 OMMT 或 CNC 等引入到 PPC 中，可以进一步提高 PPC 的氧气阻隔性能。该类 PPC 复合材料无毒和极为优异的氧气阻隔性能使其在食品包装领域具有非常大的应用潜力。由于塑料包装材料的市场规模大，发展生物降解的 PPC 并逐步取代塑料包装材料，未来的发展潜力非常大。

表 5-4　　　　　　　　　　　　7 种工业用材料的使用寿命要求

应用类型	寿命要求/年	应用类型	寿命要求/年
包装材料	0.5~2	运输	8~20
消费和工业产品	1~6	工业机器	15~30
纺织品	3~10	房屋建筑	25~50
电子电器	5~15		

5.6.2 生物医药领域

能否具有生物降解性、生物相容性是生物医药领域用聚合物材料的一个关键因素。PPC 具有生物降解性、生物相容性、无毒等优点，在生物医药领域具有很大的应用潜力。PPC 与羟磷灰石、壳聚糖、甲壳素等材料复合后，可模拟细胞外组织材料，在原生组织再生方面很有应用潜力。首先，PPC/羟磷灰石复合材料可用于骨组织工程。具有生物相容性和生物活性的羟磷灰石常用于骨缺陷修复，用纳米级羟磷灰石增强的 PPC 也可用于骨头修复和重生，该材料可刺激新骨头的生长，同时在骨头再生的过程中逐渐降解。其次，PPC/壳聚糖、PPC/甲壳素复合材料可用于组织工程骨架。将宏观的 PPC 纤维与壳聚糖纳米纤维复合，可制得具有优异力学性能的细胞骨架材料。将 PPC 与甲壳素复合，并通过静电纺丝制成组织骨架，该骨架与纤维母细胞具有良好的相互作用，在骨组织、血管支架和神经组织工程方面均有很大的应用潜力。

5.6.3 能源领域

近年来，具有高安全性、轻质和可塑形优点的聚合物锂离子电池备受关注，未来将成为锂离子电池的主流。聚合物锂离子电池的关键是聚合物电解质，聚合物电解质一般要求具有高介电常数和高离子电导率。PPC 含有可产生高介电常数的酯基，且 PPC 的 T_g 较低，有利于 Li^+ 的穿过，因此可用作锂离子电池的聚合物电解质。将 PPC、聚偏二氟乙烯（PVDF）和 CNC 复合，可制备凝胶型聚合物电解质（GPEs），室温下该 GPEs 的电压窗口为 5.0V，离子电导率为 1.14mS/cm，锂离子迁移数为 0.68，这些性能指标均高于液体电解质。聚环氧乙烷（PEO）基固态聚合物电解质（SPE）是目前研究最多的 SPE。将 PPC 和阻燃型纤维素复合，制备 PPC/纤维素薄膜，室温下该 PPC 基 SPE 的离子电导率、电化学窗口和力学强度均优于 PEO 基 SPE。

5.6.4 电磁屏蔽领域

电磁屏蔽是指利用具有高电导率或具有磁性能的材料减弱电磁场场强的一种作用效果。多种含有导电填料的导电聚合物被用作电磁屏蔽材料。将碳纳米管（MWCNTs）与 PPC 或 PPC/PLA（90/10）复合，电导率测试发现当引入 3%（质量分数）的 MWCNTs，PPC/MWCNTs 和 PPC/PLA/MWCNTs 的电导率均能达到 15.5S/m，可用作电磁屏蔽材料。也有报道指出引入 5phr MWCNTs 时，PPC/MWCNTs 和 PPC/PLA/MWCNTs 复合材料的电导率分别为 1.012S/cm 和 2.062S/cm，也可用作电磁屏蔽材料。

5.7 问题与展望

5.7.1 存在的主要问题

目前二氧化碳基聚酯材料发展较为缓慢，这主要有以下几个原因：①开发成功的二氧化碳基聚酯材料鲜有产业化的业绩，仅有 PPC 实现了量产，但也存在项目规模小、产量低、价格贵等问题。在石油基塑料价格随石油价格走低的情况下，二氧化碳基聚酯材料企业的成本压力越来越大。②商业化的 PPC 存在加工温度低、力学性能较差、热变形温度低等缺陷。虽然通过改性可优化 PPC 的性能，但需克服 PPC 与添加剂相容性差、界面作用弱的问题。目前成本低、性能稳定、易于规模化应用且可赋予 PPC 优异综合性能的改性方法仍旧非常欠缺。③目前批量生产的 PPC 质量和稳定性有限，加之价格昂贵，所以市场推广非常有难度。

5.7.2 前景展望

虽然目前二氧化碳基聚酯在走向应用中还存在诸多问题，但是未来二氧化碳基聚酯的发展前景仍旧非常广阔。

首先，在温室效应和白色污染日益严重的当下，国家禁塑限塑政策频出，同时大力鼓励环保型可降解塑料的发展，而二氧化碳基聚酯具有生物降解的特性，且兼具固定和利用二氧化碳的能力，未来的发展潜力巨大。1996 年，国家颁布了《中华人民共和国固体废物污染环境防治法》，对地膜及一次性包装材料和制品明确定规定，应当采用易回收利用材料，国家环保局也将降解塑料列入环保产品。2008 年，国家发展改革委办公厅发布了《关于进一步做好贯彻落实〈国务院办公厅关于限制生产销售使用塑料购物袋的通知〉有关工作的通知》。2020 年 1 月，国家发展改革委、生态环境部发布了《关于进一步加强塑料污染治理的意见》，强调我国会在部分地区、部分领域禁止、限制部分塑料制品的生产、销售和使用，并推广替代产品。这里替代产品主要为可降解塑料和非塑制品。此外，国家正在加大对农用地膜、一次性包装材料等塑料产品的可降解替代产品的政策支持。工信部已选择新疆、云南等地及一些城市建设应用示范区进行试点，对塑料回收、利用将给予更大的关注和支持。

其次，作为可降解塑料的一种，二氧化碳基聚酯具有低价格的潜力。PPC 的主要原料为二氧化碳和环氧丙烷，二氧化碳的成本十分低廉（约 600 元/t），而 PPC 中二氧化碳的含量可达 31%~50%，因此随着未来 PPC 制备工艺的成熟，PPC 的成本有望降到一个比较低的水平；而其他类降解塑料由于原料缘故，降价的空间有限。二氧化碳基聚酯的发展与 20 世纪 60 年代时聚烯烃的发展形式很像。当初每吨价格高达几万元的聚乙烯随着各种生产因素的成熟，现在价格已降至约 7000 元/t。

最后，二氧化碳基聚酯有望在较短时间内取得技术突破。目前国内外的二氧化碳基聚酯已经到了产业化阶段，只是在规模和成本方面面临很大的挑战。现在国家对包含二氧化碳基聚酯在内的可降解塑料的研发非常鼓励，二氧化碳基聚酯也受到国家、企业、高校和研究所的高度重视，很多科研人员针对 PPC 的合成和改性中的关键技术进行研究攻关，因此有望短期内在技术、规模和成本方面取得突破。

思 考 题

1. 聚碳酸亚丙酯（PPC）的结构式是什么？画出 PPC 的合成机理示意图，并简述机理。

2. 聚碳酸亚丙酯在性能方面有什么特点？

3. 聚碳酸亚丙酯的常见改性方法有哪些？哪一种更具有潜力？

4. 聚碳酸亚丙酯通常通过什么样的方法进行加工和成型？

5. 聚碳酸亚丙酯的应用前景如何？哪方面最有应用潜力？

6. 简述对于聚碳酸亚丙酯未来发展情况的看法。

参 考 文 献

[1] 王莉. 生物降解塑料的研究进展——人工合成脂肪族聚酯塑料、二氧化碳基聚合物等 [J]. 化工文摘, 2007 (3)：41-42.

[2] Kamphuis A. J., Picchioni F., Pescarmona. CO_2-fixation into cyclic and polymeric carbonates：principles and applications [J]. Green Chemistry, 2019, 21 (3)：406-448.

[3] 高平, 马祖富, 王晓来, 等. 二氧化碳与环氧丙烷共聚稀土改性羧酸锌催化剂的研究 [J]. 分子催化, 1999, 13 (5)：378-382.

[4] 张敏, 崔奇, 陈立班. 二氧化碳共聚 SalenMX 催化剂 [J]. 化学通报, 2006, 69 (5)：400.

[5] 孟跃中, 吴静姝, 肖敏, 等. 生物降解的 CO_2 共聚物的合成、性能及改性研究进展 [J]. 石油化工, 2010, 39 (003)：241-248.

[6] Liu L., Wang Y., Hu Q. E., et al. Core-Shell Starch Nanoparticles Improve the Mechanical and Thermal Properties of Poly (propylene carbonate) [J]. Acs Sustainable Chemistry & Engineering, 2019, 7 (15)：13081-13088.

[7] Li X. H., Meng Y. Z., Chen G. Q., et al. Thermal properties and rheological behavior of biodegradable aliphatic polycarbonate derived from carbon dioxide and propylene oxide [J]. Journal of Applied Polymer Science, 2004, 94 (2)：711-716.

[8] Li X. H., Meng Y. Z., Zhu Q., et al. Thermal decomposition characteristics of poly (propylene carbonate) using TG/IR and Py-GC/MS techniques [J]. Polymer Degradation and Stability, 2003, 81 (1)：157-165.

[9] Zhu Q., Meng Y. Z., Tjong S. C., et al. Thermally stable and high molecular weight poly (propylene carbonate) s from carbon dioxide and propylene oxide [J]. Polymer International, 2002, 51 (10)：1079-1085.

[10] Quan Z. L., Min J. D., Zhou Q. H., et al. Synthesis and properties of carbon dioxide-Epoxides copolymers from rare earth metal catalyst [J]. Macromolecular Symposia, 2003, 195：281-286.

[11] Lu L. B., Huang K. L.. Synthesis and characteristics of a novel aliphatic polycarbonate, poly [(propylene oxide)-co-(carbon dioxide)-co-(gamma-butyrolactone)] [J]. Polymer International, 2005, 54 (6)：870-874.

[12] Wang X. L., Li R. K. Y., Cao Y. X., et al. Essential work of fracture analysis of poly (propylene carbonate) with varying molecular weight [J]. Polymer Testing, 2005, 24 (6)：699-703.

[13] 陶剑, 胡丹, 刘莉, 等. PLA, PPC 和 PHBV 共混物的热性能, 力学性能和生物降解性能研究 [J]. 离子交换与吸附, 2010, 26 (1)：59-67.

[14] 方兴高, 杨淑英, 陈立班. 聚碳酸亚丙亚乙酯的合成和生物降解 [J]. 功能高分子学报, 1994, 7 (2)：143-147.

[15] 陈灵志, 聚碳酸亚丙酯的研究进展 [J]. 化学工程与装备, 2017 (7)：219-221.

[16] Li Y. H., Zhou M., Geng C. Z., et al. Simultaneous improvements of thermal stability and mechanical properties of poly (propylene carbonate) via incorporation of environmental-friendly polydopamine

[J]. Chinese Journal of Polymer Science, 2014, 32 (12): 1724-1736.

[17] Hu X., Xu C. L., Gao J., et al. Toward environment-friendly composites of poly (propylene carbonate) reinforced with cellulose nanocrystals [J]. Composites Science and Technology, 2013, 78: 63-68.

[18] Muthuraj R., Mekonnen T., Recent progress in carbon dioxide (CO_2) as feedstock for sustainable materials development: Co-polymers and polymer blends [J]. Polymer, 2018, 145: 348-373.

[19] Ma X. F., Yu J. G., Wang N. Compatibility characterization of poly (lactic acid) /poly (propylene carbonate) blends [J]. Journal of Polymer Science Part B-Polymer Physics, 2006, 44 (1): 94-101.

[20] Wang Z., Zhang M., Liu Z. Y., et al. Compatibilization of the poly (lactic acid) /poly (propylene carbonate) blends through in situ formation of poly (lactic acid)-b-poly (propylene carbonate) copolymer [J]. Journal of Applied Polymer Science, 2018, 135 (11): 1-5.

[21] Yao M., Deng H., Mai F., et al. Modification of poly (lactic acid) /poly (propylene carbonate) blends through melt compounding with maleic anhydride [J]. Express Polymer Letters, 2011, 5 (11): 937-949.

[22] Gao J., Bai H., Zhang Q., et al. Effect of homopolymer poly (vinyl acetate) on compatibility and mechanical properties of poly (propylene carbonate)/poly (lactic acid) blends [J]. Express Polymer Letters, 2012, 6 (11): 860-870.

[23] Liu Q. Y., Zou Y. N., Bei Y. L., et al. Mechanic properties and thermal degradation kinetics of terpolyrner poly (propylene cyclohexene carbonate) s [J]. Materials Letters, 2008, 62 (17-18): 3294-3296.

[24] Tao Y. H., Wang X. H., Zhao X. J., et al. Crosslinkable poly (propylene carbonate): High-yield synthesis and performance improvement [J]. Journal of Polymer Science Part a-Polymer Chemistry, 2006, 44 (18): 5329-5336.

[25] Jin Y. J., Sima Y. Y., Weng Y. X., et al. Simultaneously reinforcing and toughening of poly (propylene carbonate) by epoxy-terminated hyperbranched polymer (EHBP) through micro-crosslinking [J]. Polymer Bulletin, 2019, 76 (11): 5733-5749.

[26] Zheng F., Mi Q. H., Zhang K., et al. Synthesis and Characterization of Poly (propylene carbonate) /Modified Sepiolite Nanocomposites [J]. Polymer Composites, 2016, 37 (1): 21-27.

[27] Li X. H., Tjong S. C., Meng Y. Z., et al. Fabrication and properties of poly (propylene carbonate) /calcium carbonate composites [J]. Journal of Polymer Science Part B-Polymer Physics, 2003, 41 (15): 1806-1813.

[28] Kong J. J., Li Z. L., Cao Z. W., et al. The excellent gas barrier properties and unique mechanical properties of poly (propylene carbonate) /organo-montmorillonite nanocomposites [J]. Polymer Bulletin, 2017, 74 (12): 5065-5082.

[29] Cui S. Y., Li L., Wang Q. Enhancing glass transition temperature and mechanical properties of poly (propylene carbonate) by intermacromolecular complexation with poly (vinyl alcohol) [J]. Composites Science and Technology, 2016, 127: 177-184.

[30] Rabnawaz M., Wyman I., Auras R., et al. A roadmap towards green packaging: the current status and future outlook for polyesters in the packaging industry [J]. Green Chemistry, 2017, 19 (20): 4737-4753.

[31] Geyer R., Jambeck J. R., Law K. L.. Production, use, and fate of all plastics ever made [J]. Science Advances, 2017, 3 (7): 1-5.

[32] Manavitehrani I., Fathi A., Wang Y. W., et al. Reinforced Poly (Propylene Carbonate) Composite

with Enhanced and Tunable Characteristics, an Alternative for Poly（lactic Acid）［J］. Acs Applied Materials & Interfaces, 2015, 7（40）: 22421-22430.

［33］ Zhu Y., Yang J., Yang M. G., et al. Protein Corona of Magnetic Hydroxyapatite Scaffold Improves Cell Proliferation via Activation of Mitogen-Activated Protein Kinase Signaling Pathway［J］. Acs Nano, 2017, 11（4）: 3690-3704.

［34］ Jing X., Mi H. Y., Peng J., et al. Electrospun aligned poly（propylene carbonate）microfibers with chitosan nanofibers as tissue engineering scaffolds［J］. Carbohydrate Polymers, 2015, 117: 941-949.

［35］ Jing X., Salick M. R., Cordie T., et al. Electrospinning Homogeneous Nanofibrous Poly（propylene carbonate）/Gelatin Composite Scaffolds for Tissue Engineering［J］. Industrial & Engineering Chemistry Research, 2014, 53（22）: 9391-9400.

［36］ Zhao J. H., Zhang J. J., Hu P., et al. A sustainable and rigid-flexible coupling cellulose-supported poly（propylene carbonate）polymer electrolyte towards 5 V high voltage lithium batteries［J］. Electrochimica Acta, 2016, 188: 23-30.

［37］ Zhang J. J., Zhao J. H., Yue L. P., et al. Safety-Reinforced Poly（Propylene Carbonate）-Based All-Solid-State Polymer Electrolyte for Ambient-Temperature Solid Polymer Lithium Batteries［J］. Advanced Energy Materials, 2015, 5（24）.

［38］ Yang G. H., Geng C. Z., Su J. J., et al. Property reinforcement of poly（propylene carbonate）by simultaneous incorporation of poly（lactic acid）and multiwalled carbon nanotubes［J］. Composites Science and Technology, 2013, 87: 196-203.

［39］ Park D. H., Kan T. G., Lee Y. K., et al. Effect of multi-walled carbon nanotube dispersion on the electrical and rheological properties of poly（propylene carbonate）/poly（lactic acid）/multi-walled carbon nanotube composites［J］. Journal of Materials Science, 2013, 48（1）: 481-488.

［40］ Li X. H., Meng Y. Z., Wang S. J., et al. Completely biodegradable composites of poly（propylene carbonate）and short, lignocellulose fiber hildegardia populifolia［J］. Journal of Polymer Science Part B-Polymer Physics, 2004, 42（4）: 666-675.

［41］ 刘小文, 潘丽莎, 徐鼐, 等. PPC-MA/PETG 共混型生物降解材料的结构与性能研究［J］. 塑料工业, 2011, 39（003）: 60-63.

［42］ Bian J., Wei X. W., Gong S. J., et al. Improving the thermal and mechanical properties of poly（propylene carbonate）by incorporating functionalized graphite oxide［J］. Journal of Applied Polymer Science, 2012, 123（5）: 2743-2752.

［43］ Hu X., Xu C. L., Gao J., et al. Toward environment-friendly composites of poly（propylene carbonate）reinforced with cellulose nanocrystals［J］. Composites Science and Technology, 2013, 78: 63-68.

［44］ Yang G. H., Geng C. Z., Su J. J., et al. Property reinforcement of poly（propylene carbonate）by simultaneous incorporation of poly（lactic acid）and multiwalled carbon nanotubes［J］. Composites Science and Technology, 2013, 87: 196-203.

［45］ Dong S., Wei T. D., Chen X. L., et al. Molecular insight into the role of the n-terminal extension in the maturation, substrate recognition, and catalysis of a bacterial alginate lyase from polysaccharide lyase family 18［J］. Journal of Biological Chemistry, 2014, 289（43）: 29558-29569.

［46］ Nornberg B., Borchardt E., Luinstra G. A., et al. Wood plastic composites from poly（propylene carbonate）and poplar wood flour-mechanical, thermal and morphological properties［J］. European Polymer Journal, 2014, 51: 167-176.

［47］ Qi X. D., Yang G. H., Jing M. F., et al. Microfibrillated cellulose-reinforced bio-based poly（propylene carbonate) with dual shape memory and self-healing properties [J]. Journal of Materials Chemistry A, 2014, 2 (47): 20393-20401.

[48] 许思兰, 许国志, 孙辉. PBAT/PPC 多层共挤薄膜的制备及其阻透性能研究 [J]. 中国塑料, 2016 (3): 38-42.

[49] Yun X. Y., Wu J. X., Wang Y., et al. Effects of l-aspartic acid and poly (butylene succinate) on thermal stability and mechanical properties of poly (propylene carbonate) [J]. Journal of Applied Polymer Science, 2016, 133 (6): 42970.

[50] Chang H. B., Li Q. S., Xu C. J., et al. Wool powder: An efficient additive to improve mechanical and thermal properties of poly (propylene carbonate) [J]. Composites Science and Technology, 2017, 153: 119-127.

6 其他脂肪族可降解聚酯

在合成的生物降解聚酯中，除了前面几章介绍的热门生物降解聚酯材料外，还有一些其他较为受关注的生物降解高分子材料，具体包括聚羟基脂肪酸酯、聚己内酯、聚乙醇酸、呋喃二甲酸类共聚酯等，本章将重点介绍它们的来源、合成方法、结构与性能、降解原理、加工改性以及应用。

6.1 聚羟基脂肪酸酯

6.1.1 概 述

聚羟基脂肪酸酯（Polyhydroxyalkanoates，PHAs）是一类完全由微生物发酵合成的生物基聚酯的总称。这种生物可堆肥降解，也可海水降解，为废弃塑料提供了新的处理方式，通过生物堆肥方式不仅可以将塑料降解，还可以获得肥沃的土壤。因此，PHAs 生物塑料是一种生态友好型的塑料，有望替代部分传统石油基塑料。其独特的生产方式赋予PHAs 诸多优点，比如优异的生物相容性、低细胞毒性、一定的气体阻隔性能等，应用前景广阔。在 20 世纪初，研究者们在褐球固氮菌中观察到了一种亲苏丹染料同时可溶于三氯甲烷的包涵体（inclusions），随后又在巨大芽孢杆菌中观察到了同样的包涵体，后来这种包涵体被证实是聚 3-羟基丁酸酯（P3HB）。截至 1950 年，已经有足够的证据证明 P3HB 是一种胞内聚酯，可以以碳源或能源的形式稳定储存在微生物体内，是目前唯一一类完全由微生物发酵合成的生物基聚酯。P3HB 的这种在细菌体内的储存方式得到了学术界的广泛关注，3-羟基丁酸（3HB）单元在当时被认为是唯一一种可以稳定储存在微生物体内的羟基脂肪酸酯（HA）单元。1974 年，Wallen 等研究者通过萃取等手段对 HA 单元进行了提纯和鉴别，又发现了 3-羟基戊酸（3HV）和 3-羟基己酸（3HHx）单元。随着技术水平的不断上升，研究者们又陆续发现了 3-羟基辛酸（3HO）等。截至目前，一系列不同的 PHAs 已经被报道，HA 单元数量已超过 150 种。聚羟基脂肪酸酯一般由羟基脂肪酸单体的热塑性或弹性体聚酯构成，由广泛的革兰氏阳性和革兰氏阴性细菌作为胞内碳和储能化合物生物合成。图 6-1 显示了 PHAs 从生物合成、基本结构组成到应用的整个过程。

6.1.2 聚羟基脂肪酸酯的合成

PHAs 是一种由线型羟基脂肪酸构成的生物基聚酯，其单体的碳原子数目需大于 3 个。根据单体碳原子数目，可以将 PHAs 分为三类：①当单体碳原子数目为 3~5 时，称为 Scl-PHAs（短链聚羟基脂肪酸酯，如图 6-2 所示），对应的聚合物主要有聚（3-羟基丁酸）（P3HB）和聚（3-羟基戊酸）（P3HV）；②当单体碳原子数目为 6~14 时，称为 Mcl-PHAs（中等链长聚羟基脂肪酸酯），对应的聚合物主要有聚（3-羟基己酸）（P3HHx），聚

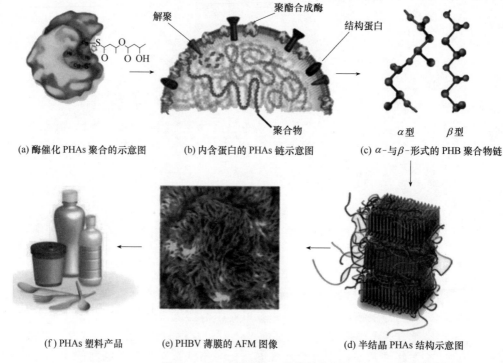

(a) 酶催化 PHAs 聚合的示意图　　(b) 内含蛋白的 PHAs 链示意图　　(c) α-与 β-形式的 PHB 聚合物链

(f) PHAs 塑料产品　　(e) PHBV 薄膜的 AFM 图像　　(d) 半结晶 PHAs 结构示意图

图 6-1　PHAs 的聚合、结构及应用

（3-羟基庚酸）（P3HO），聚（3-羟基辛酸）（P3HD）和聚（3-羟基壬酸）（P3HDD）；③当碳原子数目大于 14 时，称为 Lcl-PHAs（长链聚羟基脂肪酸酯），目前 Lcl-PHAs 还没有工业化的产品，因此相关研究鲜有报道。Scl-PHAs 的性质类似于普通的热塑性塑料，Mcl-PHAs 的性质类似于弹性体。中国目前拥有世界上最大的千吨级生物发酵法 PHAs 生产线，但是 PHAs 的生产一直停留在千吨级的水平，如何实现 PHA 的低成本合成一直是该领域亟待突破的最大难题，其中最有前景的是以嗜盐菌为基础的

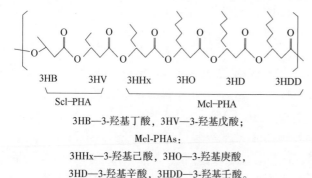

3HB—3-羟基丁酸，3HV—3-羟基戊酸；

Mcl-PHAs：

3HHx—3-羟基己酸，3HO—3-羟基庚酸，

3HD—3-羟基辛酸，3HDD—3-羟基壬酸。

图 6-2　Scl-PHAs 的化学结构

"下一代工业生物技术"发酵方法，因为嗜盐菌是能在高盐环境生长的微生物，从而使无菌的开放式连续发酵成为可能，有望大幅度降低生产成本。

　　PHAs 塑料合成所涉及的生物转化过程非常复杂。PHAs 的合成受诸多基因片段控制，这些基因通过编码直接或间接参与合成 PHAs 所需的酶。目前，学术界认为 PHAs 的生物合成大致可归纳为以下几种途径：途径一是利用真氧产碱杆菌合成，这三个基因片段相辅相成，共同完成最终产物 PHAs 的合成；途径二与微生物摄取脂肪酸有关，其合成产物一般为 Mcl-PHA，脂肪酸氧化后先得到酰基辅酶 A，随后又被转化为 3-羟基酰基辅酶 A，最终在合成酶催化下生成 PHAs；途径三则与 3-羟酰基-乙酰辅酶 A 转移酶和丙二酰-辅酶 A-

乙酰转酰基酶有关，这两种底物先被转化为 3-羟基酰基乙酰，然后生成 PHAs；途径四是利用还原型辅酶Ⅱ-乙酰丙酮-辅酶 A 还原酶氧化（S)-(+)-3-羟基丁酰辅酶 A。剩余的几种方法的合成产物一般为 PHAs 的共聚物，例如含 PHAs 片段的聚 4-羟基丁酸（P4HB)。

关于 PHAs 聚合机理有很多，其中有两种比较受认可，如图 6-3 所示，并且这两种机理都与半胱氨酸引发的链增长机制相关，即半胱氨酸活性位点先被激活，后受亲核进攻。

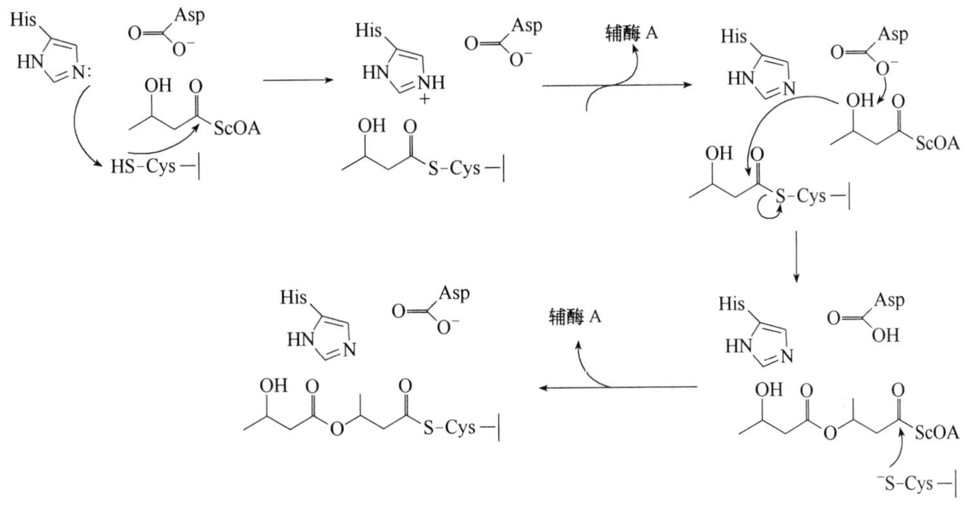

(a) PHAs 低聚物利用半胱氨酸的一个活性位点进行聚合

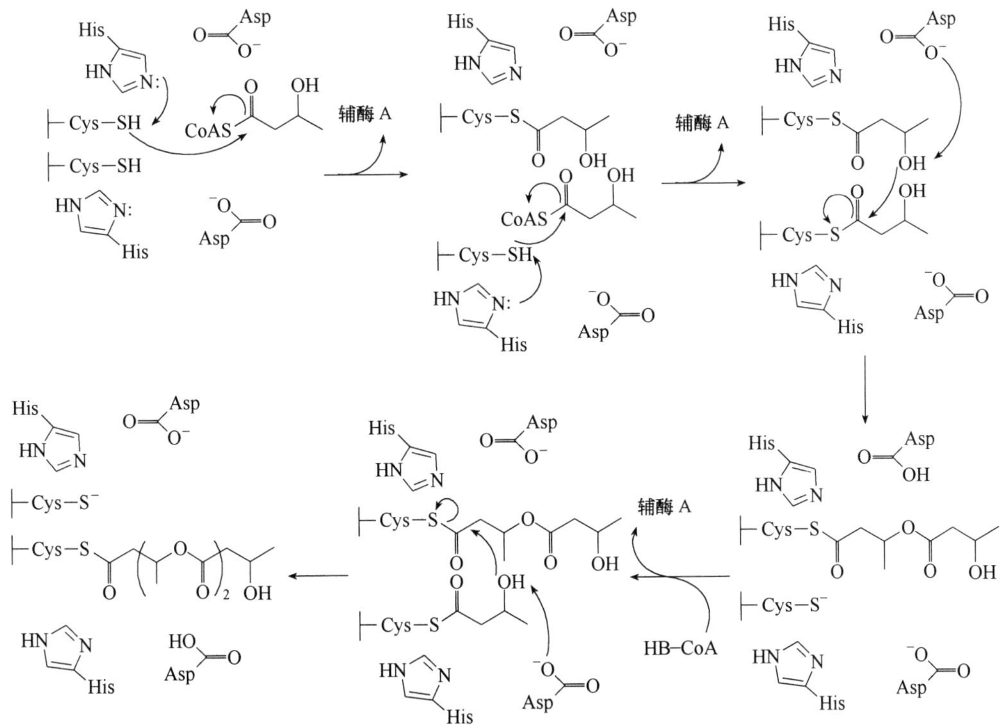

(b) 半胱氨酸活性位点位于 PHAs 二聚体的界面处，基于酶催化作用下进行聚合

图 6-3　PHA 的聚合机理

不同的是机理（a）认为，PHAs 低聚物只利用半胱氨酸的一个活性位点，通过共价或非共价键结合 PHAs 进行链增长。机理（b）则要求半胱氨酸活性位点必须位于 PHAs 二聚体的界面处，在酶催化作用下通过共价键连接 HA 单元进行链增长。

6.1.3 聚羟基脂肪酸酯的性能

作为一种天然的高分子材料，PHAs 具有常见高分子的基本特征，如热可塑性或可热加工性。同时，PHAs 还具有一些特殊的材料学特征，如：非线性光学活性、压电性、气体阻隔性等，其基本性能与聚丙烯相似。

6.1.3.1 降解性能

PHAs 是一种可生物降解的材料，在有氧条件的影响下降解为二氧化碳和水，在厌氧条件的影响下分解为二氧化碳和甲烷。在一定环境和温度的作用下，微生物在 PHAs 解聚酶的作用下可降解 PHAs。

PHAs 是一类脂肪族聚酯，具有较好的降解性能，常见的降解手段主要包括热降解、水解、溶剂降解和酶降解等。

热降解工艺简单，通常情况下在较低温度下，PHAs 降解速率非常缓慢，主要发生局部链断裂，其降解产物主要是巴豆酸的低聚物（500~10000g/mol）并伴随有水的生成，这主要归因于 PHAs 分子末端的羧酸和羟基发生了酯化反应；在相对温和（200~350℃）的条件下，PHAs 热解产物主要包括反式巴豆酸、具有巴豆酰基末端的低聚物以及少量顺式巴豆酸、巴豆酸酐及其低聚物、巴豆酰。借助辅助降解设备（如微波辐射）能显著提升 PHAs 降解速率，但不影响产物的种类。需要说明的是巴豆酰胺是由降解所得巴豆酸与细胞残留生物质反应生成。从分子空间构型角度出发，六元环过渡态理论很好地解释了 PHAs 热解反应更趋向于形成反式而不是顺式巴豆酸，因为后者的甲基和羧基在 C═C 的同一侧，造成空间位阻效应。当降解温度高于 500℃时，二氧化碳和丙烯成为主要产物。现阶段已提出的 PHB 热解机理有：β-消除机理、E1CB 单分子共轭碱消除机理（E1CB 中 E 代表消除，1 表示单分子过程，C 代表共轭，B 代表碱）、随机链断裂机理以及前两种机理相结合的降解机理。

聚羟基丁酸酯（PHB）水解受反应条件制约，尤其是催化剂和温度的影响比较大。通常条件下，巴豆酸、3-羟基丁酸及低聚物是 PHB 催化水解的 3 类主要产物。但 PHB 水解产物的产率和种类可以通过改变温度和催化剂来调节。如在 70℃、0.1~4mol/L NaOH 溶液的条件下，PHB 水解率为 30%~75%；相反，PHB 在低浓度 H_2SO_4 溶液中并不发生水解，但在高浓度的酸溶液（80%~98%）中，PHB 则降解为大量巴豆酸以及微量 3-羟基丁酸。目前，PHB 水解机理主要包括酸催化水解机理、碱催化水解机理。PHB 的水解机理与热解机理不同。前者是指 PHB 先在酯键处初步水解形成中间产物，随后中间产物的链末端羟基脱水形成巴豆酰基；后者指的是在高于熔点温度（180℃）的条件下，PHB 酯键处经 β-消除形成的六元环过渡态断裂生成巴豆酰基末端。

溶剂降解是指将 PHB 溶于醇类、氯仿等的溶剂体系中以进行均相催化降解处理。现阶段用于 PHB 降解的有机醇主要为短链醇，包括甲醇、乙二醇和丙三醇等。相比于热裂解法和水解法，醇解法能在更温和条件下降解 PHB，这是因为醇分子易与 PHB（或其水解产物）发生酯交换（或酯化）反应，加速了 PHB 从高分子到小分子方向的转化。然而，在短链醇的反应体系中，反应温度不能太高，过高的温度会使短链醇（如甲醇）发生脱水缩合等副反应，造成大量溶剂损失。

酶降解时，基于 PHB 降解过程中解聚酶所处的位置，可以将这些酶分为胞内解聚酶和胞外解聚酶。一般胞内解聚酶 iPHB 具有底物特异性，只对胞内 PHB 有降解作用而无法用于胞外 PHB 的降解；一般胞外解聚酶也只能在细胞外降解 PHB。这是因为在不同条件下 PHB 的两种生物物理构象存在差异。在细胞内，PHB 以无定形（天然）形式存在，并被嵌入有几种蛋白质的磷脂单层覆盖；而在细胞外，使用溶剂将 PHB 从细胞中萃取的过程会导致 PHB 变性并结晶。胞内的降解过程十分复杂，需要辅助因子参与胞内 PHB 的降解。目前胞内 PHB 酶解聚机理还不是十分清楚。

PHB 在胞外解聚酶作用下发生表面水解，水解分两步进行：首先，解聚酶吸附在 PHB 晶体的表面；随后，解聚酶在 PHB 的结晶区域催化酯键断裂发生水解。这两个过程受体系温度和解聚酶浓度的影响，最佳反应温度为 37℃ 左右。温度过高会使酶失去活性，温度过低会导致酶达不到最佳催化活性。解聚酶浓度越高越有利于 PHB 表面水解。目前，人们主要关注的热点是胞外解聚酶，有大量的胞外解聚酶被纯化出来，特别是从一些极端环境的微生物中分离出的嗜热胞外解聚酶近些年受到了非常大的关注。PHB 酶解的主要产物是 3-羟基丁酸。由于酶具有底物特异性，不同的解聚酶降解 PHB 的机理不同。与胞内解聚类似，PHB 的胞外酶解聚机理仍有待研究。

6.1.3.2 材料性能

PHAs 的性质由其化学结构决定。Scl-PHAs 主要由 P3HB 构成，此外，P3HB 还可以跟不同的 HA 单元共聚形成 PHAs 共聚物，例如聚 3-羟基丁酸酯-共-3-羟基戊酸酯（PHBV）、聚 3-羟基丁酸酯-共-3-羟基己酸酯（PHBH）和三元共聚物聚 3-羟基丁酸酯-共-4-羟基丁酸酯-共-3-羟基戊酸酯［P（3HB-4HB-3HV）］。P3HB 是被研究最多的一种 Scl-PHAs，其熔点高（170~180℃，类似聚丙烯）、强度高（30~40MPa）、硬度高、脆性大、断裂伸长率小，玻璃化转变温度（0~9℃）低于室温。此外，P3HB 在储存的过程中易发生二次结晶，导致球晶尺寸进一步增大，断裂伸长率进一步下降，是一种典型的脆性材料。即使是共聚物 PHBV，断裂伸长率仍然低于 15%，且强度和模量只有 25MPa 和 1.2GPa。研究者通常利用增塑剂或者成核剂来改善 P3HB 结晶能力，从而提高 P3HB 的韧性。Mcl-PHAs 主要由 3HO 和 3HD 构成。Mcl-PHAs 的玻璃化转变温度范围通常在 -65~-25℃，熔点在 42~65℃。Mcl-PHAs 的玻璃化转变温度随其共聚单元中碳链长度的增加而降低，由于玻璃化转变温度和结晶度较低，Mcl-PHAs 具有类似弹性体的性质。与 P3HB 相比，Mcl-PHAs 的相对分子质量较低（40000~400000），其韧性和加工性能较好。与其他的 HA 单元共聚是改善 P3HB 的热力学性能的常用方法。当 3HV 单元含量由 0 增加到 30%（摩尔分数，下同）的过程中，共聚物 PHBV 表现出不同的热力学性质。然而当 HV 含量较高时，PHBV 韧性变差。PHBH 的性质和聚乙烯（PE）类似，例如三元共聚物聚 3-羟基丁酸酯-共-3-羟基戊酸酯-共-3-羟基己酸酯［P（3HB-3HV-3HHx）］［39% HV 和 3% HHx］的拉伸强度为 12MPa，断裂伸长率为 408%。因为聚 4-羟基丁酯（P4HB）比 P3HB 可塑性更好，所以聚 3-羟基丁酸酯-共-4-羟基丁酸酯-共-3-羟基己酸酯［P（3HB-4HB-3HV）］［93% 4HB 和 3% HV］表现出了较好的力学性能，强度为 33MPa，断裂伸长率为 430%，模量为 127MPa，与 PE 性能相似。当 P4HB 含量为 55%、3HV 含量为 34% 时，该三元共聚物性能与聚丙烯（PP）相当。

PHAs 属于半结晶聚合物。当温度在 PHAs 的玻璃化转变温度至熔点之间时，PHAs 会发生结晶。半结晶聚合物的结晶是一个复杂的多级过程，晶体形态与分子结构、工艺条件等密切相关。根据结晶条件的不同，PHAs 可以形成不同的结晶形态和晶体结构（图6-4）。其晶态结构与物理性能息息相关，例如具有 β 晶型的 PHAs 材料通常具有较高的取向度和结晶度，从而具有较好的力学强度，而且高取向度和高结晶度可抑制 PHAs 二次结晶，使其物理性质在数月内不会发生明显改变。因此，可以通过构建 β 晶型的方式提高PHAs 材料的性能，例如熔融纺丝等工艺。

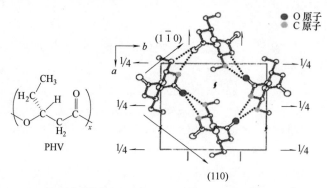

(a) PHV 的化学结构和 α 晶体结构（晶胞参数 $a=0.592$nm, $b=1.008$nm）

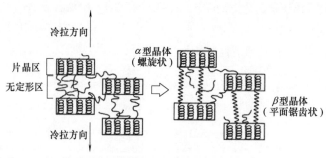

(b) 两步拉伸诱导 P3HB 膜形成 β 晶型示意图

图 6-4　不同 PHAs 中不同晶型结构示意

6.1.4　聚羟基脂肪酸酯的改性

PHAs 是一种特殊的生物基聚酯，具有十分丰富的原料来源，可以实现大规模的工业化生产，同时具有优异的性能，例如生物相容性、生物可降解性、低细胞毒性等。PHAs的力学性能受诸多因素影响，如化学组分、结晶形态、相对分子质量、加工条件等。拉伸强度、弹性模量以及断裂伸长率是评价高分子材料能否商用的主要评价指标。表 6-1 列举了几种代表性商业化 PHAs 产品的物理性能。

目前 PHAs 尚存在价格高、产能低、结晶性能较差等问题。其中结晶速度慢、晶体尺寸大，导致 PHAs 力学强度低、脆性大，极大地限制了它的应用。因此必须对其进行改性，以适应不同的应用场景。

表6-1　　　　　　　　　　　　　　　一些商业PHAs产品物理性能

应用级别	P3HB				P3HB 共聚物			
	Biomer 240	Biomer P226	Mirel P1001	Mirel P1002	P(3HB-3HV) ENMAT	P(3HB-3HV)		P(3HB-3HHx) Kaneka
						Biocycle 1000	Biocycle 2400-5	
	注塑	注塑	注塑	注塑、挤出	注塑	注塑、挤出	注塑、挤出、纤维	泡沫
熔融指数/(g/10min)	5~7	9~13	—	—	—	10~12	15~25	5~10
密度/(g/cm³)	1.17	1.25	1.39	1.3	1.25	1.22	1.2	1.2
结晶度/%	60~70	60~70	—	—	—	50~60	—	—
拉伸强度/MPa	18~20	24~27	28	26	36	30~40	25~30	10~20
断裂伸长率/%	10~17	6~9	6	13	5~10	2.5~6	20~30	10~100
杨氏模量/GPa	—	—	—	—	1.4	2.5~3	1.2~1.8	—
弯曲强度/MPa	17	35	46	35	61	—	—	—
弯曲模量/GPa	—	—	3.2	1.9	1.4	—	—	0.8~1.8
熔点/℃	—	—	—	—	147	170~175	—	—
维卡软化温度/℃	53	96	148	137	143	—	—	120~125

拉伸诱导应变或熔融纺丝法是提高PHAs力学性能的常用方法，日本学者Iwata通过对P3HB纤维进行四次两步拉伸诱导应变-冰水浴退火处理，P3HB纤维拉伸强度达到740MPa、弹性模量达到10.7GPa、断裂伸长率为26%。

添加剂的使用也可以显著改善PHAs的性能，例如成核剂可通过异相成核显著提高PHAs的结晶性能；增韧剂可以提高PHAs的冲击强度和断裂伸长率；增强剂可以改善力学强度；等等。然而，如何提高这些添加剂的有效分散是改善PHAs性能的关键所在。

6.1.5　聚羟基脂肪酸酯的加工

近几十年来，聚合物的生产因其生物降解性而受到极大关注。在商业上可获得的生物基聚合物中，PHAs发挥了独特的作用。PHAs可以通过挤出、注塑、吹膜等常见方法进行加工。然而，其较差的热稳定性和较慢的结晶动力学限制了其在加工成型方面的应用。

6.1.5.1　干、湿法纺丝

艾莉在PHB中共混添加不超过20%（质量分数）的聚氧乙烯（PEO），采用干法纺丝工艺制备了PHB/PEO共混纤维。首先，取一定量的纺丝原液放入喷丝管中，通过单孔喷丝头挤出纤维，经过热空气烘道烘除PHB纤维内的溶剂，然后将PHB纤维缠绕至绕卷辊上。在经过4~6倍的牵伸定型处理后，共混纤维的断裂强度达到2.09cN/dtex。表6-2显示了不同PEO含量材料的力学性能。Degeratu等人以聚羟基丁酸酯/PHBV为原料，使用200g/L氯仿溶液作为凝固浴，纤维挤出速率为0.2mL/min，采用湿法纺丝制得直径为100~200μm的PHBV纤维，然后将纤维剪成5cm长的短纤维，用无纺布方式制备了2D和3D成骨细胞培养支架。研究表明，PHBV纤维比表面大，粗糙度合适，有利于细胞特别是成骨细胞黏附。

表 6-2	不同 PEO 含量 PHBV 的力学性能			
PHBV/PEO 共混物	力学性能			
PEO 含量/%	20	15	10	5
断裂强度/(cN/dtex)	1.01	1.19	2.09	1.07
断裂延伸率/%	40	60	60	50
粘接强度/(cN/dtex)	0.46	0.56	1.04	0.51

6.1.5.2 静电纺丝

静电纺丝法是纺丝溶液在静电场中喷射并在静电拉伸作用下得到纳米级纤维的纤维制造方法，较适合 PHAs 纤维制备。Acevedo 等人分别以木糖和甘露醇为碳源，利用伯克氏菌 LB400 合成了 PHB，两种碳源得到的 PHB 热重性能相似。但以氯仿为溶剂，施加的正负电压为 25kV 和 -2kV，将纤维收集在铝箔上，距离为 25cm。采用静电纺丝法制得两种直径小于 3μm 的无珠 PHB 纳米纤维，扫描电子显微镜观察发现两种纤维表面形貌有所不同，推断静电纺丝法 PHB 纤维的结构和性能可能会受到碳源的影响。Kaniuk 等人用重均相对分子质量为 450000 的 PBHV 为原料，分别以体积比 9∶1 的氯仿∶N,N-二甲基甲酰胺溶液和体积比 8∶1∶1 的氯仿∶DMF∶二甲基亚砜（DMSO），配制 8%（质量分数）的溶液，采用静电纺丝法制备了光滑的多孔纤维支架（挤出速率为 0.1mL/min），然后用透明质酸（HA）进行涂层，用于锚定和增殖角质形成细胞，以改善伤口闭合过程。这种 HA 涂层 PHBV 支架展示了表面改性的静电纺丝聚合物纤维在伤口愈合方面的巨大潜力。研究表明，PHBV 的扁平膜增加了细胞增殖，而纤维网是其拉伸的极好支撑。PHBV 静电纺纤维可有效促进角质形成细胞增殖、深入支架，形成了 3D 细胞簇贯穿电纺纤维网络。

6.1.5.3 熔融纺丝

与干、湿法纺丝和静电纺丝相比，熔融纺丝法是效率最高的纤维制备方法，但熔融纺丝法对原料本身的特性要求较高。均聚的 PHAs 由于熔点和分解温度较为接近，熔纺工艺窗口比较窄；热稳定性差，加工过程中易分解；作为半结晶聚合物，纯 PHAs 的结晶速率低，在熔融纺丝法时丝在纺程上难以快速冷却；玻璃化转变温度低，室温下容易二次结晶，结晶度高，韧性差。因此，纯 PHAs 纤维的加工仍然是一个很大的难题。

曾方等将聚乳酸（PLA）和 P（3HB-4HB）两种切片放入真空干燥箱中干燥，干燥温度均为 70℃，干燥时间 12h。取出后，将切片在静态混合器中混合均匀，加入双螺杆挤出机中进行共混挤出。P（3HB-4HB）/PLA 共混物在 75℃真空转鼓干燥箱中干燥 48h 后，放入单螺杆熔融纺丝机，进行熔融纺丝。在 240~245℃的纺丝温度和 800m/min 纺丝速率下制 P（3HB-4HB）/PLA 初生纤维，初生纤维自然平衡 2~3h 后再进行 3 倍的牵伸。结果发现，随着 P（3HB-4HB）含量增加，共混纤维的断裂强度下降，断裂伸长率变大，取向度和动态弹性模量降低；但 P（3HB-4HB）的加入能大大改善织物的表面粗糙度，特别在 P（3HB-4HB）质量分数为 40% 的时候，共混织物表面粗糙度为 3.07μm。表 6-3 显示了不同 PLA/P（3HB-4HB）织物的拉伸性能。

P(3HB-4HB)质量分数/%	LT	WT/(cN·cm/cm²)	RT/%
纯 PLA	0.661	39.4	23.36
10	0.642	21.5	25.12
20	0.637	21.85	27.72
30	0.624	21.7	28.51
40	0.601	20.15	26.55

表 6-3　　　　　　　　　　　　不同 PLA/P（3HB-4HB）织物的拉伸性能

注：LT 为线性度，WT 为拉伸比功，RT 为回复功占拉伸功的比率。

利用 PHBV 纤维成型过程中 α 和 β 晶型转化现象，Iwata 等采用熔融纺丝法制备 PHBV 初生纤维，然后将 PHBV 初生纤维在 T_g 附近进行等温结晶，之后在室温下牵伸定型处理，获得了强度较高的 PHBV 纤维。Xiang 等人以纳米硫化钨（WS₂）为成核剂，对 PHBV 的结晶性能进行改性，研究发现，WS₂ 异相成核作用可明显提高高温下 PHBV 熔体的成核速率和成核密度，且不影响 PHBV 结晶过程中的球晶径向生长速率；进而通过设计长链支化结构，有效提高了 PHBV 的熔体强度，提高耐热稳定性和成核速率。结果显示，WS₂ 可使 PHBV 的熔融结晶温度提高约 25℃，同时在牵伸诱导作用下发生晶型转变，从而使断裂强度从 37MPa 提高至 155MPa，断裂伸长率由 2.4% 增加至 45%。WS₂ 异相成核与牵伸诱导对 PHBV 纤维结晶结构的调控机理如图 6-5 所示。陈鹏等人利用熔融纺丝法在较低的纺丝温度（172~204℃）和较高的纺速（500~1500m/min）下制备了具有较高的力学强度和柔韧性的 PHBV/PLA 和 P（3HB-4HB）/PLA 共混纤维，其在风格与手感等方面可与真丝、铜氨等高档纤维品种相媲美。徐智泉对 PHBV/PLA 共混纤维的染色性能进行研究后发现，PHBV 的加入提升了 PLA 的低温染色性能，同时，PHBV/PLA 共混纤维染色过程的用水量可减少 20%，排污量可降低 20%，用时缩短约 1.0h。

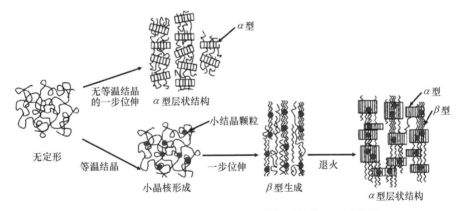

图 6-5　牵伸诱导 PHBV-WS₂ 纤维晶型转变机理示意图

6.1.5.4　薄膜

PHAs 薄膜主要是通过浇铸成膜来制备的，即先将 PHAs 和改性剂溶解在合适的溶剂中，再浇铸在模具中，最后通过挥发溶剂来实现 PHAs 膜材料的制备。Tomietto 等人运用溶液浇铸法制备了聚（羟基丁酸-共-羟基戊酸酯）（PHBHV）膜；首先以氯仿作为溶剂，将纯化的 PHBHV 粉末和添加剂在氯仿中回流，制备了均匀的涂料溶液；然后将涂料溶液以 250μm 的厚度浇铸在保持在 25℃的玻璃板上，制备了 PHBHV 膜；此外，研究了不同含量添加剂聚乙二醇（PEG）的加入对膜性能的影响，结果表明，添加剂起到非溶剂的作用，随着添加剂含量的增大，膜的孔隙率增大。表 6-4 比较了在不同 PEG 含量下膜的孔隙率大小。

表 6-4　　　　　　　　不同 PEG 含量下 PHBHV 薄膜的孔隙率大小

共混膜	膜厚度/μm	孔隙率/%	平均孔径/μm
PHBHV10	18.0±0.6	9.0±0.5	1.71
PHBHV/2%PEG300	20.1±0.2	4.2±0.2	1.49
PHBHV/5%PEG300	17.7±0.3	3.9±0.2	2.45
PHBHV/2%PEG8000	25.8±0.4	17.1±0.9	0.26
PHBHV/5%PEG8000	42.3±0.4	37.4±1.9	0.40
PHBHV/2%PEG35000	29.5±0.8	23.2±1.2	0.37

范晓燕等以可生物降解的热塑性脂肪族聚酯聚 β-羟基丁酸酯（PHB）为基材，$CHCl_3$ 和 DMF（$CHCl_3$：DMF＝19∶1，体积比）为溶剂，首次引入卤胺化合物 [5,5-二甲基-3-(3′-三乙氧基硅丙基)-海因聚合物（PSPH）]，将溶液缓慢倾倒入模具中，利用溶剂挥发法制备出具有高效抗菌性能的薄膜，并对比了氯化前后的 PHB/PSPH 复合薄膜对金黄色葡萄球菌和大肠杆菌的杀菌情况。研究表明，加入 PSPH，薄膜表面孔隙率增大且孔径变大氯化后，薄膜疏水作用增强，显示出良好的抗菌性能。

6.1.6　聚羟基脂肪酸酯的应用

6.1.6.1　生物医药领域

PHAs 由于具备优异的生物降解性、力学强度、无毒特性，可以广泛使用在生物医药领域。有些 PHAs 产品，例如 P3HB，已经通过了美国的食品和药物安全认证，可以用作手术缝合线。表 6-5 列出了一些有关 PHAs 在生物医药方面的应用。PHAs 同时也被用于组织工程支架的生产，以促进细胞的增殖和分化。此外，还有多个品种的 PHAs 产品被用作皮肤组织、心血管组织、心脏瓣膜组织、神经管道组织、食道组织和软骨组织的替代品。然而，PHAs 的力学性能受化学结构影响很大，很难满足所有领域的应用要求。近年来研究者们主要通过与聚合物或者填料共混的方式来改善其力学性能，扩大 PHAs 在生物医药领域的应用范围。这些聚合物或者填料的加入不仅改善了 PHAs 的力学性能，还赋予PHAs 材料更多的功能，例如，Shishatskaya 等通过静电纺丝技术制备的 PHAs 组织支架具有某些独特的性质，例如表面积大、质量轻、孔径多、物理性能可控等，可用作伤口敷料促进伤口愈合，同时不会引发炎症；PHAs 还可以作为药物载体调控药物的释放过程。

6.1.6.2　包装领域

包装材料在人们日常生活中必不可少，每年用于日常生活的包装材料超过 1.5 亿 t。为了保证包装材料的质量，对材料性能提出了一些要求，例如合适的力学性能、较好的阻隔性能和降解性能等。通过 PHAs 材料改性有望部分取代石油基材料在包装领域的应用。Abdelwahab 等制备了 PHB/PCL（25/75，质量比）共混物，同时加入了乙酰基柠檬酸三丁酯（ATBC）增塑剂，之后利用静电纺丝的方法制备了 PHB 复合材料，用于包装领域。

表 6-5	PHAs 在生物医药领域的应用
PHAs 种类	应用领域
聚 3-羟基丁酸酯-co-3-羟基戊酸酯-co-3-羟基己酸酯	骨髓
聚 3-羟基丁酸酯-co-3-羟基己酸酯	骨髓
聚 3-羟基丁酸酯-co-3-羟基戊酸酯-co-3-羟基己酸酯	骨髓
聚 3-羟基丁酸酯/羟基磷灰石	骨组织
聚 3-羟基戊酸酯微球/45S5 生物活性玻璃	骨组织
聚 3-羟基丁酸酯/聚 3-羟基丁酸酯-co-3-羟基己酸酯	软骨组织
聚 3-羟基丁酸酯-co-3-羟基戊酸酯-co-3-羟基己酸酯/聚碳酸亚丙酯	血管
聚 3-羟基庚酸酯/纳米纤维素纤维	血管
聚 3-羟基丁酸酯-co-3-羟基戊酸酯/聚乳酸/聚癸二酸丙三醇酯	心肌修复

ATBC 的加入不仅增加了材料的韧性，改善了 PHB 和聚乳酸之间的界面作用，而且加快了复合材料在堆肥条件下的降解速率，达到 ISO 20200 标准。Jost 等还使用三乙基柠檬酸盐和聚乙二醇增塑 PHBV，不仅提高了材料的阻隔性能，还改善了材料的热稳定性和力学性能。Arrieta 等人通过在 PHB/PLA 混合物中加入香芹酚作为抗菌剂，赋予材料抗菌性能，使其可应用于食品包装。填料的添加也可以改善材料的物理机械性能，同时调控其降解速率，使其可应用于不同的包装领域。PHAs 材料的降解速率跟多个因素有关，比如材料本身的性质（聚合物组分、化学结构和相对分子质量）、材料的加工过程（加工方式和表面特征）、生态系统的物理化学因素（温度、pH、氧含量和营养供应）和生态系统的微生物情况（微生物种类和活性）。研究发现，亲有机物质的蒙脱土（OMMT）可以降低 PHBV 的降解速率。另一方面，纳米粒子的加入也可以改善材料的阻隔性能，从而使材料可以更好地应用于包装领域，例如将有机改性蒙脱土［1%（质量分数）］添加到 PHB 和 PHBV 基体中，使材料的水蒸气透过率分别下降了 25% 和 41%。Xu Pengwu 等使用过氧化二异丙苯（DCP）作为自由基引发剂将 PHA 原位接枝到淀粉上，以改善 PHA 与淀粉的界面相容性。通过凝胶分析和傅里叶变换红外光谱仔细表征并确认接枝反应。PHA/淀粉/DCP 共混物的凝胶产率随 DCP 浓度增加而增加。同时，与 PHA/淀粉物理共混物中的完全界面剥离相比，在 PHA/淀粉/DCP 共混物的界面处观察到明显的塑性变形（拉伸的原纤维）。通过动态力学分析获得的黏附因子的降低进一步证实了接枝后改善的界面黏附性。掺入淀粉后 PHA 的机械强度和结晶速率降低，并且通过界面改进得到改善。此外，与 PHA 和 PHA/淀粉物理共混物相比，PHA/淀粉/DCP 共混物的分解活性更高，热稳定性更好。同时，他们还将 PHA 与长烷基链季铵盐（LAQ）功能化氧化石墨烯（GO-g-LAQ）复配，成功制备出具有抗菌功能的高性能 PHA 纳米复合材料。由于 GO-g-LAQ 具有疏水性，可以均匀分散在 PHA 基体中，改善氧化石墨烯与 PHA 的界面结合。结果表明，PHA/GO-g-LAQ 纳米复合材料对革兰氏阴性菌和革兰氏阳性菌的抑菌率达到 99.9%，且无浸出。PHA 的高结晶度结构和氧化石墨烯片的疏水性使复合材料的氧透过率显著降低，耐热性能也得到了显著提高。通过对 GO-g-LAQ 添加量的优化，薄膜拉伸强度和储存模量分别提高了 60% 和 140%。PHA/GO-g-LAQ 纳米复合材料的成功制备为 PHA 在食品包装领域的应用提供了一个新的设计方案。Malmir 等利用溶剂浇铸制备聚（3-羟基丁酸酯-共-3-羟基戊酸酯）（PHBV）/纤维素纳米晶体（CNC）生物降解的膜。试验证实了纤维素纳米晶体对 PHBV 有明显的成核效果，形成的球晶更小，结晶速率和晶核数量显著增

多。透射电镜测试表明，CNC 纳米颗粒在 PHBV 膜中能很好地分散，添加 4%（质量分数）的 CNC 能显著改善纳米复合材料水蒸气和氧气阻隔性能，比纯 PHBV 高约 4 倍。Castro-Mayorga 等采用水沉淀合成不同微纳结构的氧化锌颗粒。结果表明，ZnO 提高了 PHBV 薄膜的热稳定性、气体阻隔性和光学稳定性。研究还发现，该薄膜有长效的抗菌活性，在活性食品包装和接触食品包装应用中的具有高适用性。此外，研究者还制备了纤维素纳米晶须改性的 PHB/PLA 复合膜，发现复合膜具有较好的力学性能和水蒸气阻隔性能，同时具有低氧气和紫外光透过率，在堆肥条件下的分解速率满足 ISO 20200 标准。

6.2 聚己内酯

6.2.1 概　述

聚己内酯［Poly（ε-caprolactone），PCL］是由己酸酯重复单元组成的脂族聚酯。它是一种结晶度可达 70% 的半结晶聚合物。PCL 最早于 20 世纪 30 年代初由 Carothers 研究小组成功合成。PCL 可通过多种阴离子、阳离子以及配位催化剂引发 ε-己内酯开环聚合制得，也可以通过 2-亚甲基-1-3-二氧环戊烷的自由基开环聚合反应制备得到。PCL 具有良好的溶解性，能溶于大部分有机溶剂中，其熔点为 59~64℃，无毒性、力学性能优良、生物降解、易加工且相容性好，可用于许多药物传输，在生物医学领域中应用潜力巨大。由于 PCL 存在诸多优点，在 20 世纪 70~80 年代兴起了一阵研究热潮。但随着聚乳酸、聚乙醇酸（PGA）等可降解高分子的兴起，大家对 PCL 的研究热情逐渐减弱，原因是这些可降解高分子材料能在短短数月内在人体中自行降解，且机械承载能力也优于 PCL，而 PCL 在体内的降解周期长达 3~4 年。由于 20 世纪 90 年代组织工程学的快速发展，加上 PCL 自身优异的流变性和易加工性，PCL 又慢慢走进人们的视野，被广泛用于人体组织工程支架的生产，如图 6-6 所示。同时，各类 PCL 药物传输产品也获得 FDA 的批准，为

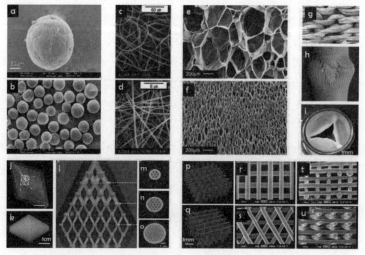

（a，b）纳米球；（c，d）纳米纤维；（e，f）泡沫；（g，h，i）针织纺织品；

（j—o）烧结支架；（p—u）熔融沉积模拟支架。

图 6-6　PCL 制品

其进入市场铺平了道路。

6.2.2 聚己内酯的合成

PCL 的制备方法主要有两种：①6-羟基己酸的缩聚；②ε-己内酯（ε-CL）的开环聚合（ROP）。

PCL 的单体制备方法主要分为两种：①微生物将环己醇氧化为己二酸（图 6-7），得到中间产物 ε-CL 和 6-羟基己酸；②工业上，过氧乙酸氧化环己酮制得 ε-CL（图 6-8）。

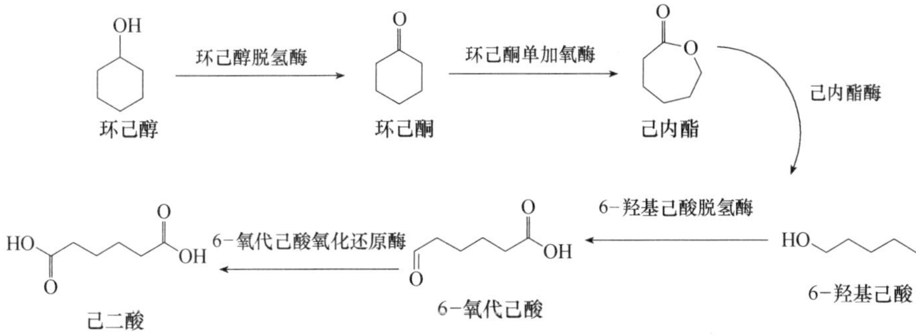

图 6-7　微生物将环己醇氧化为己二酸

缩聚法：原料为 6-羟基己酸，真空条件，无催化剂，反应温度由 80℃逐渐升温至 150℃，反应时间 6h，反应过程除水，产物一般相对分子质量较低。

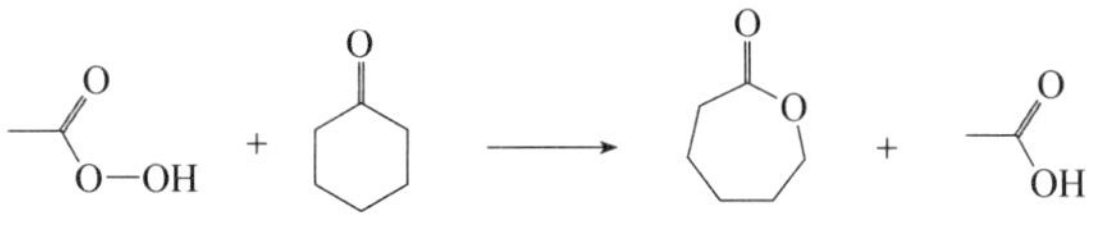

图 6-8　环己酮制备 ε-己内酯

开环聚合法（ROP）：ROP 法制得的 PCL 一般具有较高的相对分子质量和较小的多分散系数性。根据催化剂的选择，开环聚合的机理可分为阴离子型（图 6-9）、阳离子型（图 6-10）、配位催化等。阴离子通过进攻 ε-CL 单体的酰基—氧键引发开环聚合。该反应的主要缺点是在聚合反应后期会发生分子内酯交换，使反应终止。ε-CL 单体的羰基氧键通过双分子亲核取代反应进攻阳离子引发开环聚合。

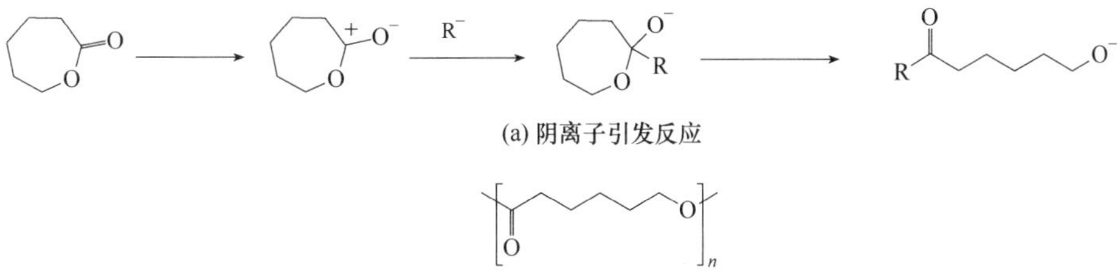

(a) 阴离子引发反应

(b) PCL 结构式

图 6-9　阴离子引发反应示意图

6.2.3 聚己内酯的性能

6.2.3.1 基本性能

PCL 为半结晶性高分子，晶胞为斜方晶系，晶胞常数为 $a = 0.7496\text{nm}$，$b = 0.4974\text{nm}$，

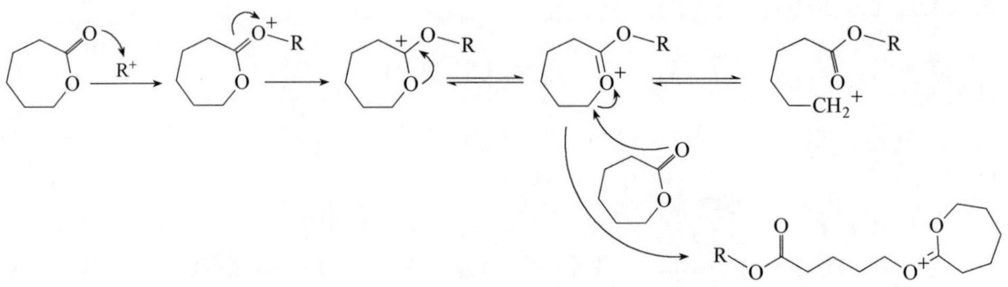

图 6-10　阳离子引发反应示意图

c（纤维轴）$= 0.17297$nm。PCL 的物理、热性能以及力学性能取决于其相对分子质量和结晶度。PCL 具有低温溶解性，易溶于氯仿、二氯甲烷、四氯化碳、苯、甲苯、环己酮、2-硝基丙烷等有机溶剂中，微溶于丙酮、2-丁酮、乙酸乙酯、二甲基甲酰胺、乙腈等；PCL 能与其他聚合物相容，例如 PE、PP、聚氯乙烯（PVC）、聚苯乙烯-丙烯腈、ABS、聚碳酸酯等。表 6-6 为 PCL 的基本物理参数。

表 6-6　　　　　　　　　　　　　　PCL 的基本物理参数

性能	测试值范围	性能	测试值范围
数均相对分子质量 M_n	$530 \sim 630000$	比浓对数黏度 $\eta_{inh}/(cm^3/g)$	$100 \sim 130$
密度 $\rho/(g/cm^3)$	$1.071 \sim 1.200$	特性黏度 $\eta/(cm^3/g)$	0.9
玻璃化转变温度 $T_g/℃$	$(-65) \sim (-60)$	拉伸强度 σ/MPa	$4 \sim 785$
熔点 $T_m/℃$	$56 \sim 65$	弹性模量 E/GPa	$0.21 \sim 0.44$
分解温度 $T_d/℃$	350	断裂伸长率 $\varepsilon/\%$	$20 \sim 1000$

6.2.3.2　降解性能

聚己内酯是以石油为原料合成的一种可生物降解的脂肪族聚酯，在自然界中易被微生物或酶分解，最终产物为水和二氧化碳。国际上，从 20 世纪 90 年代开始，PCL 以其优越的可生物降解性和生物相容性，开始得到广泛关注，并成为研究热点。PCL 是非极性可生物降解聚酯，降解时间要长于 24 个月。虽然 PCL 在 1934 年就已经由 Carothers 等合成出来，但是直到 30~40 年后 PCL 才得到明显的研究。PCL 最初的应用是作为"环境友好"聚合物用于包装材料或容器。Pitt 等在 20 世纪 70 年代末和 20 世纪 80 年代初证明了 PCL 可以作为长效药物缓释载体，并很有可能应用到避孕药的缓释。然而 PCL 通常完全降解周期较长，它的降解特征已经通过与很多其他单体如乳酸、乙醇酸以及其他内酯共聚而得到改性。

PCL 可被细菌等微生物降解，降解主要是通过生物体所分泌出来的酶来完成。Potts 等发现由高相对分子质量 PCL（相对分子质量约为 40000）制成的栽培容器在土壤中一年就完全降解。此外，PCL 和酶的浓度与降解速率密切相关。

生物可降解是促进 PCL 应用发展的重要原因之一，它不仅可以通过细菌或酶降解，也可以在体内降解。PCL 的降解速率取决于相对分子质量、结晶度、微观形态、温度等因素，降解周期可以从几个月到几年不等。一般而言，非晶态 PCL 降解速率要明显快于结晶态 PCL。图 6-11 为可降解高分子材料降解过程的模型，包含表面侵蚀、本体降解、

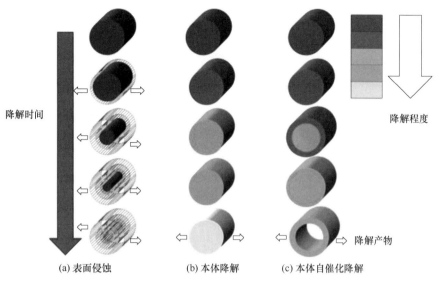

(a) 表面侵蚀   (b) 本体降解   (c) 本体自催化降解

图 6-11　高分子降解模型

自催化降解三种类型。表面侵蚀的降解过程只在表面进行，降解过程中材料相对分子质量几乎不变，而失重则很明显；本体降解是在整个材料基质中进行，降解过程中材料的相对分子质量迅速降低，而失重则处于延迟状态；本体自催化降解是指降解产物（如水、二氧化碳等）能加速本体的降解，造成相对分子质量进一步降低，材料失重。PCL 是可生物吸收的聚合物，虽然 PCL 可被体外生物（细菌和真菌）降解，但由于缺乏合适的酶，它们在动物和人体中不能被生物降解。PCL 均聚物的总降解时间为 2～4 年，其间未出现酸催化加速降解现象。前期的体内降解速度与体外相似，降解机制主要依赖水解。随后，结晶度较高、相对分子质量较低的 PCL 片段可以被巨噬细胞和巨细胞中的吞噬体摄取而发生胞内降解，最终通过肾脏代谢。图 6-12 显示了聚己内酯的整个体内降解周期。由于水分子首先侵入高分子无定形态区，然后缓慢侵入结晶区域，使 PCL 上的酯键发生水解，结晶度降低，分子链发生断裂生成 6-羟基己酸，酸催化进一步降解 PCL 分子链。

6.2.3.3　生物相容性

PCL 作为生物医用材料，首先的条件是与活体组织接触时具有生物相容性。大量的研究表明 PCL 材料表面亲水性好，自由能低，材料的生物相容性好。陈建海等人用自行制备的聚己内酯材料进行生物相容性与毒理学研究。主要包括四个基本评价实验：细胞毒性实验、全身急性毒性实验、皮内刺激实验以及皮下及肌肉植入实验。结果表明：样品中微量有机溶剂的存在造成极轻微细胞毒性；全身急性毒性实验和皮内刺激实验样品均合格；植入实验中 PCL 植入在 2 个月内出现异物反应，随后症状减弱直至消失。孙磊等人也指出由于 PCL 降解物析出少，能够很快被组织吸收，不会导致长期局部积聚而刺激局部组织产生炎症反应，因而无迟发性、非特异性组织炎症发生。

6.2.4　聚己内酯的改性

聚己内酯由于含有大量重复的酯键结构，具有生物可降解性、良好的力学性能和生物相容性。PCL 材料已获得美国食品药品监督管理局的批准，被广泛应用于生物材料领域。

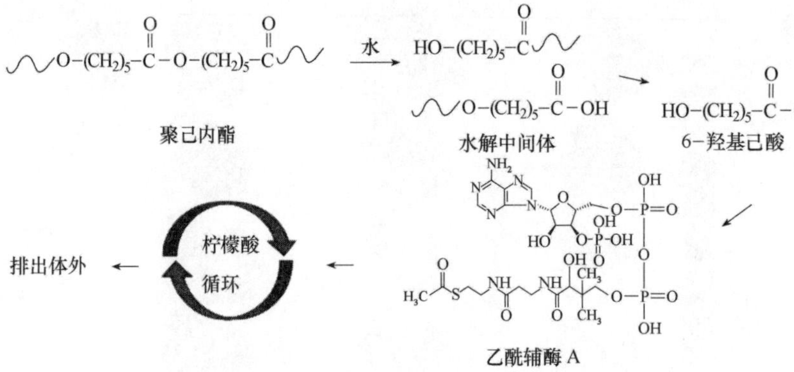

(a) PLC 水解产物 6-羟基己酸与乙酰基催化酶共同作用下的体内降解过程

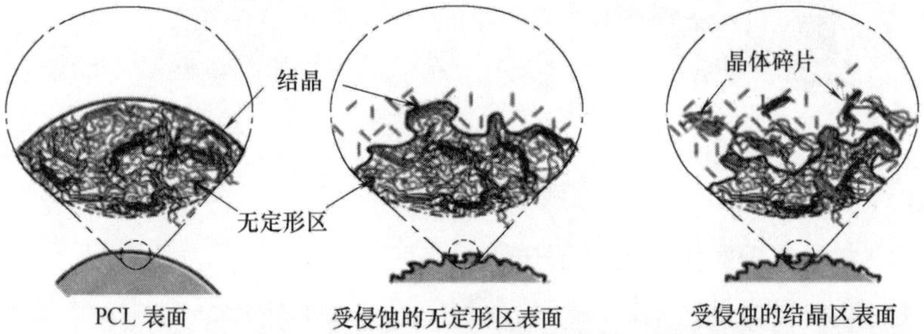

(b) PCL 不同阶段表面侵蚀、无定形区和结晶区的降解过程

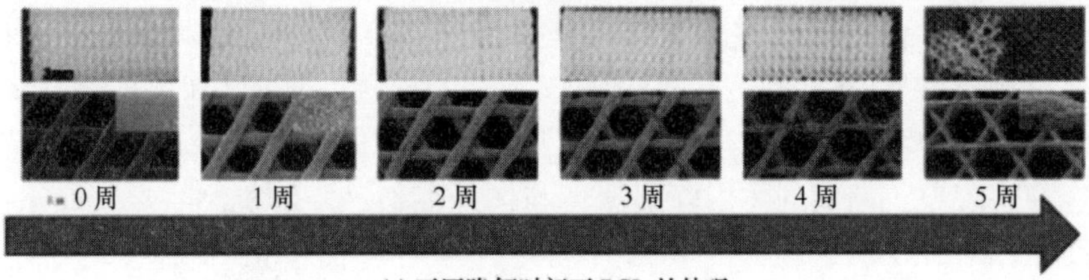

(c) 不同降解时间下 PCL 的外观

图 6-12　不同条件下的聚己内酯的体内降解过程

由于 PCL 本身存在结晶性偏高和亲水性较差等问题，导致材料脆性过高和降解速率过慢，因此需要对材料进行改性修饰，通常包括物理共混、化学嵌段和化学交联等 3 种方法。目前，最常用的方法是利用化学交联制备弹性体来改善 PCL 韧性差及降解速率慢的缺点。Liu 等以 PCL 为原料进行磷酸单酯改性，在不使用任何添加剂的前提下，与不同官能度的缩水甘油醚简单共混，发生酸性磷酸酯和环氧的高活性开环反应，并于 50℃ 固化 2h 即得到具有良好降解性和细胞相容性的 PCL 弹性体材料，有效改善了 PCL 的弹性。

6.2.4.1　化学改性

为了弥补 PCL 的某些方面的性能缺陷，通常采用化学改性来优化 PCL 的性能，这里化学改性主要有接枝共聚和嵌段共聚两种方法。接枝共聚是指在 PCL 的主链上引入功能性的侧链而赋予 PCL 优异性能，是改善 PCL 性能的一种简单而又有效的方法之一。G. Lorenza 等采用接枝共聚法将 PCL 与马来酸酐进行接枝，相对于均聚物 PCL，制备的接枝材料显著提高了材料的强度和韧性，且对杨氏模量无显著影响，同时，显著地提高了PCL 的熔点和热稳定性。此外，在 PCL 的共聚改性中，应用较多的是进行嵌段共聚，通过形成两嵌段、三嵌段或多嵌段共聚物来达到改性目的。张锦慧采用直接溶液共聚法，以己二异氰酸酯为扩链剂，PCL 为软嵌段，合成了多嵌段共聚物聚乳酸-聚己内酯（-PLA-PCL-）。研究结果表明，当 PCL 与 PLLA 的质量比为 4∶1 时，经扩链反应后，相对于均聚物 PCL，多嵌段共聚物的力学性能得到显著提高，同时，材料的热稳定性也得到显著提高。王身国等以钛酸丁酯为催化剂，将 CL 单体和相对分子质量为 6000 的 PEG 合成 PCL/PEG 两嵌段共聚物，力学性能研究结果表明，嵌段共聚可显著提高纯 PCL 的拉伸强度和断裂伸长率，并且可显著改善 PCL 的疏水性和高结晶度，从而利于改善材料的生物降解性能和渗透性。黄毅萍等采用不同相对分子质量的 PCL 与丁二烯合成嵌段共聚物后与聚乙烯基甲基醚进行共混，广角 X 衍射和 DSC 测试结果表明，嵌段共聚物中 PCL 的相对分子质量大小会显著影响链段中 PCL 的结晶形态和结晶能力。相对分子质量越大，相对结晶能力越差。

6.2.4.2　物理改性

与化学改性方法相比，物理改性是一种环保、绿色的物理作用改性过程，这里物理改性主要指共混改性。研究发现，PCL 能与多数天然可生物降解的高分子化合物如淀粉、壳聚糖、纤维素、海藻糖等，天然活性提取物如茶多酚、百里香油、抗菌 TiO_2 等，以及其他生物可降解材料如聚乙烯醇、聚碳酸亚丙酯、聚己二酸/对苯二甲酸丁二醇酯（PBAT）等进行共混，可明显改善纯 PCL 膜的力学性能、气体阻隔性能、热稳定性或者抗菌性能。Tokiwa Y 等采用 40%~60% 的未改性淀粉与 PCL 进行共混后，通过力学性能研究表明，相对于纯 PCL，共混材料的抗张强度和弹性模量显著提高，说明淀粉的加入可提高材料的强度和硬度。马德柱等采用乙基纤维素和 PCL 进行溶液共混，由于 PCL 与乙基纤维素之间的相互作用，共混材料的力学性能得到显著提高；但是，经 DSC 研究发现，在热力学方面两组分的相容性不佳，而经偏光显微镜发现，乙基纤维素的加入并没有妨碍 PCL 生成环状的球晶，同时还利于乙基纤维素形成液晶相结构。

6.2.5　聚己内酯的加工

PCL 最常用的加工手段分为熔融加工成型和溶液成型。利用熔融共混挤出成型可以制得各类产品（薄膜、管、片材等），加工温度和设备的选用将直接影响最终产品的性能。利用溶液成型则可以得到 PCL 多孔材料、PCL 微/纳米球等不同形态结构的产物。

6.2.5.1　PCL 三维支架

如前面所述，聚己内酯是一种半结晶体的可降解聚酯，具有熔点低（仅为 60℃ 左右）、可塑性强等优点，被认为是最有前途的骨支架材料之一。Trachtenberg 等基于熔融共混，通过打印技术制备了聚己内酯多孔支架并研究了不同工艺参数对具有均匀和梯度孔结构的印刷聚己内酯支架的纤维、孔形态和机械性能的影响。首先，将 PCL 颗粒倒入 50mL 注射器挤出机中，并将其加热至熔融温度以上，待 PCL 熔化后，将温度降至 60℃，控制不同打印速度，制备 PCL 支架。研究结果表明，当打印温度为 60℃ 保持不变时，支架的孔隙率随着操作压力的增大而下降，打印速度增大时，孔隙率相应减小。当打印速度为 300mm/min 时，支架的孔隙率为（40±13）%；当打印速度为 400mm/min 时，支架的孔隙率为（36±12）%；支架的纤维直径则与压力有关，压力增大纤维直径增大；力学实验表明，该支架的压缩强度和压缩模量分别是（8.6±4.1）MPa 和（42.0±20.7）MPa。

静电纺丝方法具有设备简单、操作容易、成本低廉并且能够连续制备、植入人体内不存在异物感等优点。Behtaj 等运用静电纺丝技术制备了 PCL、PLLA/PCL 和 PLGA/PCL 纤维支架（支架用 PLGA 为聚乳酸-羟基乙酸共聚物）。首先将聚合物 PCL 溶液装入 5mL 注射器中，然后将注射器的喷射端连接到针头（0.6mm×25mm）上，使用注射泵控制溶液流速，保持进料流速为 1mL/h，喷嘴到收集器的距离为 18cm，滚筒收集器转速设定为6000r/min。同时将 15kV 固定高压施加在针尖和衬有铝箔的旋转鼓收集器之间以使纤维样品沉积在该收集器上。研究结果表明，与纯 PCL、PLLA/PCL 和 PLGA/PCL 相比，PGS（聚癸二酸甘油酯）/PCL 表现出更高的细胞间附着和细胞支架附着特性。

6.2.5.2 聚己内酯纤维膜

PCL 不仅可以用于支架的制备，同时也可以用于纤维纺丝。陈艳等选用聚己内酯作为载体材料、5-氟尿嘧啶作为承载药物，二氯甲烷作为溶剂，在室温条件下，置于磁力搅拌器上搅拌 20～30min，充分溶解混合均匀后，形成纺丝液。保持纺丝液推注速度为1.9mm/min 进行静电纺丝。同时研究了静电纺丝过程中纺丝液浓度、纺丝电压及收集距离对纤维直径的影响，对制备的聚己内酯载药纤维膜进行元素检测分析及力学性能测试，通过体外药物释放实验，验证了聚己内酯载药纤维膜药物控释的效果。结果表明，随着纺丝液的浓度和收集距离增加，纤维的平均直径增大；随着纺丝电压增加，纤维的平均直径减小。在纺丝液浓度 0.4g/mL、纺丝电压 10kV、收集距离 20cm、载药量 0.8g 的情况下，聚己内酯载药纤维膜纤维平均直径最小，达到 13.92μm，对应的拉伸强度为 2.88MPa。该纤维膜在 1000h 内，可以实现药物的控制与释放。

朱染染等以 DCM/DMF（质量比为 7∶3）为混合溶剂，将 PCL 颗粒溶解于混合溶剂DCM/DMF 中，在磁力搅拌器中搅拌 12h 后得到混合均匀的纺丝液。纺丝距离为 16cm，注射速度为 1.0mL/h，纤维膜的滚筒速度为 400r/min 条件下进行静电纺丝，制备了不同质量分数的 PCL 纤维膜，结果表明：随 PCL 质量分数的增加，纤维直径逐渐增大，纺丝液黏度和表面张力增大。当 PCL 质量分数为 16% 时，纤维之间无串珠结构，直径分布均匀，平均直径 324nm，具有较好的可纺性。表 6-7 为不同质量分数的 PCL 纤维膜形态参数。

表 6-7　　　　　　　　　不同质量分数的 PCL 纤维膜形态参数

形态参数	PCL 质量分数		
	14%	16%	18%
纤维平均直径/nm	270	324	480
孔隙率/%	80.5	78.78	75.62
表面张力/（mN/m）	34.26	34.56	35.76
黏度/（mPa·s）	385	525	760

除此以外，王培境等利用采用季戊四醇/辛酸亚锡引发体系通过开环聚合制备了四臂星型聚己内酯，并结合静电纺丝技术对其进行静电纺丝研究，随着纺丝液浓度的增加，丝的形貌越来越均匀，采用高压静电纺丝可得到直径在微米级别的超细纤维。

PCL 虽然有诸多优点，但其玻璃化温度低、力学强度和模量较低，无法与其他可降解高分子材料（如 PLA、PHA）等相比，一定程度上限制了它的使用。为了提高其力学强性能，增加材料（如天然纤维、淀粉）的添加量，简单又高效，还能提高 PCL 的降解速率。

6.2.6　聚己内酯的应用

6.2.6.1　组织工程医用支架

组织工程学可以理解为工程学与生命科学交叉学科，它服务于人体组织功能的改善与修复。组织工程是把体外培养的细胞吸附到一种与人体生物相容性好的组织工程材料上进行培养扩增，然后植入受损部位代替损伤组织。首先，在骨组织工程中，PCL 具有广泛的应用。PCL 初始强度较高，约为 30MPa；PCL 另一个特点是降解速度缓慢，因此力学性能维持时间较长。可以通过不同的加工工艺与不同的生物可降解材料聚合，从而得到性能不同的材料。目前，PCL 研究较多的是在体内固定支架材料方面，在软骨、扁骨及长骨的缺损修复方面的研究均有报道。Hutmacher 等利用 PCL 制备了 3D-PCL 支架，体外在支架表面培养骨膜细胞和人皮肤成纤维细胞，几周后即发现有细胞状组织充满了支架的表面和全部互通孔道，表明这种 PCL 支架材料能提供成骨细胞和人皮肤成纤维细胞增殖、分化、并生成细胞样组织的条件。其次，在皮肤组织工程方面的应用研究。皮肤组织工程是指制备能够保护修复创面的细胞外支架材料，这种 PCL 支架可促进人体组织修复与再生（图 6-13）。在皮肤组织工程中，较差的力学性能以及免疫排斥等问题是目前使用的皮肤替代品所面临的挑战。Ng 等因此设计了一种极薄的 PCL 膜，在这种膜上培养人皮肤成纤维细胞，发现细胞可在这种 PCL 膜上黏附及增殖，且 PCL 具有良好的生物相容性，因此这种膜有望在皮肤组织工程方面应用。此外，PCL 在血管组织工程、神经组织工程等方面也有应用。

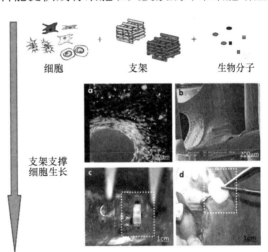

图 6-13　PCL 支架在促进人体组织修复与再生方面的应用

6.2.6.2　药物传输载体

药物载体是指在药物释放系统中，能改变药物进入体内的方式和在体内分布、控制药物的释放速度并将药物输送到靶向器官的体系，可减少药物降解及损失，降低副作用，提高生物利用度。利用 PCL 为载体对药物进行包埋，在体内释放，使药物发挥作用。由于 PCL 具有良好的生物相容性、降解性等特性，不会对人体产生毒副作用，并可提高药物的稳定性。Aberturas 等利用 PCL 微粒技术制备了一种环孢霉素（Cyclosporine）的新剂型。动物实验证明，PCL 纳米球作为载体材料可以增加环孢霉素的口服生物利用度、控制药物的分布，从而降低其毒副作用。另外，研究还发现，这种微粒很稳定，储存 12 个月后或者冻干实验中，环孢霉素的理化性质及药物活性没有明显变化。PCL 作为水溶性药物缓释载体材料，还具有良好的缓释性能。Shenoy 等研究了一种关于胰岛素可注射药物缓释系统，利用微滴技术，将 PCL 与胰岛素混合制成微滴，经皮下注射到糖尿病模型小鼠体内，并与皮下只注射胰岛素的糖尿病模型小鼠作对照，结果发现 PCL-胰岛素微滴在控制药物释放和血糖水平明显均优于对照组，血浆中胰岛素的浓度一直都保持平稳。这将有可能成为治疗糖尿病更为有效的方法。此外，PCL 也可作为治疗肿瘤的药物载体材料。

6.2.6.3 食品包装

董同力嘎等通过正负电性吸引将带有负电性的蒙脱土混入带有正电性的壳聚糖中，并均匀地涂覆在具有负电性的 PCL 薄膜表面。结果表明：随着蒙脱土和壳聚糖加入量的增加，薄膜的氧气透过率和水蒸气透过率均降低，断裂伸长率和屈服强度分别为 590% 和 37.2MPa，PCL 复合薄膜使鲜肉的保质期延长至 23 天。Sogut 等首先将纳米纤维素和葡萄籽提取物添加到壳聚糖中，然后再将 PCL 涂覆到壳聚糖膜上，制备得到壳聚糖-PCL 双层抗菌膜。纳米纤维素的加入显著提高了薄膜的水汽阻隔性，同时葡萄籽提取物赋予薄膜抗氧化活性。PCL 还时常与其他可降解高分子如 PLA、PBS 等共混使用，大大改善了其韧性和降解性能。

6.2.6.4 其他应用

PCL 多元醇在弹性体、涂料、胶黏剂，还有弹性光纤、陶瓷密封胶、树脂、泡沫等方面都有广泛应用。可在耐磨、耐水等方面提高涂料、弹性体和胶黏剂的性能。

6.3 聚 乙 醇 酸

6.3.1 概　　述

聚乙醇酸［Poly（glycolic acid），PGA］是一种单元碳数最少、具有可完全分解的酯结构、降解速度最快的脂肪族聚酯类高分子材料（图 6-14）。它给包装及各种工业应用带来了重要革新，日本吴羽化学公司（Kureha）对其已上市的 Kuredux® PGA 树脂优良的各项性能做了公开说明与描述。该公司于 1995 年在世界上率先开发了 PGA 工业生产技术，2002 年在日本福岛县岩木市建成了 100t/年的 PGA 工业试验装置。2008 年吴羽与杜邦公司合作，在生产乙醇酸的美国西弗吉尼亚州杜邦工厂内投资 1 亿美元，建设了 4000t/年的 PGA 生产装置，构筑了从原料乙醇酸至 PGA 树脂的一条龙生产体系，并全方位推出各种用途与牌号的树脂产品。

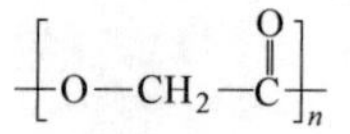

$$\left[O-CH_2-\overset{\overset{\displaystyle O}{\|}}{C}\right]_n$$

图 6-14　聚乙醇酸结构

6.3.2 聚乙醇酸的合成

PGA 主要通过乙醇酸（GA）、乙醇酸酯、乙交酯等原料在催化剂作用下缩聚而得。也有采用氯乙酸缩合来获得，如将氯乙酸置于氯仿或丙酮中，用吡啶、三乙胺等有机碱祛酸，缩聚反应数天，加甲醇、乙醇等析出树脂，获得低相对分子质量（<5000）的 PGA 树脂；武汉理工大学于娟等以氯乙酸原料，用类似方法也制得了 PGA 树脂。但采用上述方法获得的 PGA 树脂性能单一，应用范围窄。而最具工业价值的制备技术是乙醇酸（酯）的缩合聚合法和乙交酯的开环聚合法。

6.3.2.1 乙醇酸（酯）直接缩聚法

羟基脂肪酸（酯）直接加热缩聚是制备羟基酸聚合物最简单的方法，GA 经加热脱水或乙醇酸酯经加热脱醇均可直接生成 PGA，如图 6-15 所示。

直接加热乙醇酸（酯）一般只能得到相对分子质量为几十至几千的低聚PGA，这种情况与用乳酸制备聚乳酸相似。如山根和行等将70%的工业级乙醇酸水溶液在170~200℃、常压下搅拌反应2h，并蒸出水分；再在5kPa、200℃下保温反应2h，蒸出低沸物中含未反应的原

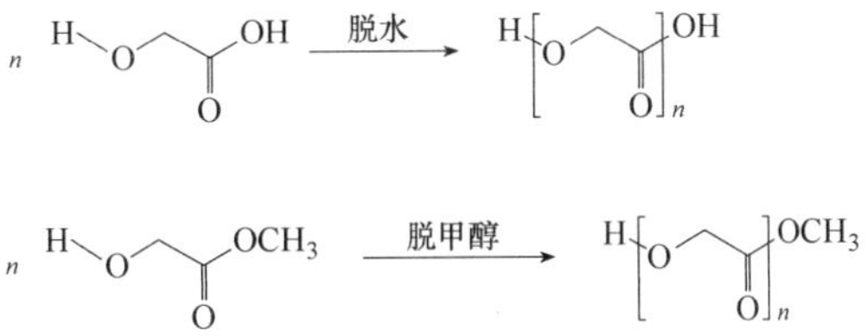

图6-15 直接缩聚法制备PGA树脂

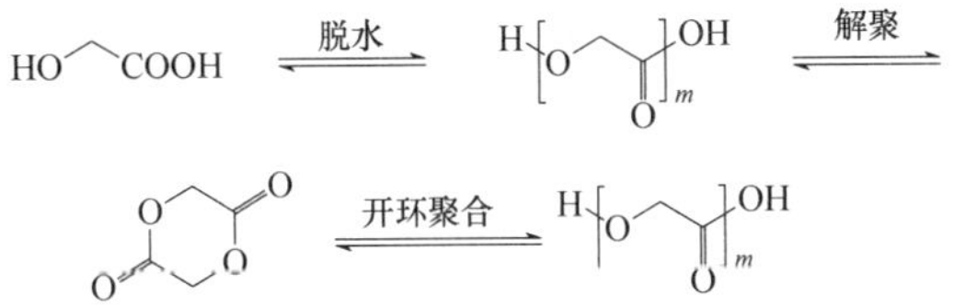

料，获得了高收率的PGA低聚物，以分解法分析得聚合物中含1.0%二甘醇酸、0.5%甲氧基乙酸及微量的草酸等杂质。Takahashi等指出用乙醇酸直接缩聚法（图6-16）熔融缩聚通常只能给出低相对分子质量聚合物的原因是在PGA的缩聚体系中存在如图6-17、图6-18所示的两个主要的反应平衡关系。

图6-16 乙醇酸熔融缩聚法

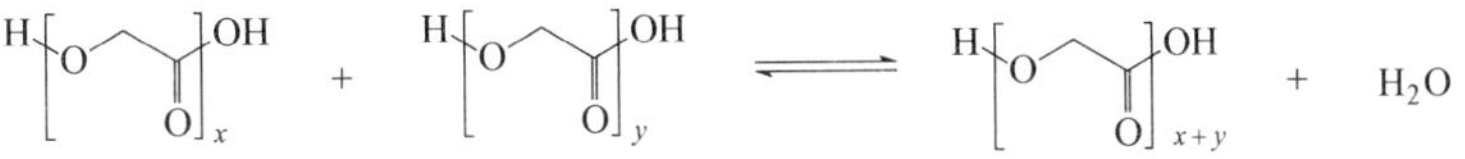

图6-17 酯化脱水平衡

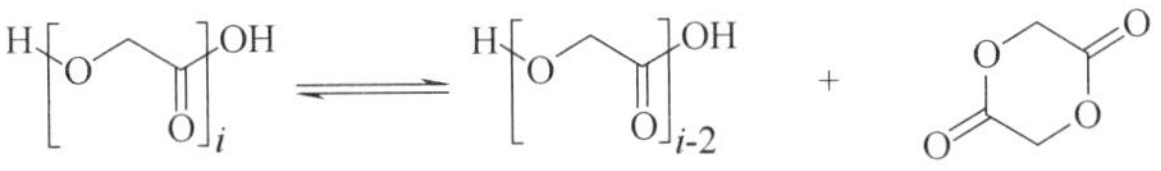

图6-18 聚酯解聚环合与乙交酯的平衡

高温和高真空条件下，一个是酯化脱水的平衡，另一个是解聚成环与乙交酯的平衡，聚合物分解出乙交酯，阻止了PGA链的增长。一种可能获得高相对分子质量PGA的方式是使用了可提高脱水速度的催化剂，使平衡向提高相对分子质量的方向进行，而相对减弱了低聚物解聚到乙交酯的平衡速度，据此Takahashi等用二水合乙酸锌作催化剂，把乙醇酸与催化剂混合后在190℃、20kPa压力下搅拌反应1h，然后减压至4kPa下反应4h，让体系从液体变为固体，再快速升温至230℃让固体熔融均匀，然后再次迅速降温至190℃让产品固化保温20h的分步固相缩聚法（图6-19），获得了重均相对分子质量为91000、并可以与乙交酯开环聚合法制得的PGA性能相似的产品，方法简单易于工业化。

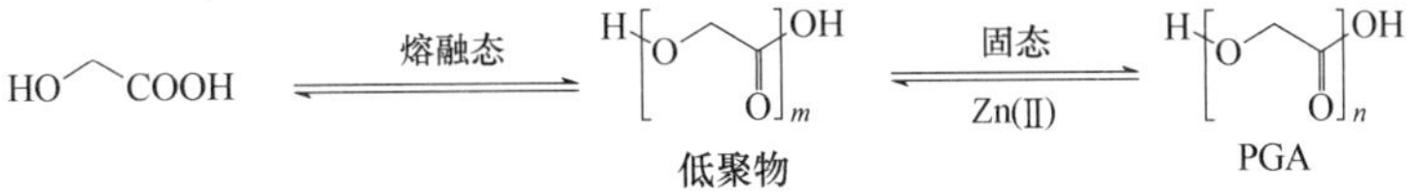

图6-19 乙醇酸的分步固相缩聚法

南條一成等用类似的直接法合成工艺，将20kg乙醇酸加至搅拌式反应器中，在室温

下用干燥氮气吹扫 30min，加入 4g 水合四氯化锡（$SnCl_4 \cdot 6.5H_2O$）催化剂，170℃下保持 2h，物料聚合后冷至室温，取出聚合物并粉碎成直径 3mm 左右颗粒，在 150℃、0.1kPa 真空下干燥 24h 以消除残余单体，获得 T_m 为 228℃、T_g 为 38℃、熔体黏度（250℃，100s^{-1}）为 2200Pa·s 的可用于制造双向拉伸薄膜的高相对分子质量 PGA 树脂。

在直接缩聚法中，液相聚合形成的低聚物中的杂质会对固相缩聚后最终产物的色度造成影响。三井化学提出了将乙醇酸直接缩聚所得的固相低聚物颗粒料用水或碱溶液洗涤以去除其中的低聚酸及杂质，再在高温进行固相缩聚以降低 PGA 树脂色度的制造方法，获得了相对分子质量大于 20 万的低色度树脂，其 49μm 样片在 400～700nm 光谱下的透过率达 87%。山下涉等还对此进行了对比研究（图 6-20），表明该方法对提高树脂透光率有明显的效果。

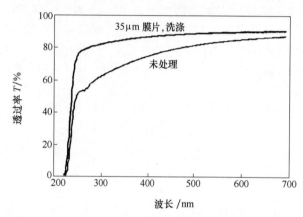

图 6-20　低聚物处理方法对色度的影响

不同的催化剂对缩聚合的色度有一定影响，如日本催化剂株式会社报道了一种用甲基磺酸催化乙醇酸甲酯直接缩聚获得了低色度的 PGA 聚合物的方法。吴羽化学指出，要获得力学性能足够好且重均相对分子质量（M_w）大于 20 万的 PGA，应控制第一步预聚物的 M_w 在 8000～100000，相对分子质量过低会延长固相缩聚的时间，相对分子质量过大，色相不好；预聚物的玻璃化温度控制在 20～50℃易于提高固相缩聚反应速度。一个典型的案例为：在 1L 的钛质反应釜中加入 500g 乙醇酸甲酯、0.1g 氯化亚锡，在 130℃缩聚并蒸出生成的甲醇，3h 后将温度升至 180℃，并以 1L/min 的流量通干燥氮气 5h，吹出缩聚生成的醇。冷至室温，得 248g 预聚物，结晶度 49%，M_w 约 10000，熔点 195℃。取 20g 低聚物研磨成小颗粒，在茄形瓶中，以 100mL/min 流量吹入干燥氮气，升温至 200℃保持 1h，210℃保持 10h，220℃保持 18h，经此固相缩聚后获得 M_w 为 451000 的 PGA 树脂，熔点 236℃。羟基酸的共聚物也可以采用直接缩聚法来制备，如李建刚等将不同摩尔比的 L-乳酸和乙醇酸直接熔融缩聚合成聚乳酸-羟基乙酸共聚物（PLGA），用 0.5% 的氯化亚锡催化一定比例的乳酸与乙醇酸混合物，在 170℃、70Pa 下反应 10h 得 PLGA 共聚物，并发现 PLGA 的溶解性随乙醇酸的量增加而变差，当 LA/GA=30/70（摩尔比）时，共聚合物的可纺性最好。

6.3.2.2　乙交酯开环聚合法

开环聚合法是制备聚羟基脂肪酸最为成熟的方法，将乙交酯（羟基乙酸的二元环状缩聚物）开环聚合来制备聚乙醇酸，如图 6-21 所示。

图 6-21　乙交酯开环聚合制备聚乙醇酸

乙交酯的开环聚合均需要催化剂促进，否则相对分子质量难以提高。近年来，催化乙交酯等内酯开环聚合的新型催化剂不断涌现，不同的催化剂体系引发内酯开环聚合的反应机理不同。根据聚合机理的差异，可将催化剂分为如下 3 种类型。

① 羧酸、对甲苯磺酸、三氟甲烷磺酸（CF_3SO_3H）、二氯化锡（$SnCl_2$）、四氯化钛（$TiCl_4$）等阳离子型催化剂 只能引发内酯本体聚合，且产物相对分子质量不高。

② 苄醇钾（BzOK）、叔丁醇钾（t-BuOK）及正丁基锂（BuLi）等阴离子型催化剂活性高，适合溶液或本体聚合，聚合过程副反应较多，产物的杂质含量高，不利于制备高相对分子质量的聚合物。

③ 烷基金属化合物（二乙基锌、三乙基铝等），烷氧基金属化合物 [异丙醇铝、Zn（OBu）$_2$、二乙基锌、二乙基锡等] 以及双金属催化剂（如二乙基锌-异丙醇铝等配位聚合型催化剂） 活性适中，能够抑止副反应，相对分子质量高、分布好。

辛酸亚锡是较常用的聚乙醇酸体系的催化剂，但在开环聚合反应过程中，即使经过纯化，催化剂也会残留在聚合产物中，在医疗或者食品工业中有可能会对生物体产生毒性。因此，寻找低毒性且含有能参与人体代谢的金属离子的引发剂体系对于乙交酯的开环聚合具有重要的意义。

佐藤浩幸等将乙交酯、正十二醇及二水氯化亚锡置于蒸汽加热的不锈钢反应釜内升温至100℃，让物料液化并保温，再将反应液加至不锈钢管式反应器，用导热油升温至170℃并保持7h，将得到的聚合物PGA块状物粉碎，粉体用120℃干空气干燥12h。向此粉料添加300mg/kg的等摩尔比酸式碳酸单十八烷基酯和酸式磷酸双十八烷基酯混合物（作为热稳定剂），以及添加0.5%的 N,N-2,6-二异丙基苯基碳二亚胺的羧基封端剂，以双螺杆挤出得PGA粒料。虽然PGA树脂因优异的氧、二氧化碳、水蒸气的阻隔性成为性能优良的包装材料，但脂肪族聚酯的易水解性影响了其特性的发挥。这种易水解性与其末端的羧基浓度有关，因为残留的乙交酯会水解成二聚酸，聚合物的抗水解性与聚合物产品中的乙交酯的残留量和产品的端羧基量密切相关。对此，佐藤浩幸等得出了PGA产品的相对分子质量保持率 y 的计算式，见下式：

$$y = 0.011x^2 - 1.5x + 74$$

其中 x（总羧基浓度）（当量/t）= 乙交酯质量分数×54+末端羧基浓度（mol/t）。该二次函数为作者实验数据拟合所得。因此要控制树脂的耐水解性，就必须要严格控制包括残留乙交酯的贡献在内的总羧基浓度。PGA产物必须要真空下充分干燥。星野满等用200g乙交酯加0.04g$SnCl_4 \cdot 6.5H_2O$ 催化剂，室温下通氮气置换30min，172℃聚合反应2h，反应终止后冷至室温，取出聚合物破碎至颗粒直径3mm以下，在150℃、0.1kPa下充分干燥，除去未反应乙交酯，获得性能稳定的PGA产品。

除了通过干燥除去单体的方法外，还有在开环缩聚时加重金属络合剂使催化剂钝化的方法，如佐藤浩幸等对乙交酯开环缩聚时，以0.001%的2-乙基已酸锡为催化剂，并加入0.03%与金属锡有络合作用的双 [2-(2-羟基苯甲酰) 肼] 十二烷酸惰性剂和0.5%的 N,N-2,6-二异丙基苯基碳化二亚胺羧基封端剂制备PGA。结果表明，对10mg PGA样品测定结果是50℃、相对湿度90%下3d的相对分子质量保持率大于89%，样品中乙交酯含量变化率小于19%，而未加羧基封端剂对比样的相对分子质量保持率仅为44%。乙交酯在本体聚合过程中常会带来传热、控制、产物后加工等工程问题。胡翠琼等用悬浮聚合法得到了颗粒状PGA树脂产品，以乙交酯加辛酸亚锡催化剂为分散相、硅油为连续相，控制两相体积比为1∶10，快速升温至180℃，反应40min，聚合物用甲苯洗涤除去表层硅油，获得特性黏度 η 达0.90、有较高相对分子质量的可用于纺丝PGA产品。胡权在制备PLGA

共聚物时，将一定比例的乙交酯、丙交酯单体加到壬烷中，以辛酸亚锡催化交酯悬浮聚合，直接获得了无色透明粒径 1~2mm 的 PLGA 共聚物粒状产物，无须再经造粒成型，是一种比较简单的合成方法。美国氰胺公司用开环聚合法制聚（乙醇酸）/聚（氧乙烯）三嵌段共聚物的方法，将 2.6g 相对分子质量 1540 的聚氧乙烯醚、40g 乙交酯和 0.8mL 二水氯化亚锡乙醚溶液（2.5mg/mL）加至搅拌式反应器，在 33Pa、220℃ 下反应 1.5h 并冷却至聚合物固化，破碎并过 10 目筛（孔径 2mm），粒子再在 33Pa、140℃ 下干燥 24h，获共聚物产品，其 30℃、0.5% 六氟异丙酮溶液的特性黏度为 0.60，树脂可用以纺丝，作生物可吸收的手术缝合线（图 6-22）。

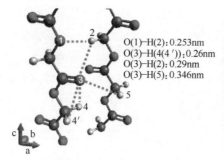

图 6-22　聚（乙醇酸）/聚（氧乙烯）三嵌段共聚物

6.3.3　聚乙醇酸的基本性能

PGA 是最简单的线型聚酯，其结晶区的原子间距小于 0.4nm（图 6-23），其结晶结构为独特的多角晶结构，结晶度最高可达 55% 以上，难溶于有机溶剂中，只能溶于六氟异丙醇（Hexafluoroisopropanol）中。表 6-8 列出了 PGA 一些物理性能的实验室测试值。

O(1)—H(2): 0.253nm
O(3)—H(4(4′)): 0.26nm
O(3)—H(4) : 0.29nm
O(3)—H(5): 0.346nm

图 6-23　PGA 结晶区原子间距（左）和 PGA 多角晶结构（右）

表 6-8　　　　　　　　　　　PGA 物理性能的实验室测量值

指标	数值	测定方法
熔融指数 MFR/（g/10min）	22~6	ISO 1133
熔体黏度 η/Pa·s	360~950	270℃,122s^{-1}
密度 ρ/（g/cm^3）	1.5~1.6	密度梯度法
熔融温度 T_m/℃	225	DSC:初温 0℃,终温 250℃,
结晶温度 T_c/℃	95	升温速率 10℃/min,氮气 50mL/min
玻璃化转变温度 T_g/℃	40	—
热膨胀系数 α/K^{-1}	5.40×10^{-5}	ASTM D696
导热系数 k/[W/（m·K）]	0.35	ASTM C177
燃烧热 ΔH/（kJ/g）	12	12 JIS-M 8814-1996
比热容 C/[J/（g·℃）]	1.12	JIS-K 7123
光学特性		
折射率 n	1.45~1.51	ASTM D542
雾度 HAZE/%	<1.0	JIS-K 6714
物理性能		
拉伸强度 σ/MPa	220	ASTM D882,23℃,相对湿度 50%

续表

指标	数值	测定方法
伸长率 ε/%	25	ASTM D882,23℃,相对湿度50%
弹性模量 E/GPa	6.5	ASTM D882,23℃,相对湿度50%
阻隔性能①		
O_2 透过率/[mL/(m² · d · atm)]		
20℃、0%RH	0.9	ISO 14663-2
20℃、80%RH	0.9	ISO 14663-2
20℃、90%RH	1.1	ISO 14663-2
水蒸气透过率/[g/(m² · d)]	11	JIS-Z 0208,40℃,湿度90%

注：① 双向拉伸薄膜（400%×400%），厚度15μm。

6.3.3.1　气体阻隔性能

图6-24（a）是PGA树脂与其他材料的氧透过率与水蒸气透过率比较，表明了PGA对氧气和水蒸气的阻隔性是PET的100倍，是PLA的1000倍［图6-24（a）］。PGA对气体的阻隔性基本不受环境温度影响，利用该性质，其中一个应用就是生产储存和运输用的聚对苯二甲酸乙二醇酯（PET）瓶。这种多层的PET/PCA/PET瓶［图6-24（b）］相较于传统的单层PET瓶，饮料中的碳酸损失大幅度降低。通过在中间层嵌入PGA，可以降低瓶子的重量并延长饮料的保质期。该PET瓶回收后，粉碎成薄片，可通过清洗除去PGA，留下的PET干燥后可循环再利用。在整个过程中，多层的PET/PGA/PET瓶中PGA层能从PET层中简单地分离，而且循环再利用的PET中不含PGA，使用PGA阻隔芯层的PET瓶可减少20%的PET用料，将成为各类饮料和防腐食品包装的理想选择。

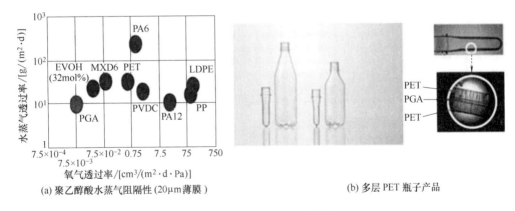

(a) 聚乙醇酸水蒸气阻隔性(20μm薄膜)　　(b) 多层PET瓶子产品

图6-24　PGA树脂阻隔性能

6.3.3.2　力学性能

PGA树脂是一种力学性能出色的合成树脂，可配合多种其他高分子材料或增强纤维用于挤压与射出成型。

6.3.3.3　生物降解性能

低相对分子质量PGA是理想的微生物降解诱发剂，具有微生物降解和水降解特点，无毒并最终分解为水和二氧化碳，是世界公认保护地球环境和生命的材料，是人们寄予最大希望的材料，已在美国、欧洲和日本获得可安全生物降解的塑料材料认证，并通过ISO

14855 标准验证，它也适用于目前广泛应用的 PET 回收技术，不会影响再生 PET 材料的质量。图 6-25 数据表明，PGA 与天然纤维的生物降解性类似，可在一个月内分解。

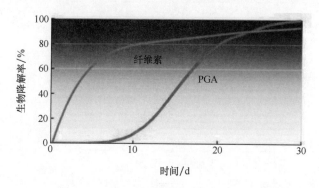

图 6-25　PGA 与纤维素的生物降解性对比

但由于 PGA 价格高昂，传统的高相对分子质量 PGA 的应用局限在医药领域，主要运用到 PGA 的生物可降解和生物相容性。根据欧盟委员会（EU）No 10/2011 规定，PGA 仅可作为包装夹层材料，假如作为与食品直接接触的包装材料，其在树脂基体的重量比例不能超过 3%。

6.3.4　聚乙醇酸的改性

6.3.4.1　提高耐水性

尾泽纪生等用酚醛树脂对 PGA 材料的耐水解性进行改进，利用酚醛树脂中的酚羟基来提高 PAG 的疏水性，以满足薄膜、容器、瓶、盘、杯、盖等非拉伸片状形态和拉伸片材的成型加工要求。佐藤浩幸等在 PGA 树脂内添加 2-乙基己基磷酸酯类（AX-71）热稳定剂和 1,3,5-三甲基-4,6-三（3,5-二叔丁基-4-羟基苄基）苯（AO-330）受阻酚类酸化抑制剂，使得聚乙醇酸树脂具有很好的防变色性和抗水解性。山根和行等向 PGA 树脂中加入少量的芳香族聚酯树脂，保持了聚乙醇酸树脂的优异气体阻隔性，同时显著改善了树脂耐湿稳定性和热熔融加工性。

6.3.4.2　提高气体阻隔性

山根和行等向相对分子质量在 150000~300000 的 PGA 树脂与 PET 瓶片树脂中加入双十八烷基季戊四醇二亚磷酸酯热稳定剂，按一定比例用多层挤出拉吹成型、真空吸塑延伸制膜方法制成氧阻隔芯层树脂，比较了不同 PGA 与 PET 不同比例时的氧透过率效果（表 6-9），当 PGA/PET（质量比）为 70/30 时，复合树脂有很好的阻隔性与加工性能。

表 6-9　　　　　　　　　　　　　　　不同 PGA 组成的膜透氧率

PGA/PET 构成比 （质量比）	膜厚/ μm	延伸倍数 （面积比）	延伸性[1]	耐温稳定性[2]	雾度/%	氧气透过率/ [cm³/（m²·d·Pa）]
100/0	21	15	B	C	14	1.4
99/1	21	14	A	B	6	1
95/5	21	14	A	B	5	1
90/10	22	14	A	A	4	2.2

续表

PGA/PET 构成比 （质量比）	膜厚/ μm	延伸倍数 （面积比）	延伸性[1]	防潮稳定性[2]	雾度/%	氧气透过率/ [cm³/(m²·d·Pa)]
80/20	22	15	A	A	4	1
70/30	21	15	A	A	5	2.3
60/40	18	18	A	A	5	5.1
50/50	17	18	A	A	3	7.4
0/100	20	15	A	A	3	52

注：（1）在延伸性一栏中，A 代表透明度几乎没有降低、拉伸性能优异；B 代表透明度下降，拉伸性能差。

（2）在防潮稳定性一栏中，A 代表在 80℃，湿度 95%的条件下处理 12h 后，无裂纹出现；B 代表处理 12h 后出现裂纹；C 代表处理 6h 后出现裂纹。

6.3.4.3 提高加工性能

尾泽纪生等将 0.1%片状石墨添加至 PGA 树脂中，将树脂的结晶温度从 135℃提高至 175℃，大大提高了树脂的加工性能。阿久津文夫等发现，用熔融黏度为 500~4000Pa·s（剪切速度 $122s^{-1}$、比熔点高 10℃）的 PGA 粒料，通过恒温吸湿至含水量达 15g/kg，再用 150℃氮气流加热 3h，树脂的熔融黏度降至了 100Pa·s（剪切速度 $122s^{-1}$、比熔点高 10℃），得到了具有优异熔融流动性、熔融稳定性、成型性及与其他材料附着性好的粒度完整的低黏度 PGA 产品，而采用直接合成低黏 PGA 方法无法将树脂造粒。这种低黏度树脂非常适合于三维注射成型电子线路板制作，低黏加工不会使第一次成型体产生变形，而利用树脂易水解的特性可以在电镀后用碱去除被覆层。桥本智等把残留单体量小于 0.5%（质量分数）的 PGA 树脂熔融纺丝，熔体经喷口流出后经 10℃以下的水浴中急速冷却、再在 60~83℃的甘油浴中拉伸，获得了抗拉强度>1000MPa 的聚乙醇酸类树脂长丝，经测试可用于渔网等。日本有专利报道，将 PGA 聚合物以戊烷发泡剂发泡、双螺杆混炼挤出，得到了密度为 0.13~0.15g/cm³、热导率为 0.04kcal/(m·h·℃)、可用于食品容器及食品包装的隔热耐热可降解泡沫材料。阿部俊辅等向 PGA 树脂内添加液态饱和脂肪酸甘油酯增塑剂，以此提高薄膜的抗张强度及低温柔性，以满足食品保鲜膜的使用要求；多种增塑剂可和于 PGA 树脂中，如邻苯二甲酸二丁酯等。飛田寿德等对普通树脂吹膜方法提出了改进，以风冷代替水冷来提高所制膜的稳定性。他们将开环聚合法获得的 PGA 树脂加入高级脂肪醇亚磷酸季戊四醇酯热稳定剂，以气流冷却法吹制成塑料薄膜，获得了优良的气体阻隔性和土壤崩解性，提高了树脂膜的稳定性。

6.3.5 聚乙醇酸的加工

6.3.5.1 PGA 纤维的加工

生物可降解聚酯材料是当前的一大研究热点。现有的 PGA 主要用于手术缝合线、药物输送等生物医药领域，PGA 纤维通常是由熔融纺丝的方法制备得到的，高效稳定纺丝成型是 PGA 作为纤维应用时必须要解决的问题。目前，在 PGA 熔融纺丝过程中主要存在的问题有以下 3 种：一是相对分子质量，市面上可用于纺丝的 PGA 均由乙醇酸开环聚合制得，当 PGA 平均相对分子质量达到 20000~145000 时，聚合物可以拉成纤维状；二是通过共聚方法对 PGA 进行改性，未拉伸的 PGA 纤维会发生胶合，而通过共聚较高相对分子质量的 PLA 能抑制胶合；三是纺丝工艺的选择，纺丝工艺对 PGA 纤维的结构和性能也有着巨大的影响。

王赛博等采用熔融纺丝工艺将干燥预结晶后的 PGA 切片在氮气保护条件下进入熔融纺丝机进行纺丝。在纺丝过程中，切片经螺杆各区加热熔融形成稳定均匀的熔体，通过喷丝板挤出形成均匀的丝束，丝束经侧吹风冷却后集束上油，然后用吸枪卷绕到热辊上进行拉伸、热定型，卷绕得到 PGA 纤维。表 6-10 展示了 PGA 的纺丝工艺参数。同时在纺丝过程中，研究了不同拉伸倍率下纤维的力学性能，具体情况如表 6-11 所示。

表 6-10   PGA 纺丝工艺参数

项目	参数	项目	参数
螺杆温度/℃	一区 250	热辊温度/℃	一辊 60
	二区 250		二辊 60
	三区 250		三辊 100
	四区 250		四辊 100
计量泵温度/℃	255	热辊转速/（r/min）	二辊 260
			三辊 370
侧吹风温度/℃	10		四辊 450

表 6-11   拉伸倍数对 PGA 纤维力学性能的影响

拉伸倍数	线密度/dtex	断裂强度/（cN/dtex）	断裂伸长率/%
3.7	136.6	3.48	62.10
4.0	117.1	5.30	55.84
4.3	107.8	5.98	39.78

卢丹萍等采用熔融纺丝挤出—拉伸—卷绕一步法工艺制备 PGA 纤维，包括干燥和纺丝热拉伸两个步骤。由于 PGA 本身容易结晶，在 PGA 的干燥过程中可以省去预结晶工序，直接进行干燥。将干燥后的 PGA 切片倒入螺杆料筒，PGA 经螺杆各区加热熔融形成稳定均匀的熔体，熔体通过喷丝板挤出，经侧吹风冷却、集束上油后用吸枪卷绕到热辊上直接进行热拉伸，最后再卷绕到丝筒上制备 PGA 纤维。在纤维制备过程中，螺杆一至四区温度均为 260℃，计量泵温度为 265℃，侧吹风温度 10℃，第一热辊至第四热辊温度均为 60℃，第一热辊与第四热辊的转速比即为 PGA 纤维的拉伸倍数。结果表明，随着拉伸倍数的提高，PGA 纤维的断裂强度逐渐提高，断裂伸长率逐渐减小。表 6-12 显示了不同拉伸倍数下纤维的力学性能。

表 6-12   不同拉伸倍数下纤维的力学性能

拉伸倍数	断裂强度/（cN/dtex）	断裂伸长率/%
2.8	2.5	26.6
2.9	3.7	22.6
3.0	4.1	20.4

纺丝工艺对 PGA 纤维的结构和性能有极大影响。研究人员对制备 PGA 及其共混纤维的熔融纺丝工艺参数展开了研究，Yang Q 等通过熔融纺丝法制备 PGA 纤维来探究纺丝工艺参数对纤维结构性能的影响，发现采用 30r/min 纺丝和高倍拉伸后得到较好结构的 PGA 纤维。Fu B 等通过熔融纺丝方法制备了 PGA 和聚乙丙交酯（PGLA）纤维，通过热拉伸

和定型两个过程发现 PGA 纤维和 PGLA 纤维在定型阶段可以消除在纺丝过程中产生的内应力。吴羽公司发现未拉伸的 PGA 纤维会发生胶合，而通过共聚较高相对分子质量的 PLA 能抑制胶合；纺丝工艺参数对 PGA 纺丝具有决定性作用。研究表明，温度和拉伸速率对 PGA 纤维都会产生影响，当牵伸温度小于 45℃ 时，纤维强度随着温度的升高而增加，这是由于在一定范围内温度升高有利于沿外力方向发生取向，形成定向的结晶结构，进而提高纤维的强度；与此同时，过高的取向速度会影响纤维的强度，较快的牵伸速率会使 PGA 大分子链来不及迁移重排，无法充分取向，导致纤维的强度下降。

6.3.5.2 PGA 复合薄膜的加工

PGA 作为一种脂肪族聚酯和均聚物，表现出更高的链段规则性，从而具有更强的结晶能力。由于相对分子质量变化很大，PGA 表现出较高的熔体温度（210~225℃）和结晶度（35%~75%）。由于具有高结晶性能，PGA 树脂具有与可生物降解塑料相当的优异气体阻隔性能和力学强度，可用于薄膜的制备。Pan 等人将 PBAT 和 PGA 颗粒在约 80℃ 的干燥炉中干燥 24h，保持料筒温度为 230℃，螺杆速度为 200r/min，进料速率为 50g/min，通过熔融挤出制备了含有不同含量的 PGA［5%、10%、15%、20%、25%（以上均为质量分数）］的 PBAT/PGA 共混物。由于在吹膜过程之前存在初始的 PGA 晶体，PGA 分子链进一步结晶，形成 PGA 的定向结晶，材料具有优异的机械性能和阻氧性能，薄膜的拉伸强度可达到 45.0MPa，断裂伸长率高达 1000%。此外，PGA 比 PBAT 具有更好的隔水和隔氧性能，可作为 PBAT 的有效屏障促进剂，减少了 PBAT 的渗透。表 6-13 为不同含量的 PGA 的力学性能比较。

表 6-13   PBAT/PGA 共混物的力学性能

PGA 含量(质量分数)	拉伸强度/MPa	断裂伸长率/%
5%	37	1000
10%	41	900
15%	45	780
20%	29	760
25%	20	580

6.3.6   聚乙醇酸的应用

6.3.6.1   生物医药领域

PGA 是一种典型的可生物降解合成材料，由于其生物相容性和毒理学安全性，可广泛用于药物释放、手术辅助（止血）、损伤愈合（器官再生、组织生长）、缝合线、组织支架（软骨）等医疗领域。

作为外科手术缝合线，PGA 在伤口愈合后可降解为被生物细胞吸收代谢的小分子，无须拆线，弥补了最初使用的羊、牛肠线生物反应强烈、吸收不稳定、分解过快的缺陷。1962 年美国 Cyananid 公司通过乙醇酸，制备出了可吸收缝合线，这是世界上首次合成的可吸收缝合线。PGA 还可以制作代替传统疫苗的微针，将药物输入到皮肤组织中，在人体形成一层屏障。此外，PGA 还被用于软骨、肌腱、小肠、血管修复以及心瓣膜等领域。聚合物屏障膜是引导组织再生和引导骨再生所需的医用材料，可以在愈合过程中阻止上皮细胞或不良组织的迁移。PGA 膜的力学性能和可生物降解性能好，用于屏障膜时不需要进行第二次手术来将其移除。

6.3.6.2　食品包装领域

PGA 具有高阻隔性，可以使氧气、二氧化碳等气体难以透过，其阻隔性能是 PET 的 100 倍，可以将其作为碳酸饮料等食品的包装材料。日本吴羽公司致力于将 PGA 作为包装材料投入工业生产，以 PE 和 PGA 为原料，制备 PET/PGA/PET 多层瓶。与传统单层饮料瓶相比，饮料的碳酸损失率明显降低，在饮料的保质期内，PGA 能够保持较高的相对分子质量和力学性能。此外，通过插入 PGA 作为中间层，可以减少瓶子的质量，同时能够延长饮料的保质期。多层 PET/PGA/PET 瓶中 PGA 层易于与 PET 层分离，有利于 PET 的回收循环利用。此外，PGA 还可以应用于多层薄膜或纸杯，利用 PGA 的高阻隔性能与其他材料进行复合，具有较好的应用前景。

6.3.6.3　油气开采领域

由于 PGA 在降解性能和力学性能方面的优势，PGA 也有望成为制造井下工具专用部件的原材料，避免对环境带来影响。PGA 作为一种辅助材料，在页岩气/油井钻井作业中得到了广泛的应用，可用于制作压裂球、桥塞、支撑材料等。即使在较低温度下，PGA 都具有良好的水解性能，并且其可以通过降解发挥缓释酸的作用。因此，PGA 可以作为石油开采的暂堵材料，降低石油开采过程中对深层地质的污染。

6.4　其他合成生物降解高分子材料

6.4.1　呋喃二甲酸类共聚酯

2,5-呋喃二甲酸（FA 或 FDCA）是一种可从纤维素、半纤维素制备得到的生物基单体。FA 以其类似对苯二甲酸（TPA）的结构和物性，被认为是可以用来取代 TPA 基聚合物材料如聚对苯二甲酸乙二醇酯（PET）、聚对苯二甲酸丁二醇酯（PBT）以及具有生物降解性的脂肪-芳香族共聚酯材料聚（己二酸丁二醇-共-对苯二甲酸丁二醇酯）（PBAT）和聚（丁二酸丁二醇-共-对苯二甲酸丁二醇酯）（PBST）的最佳单体。

近些年来，以 FDCA 为原料合成的生物基共聚酯包括聚（己二酸丁二醇-共-呋喃二甲酸丁二醇酯）（PBAF）和聚（丁二酸丁二醇-共-呋喃二甲酸丁二醇酯）（PBSF）已有报道。相对于 PBAT 和 PBST，PBAF 和 PBSF 不仅具有相当的组成和相当的热/力学性能，而且已有研究结果初步表明在一定的组成范围内具有良好的生物降解性。因此 PBAF 和 PBSF 是环境友好的生物基生物降解聚合物材料，具有良好的使用性能以及广阔的应用前景。

6.4.1.1　呋喃二甲酸类共聚酯的合成

合成呋喃二甲酸族聚酯的重要原材料是 FA 及其衍生物呋喃二甲酸二甲酯（DMFD），这是一种可再生的生物质材料。呋喃族聚酯多是通过熔融缩聚制备，目前，呋喃二甲酸类共聚酯的合成主要以酯化-熔融缩聚法为主。

以丁二酸（SA）、己二酸（AA）、FA、丁二醇（BDO）为原料，钛酸正丁酯为催化剂，通过酯化-熔融缩聚方法制备了呋喃二甲酸丁二醇链节含量在 40%～60% 的脂肪-芳香族生物基共聚酯 PBAF 和 PBSF，合成原理如图 6-26 所示。

　　王昆等利用丙二醇、呋喃二甲酸二甲酯和癸二酸等生物基单体，通过两步熔融缩聚法合成了聚（呋喃二甲酸丙二醇酯-共-癸二酸丙二醇）PPFSe 系列共聚酯，并研究了癸二酸含量对 PPFSe 的热性能、结晶性能、晶体结构、球晶形貌和生长以及力学性能的影响。随着癸二酸含量的增加，PPFSe 的玻璃化转变温度、平衡熔点、结晶度、球晶最大生长速率和结晶转变温度逐渐降低。同时 PPFSe 的断裂伸长率得到了显著提高。Bikiais 等通过熔融缩聚成功地制备了一系列不同 FDCA/SA 摩尔比的无规聚（呋喃二甲酸乙二醇酯-co-丁二酸乙二醇酯）（PEFS）共聚酯。Zhu 等人通过酯交换和熔融缩聚在 PPF 链段中引入了 SA 单元，制备出聚（呋喃二甲酸丙二醇酯-co-丁二酸丙二醇酯)（PPSF）无规共聚酯。具有低 FDCA 含量的 PPSF 由于结晶能力差和低 T_g 而表现出柔软且富有弹性。

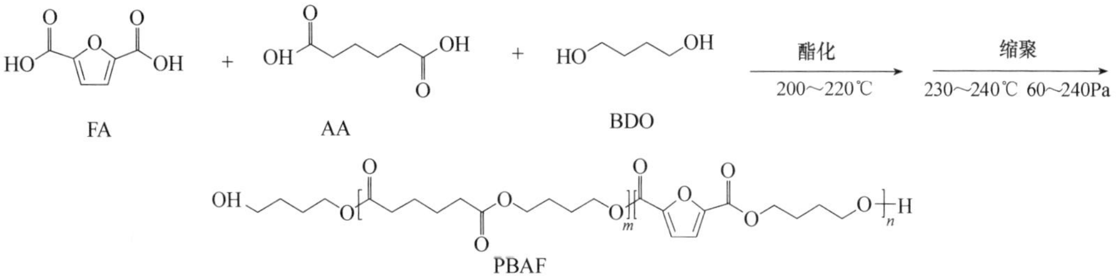

(a) PBAF 合成原理图

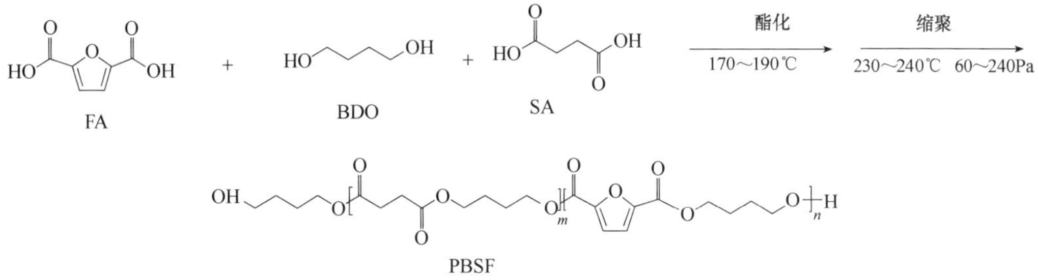

(b) PBSF 合成原理图

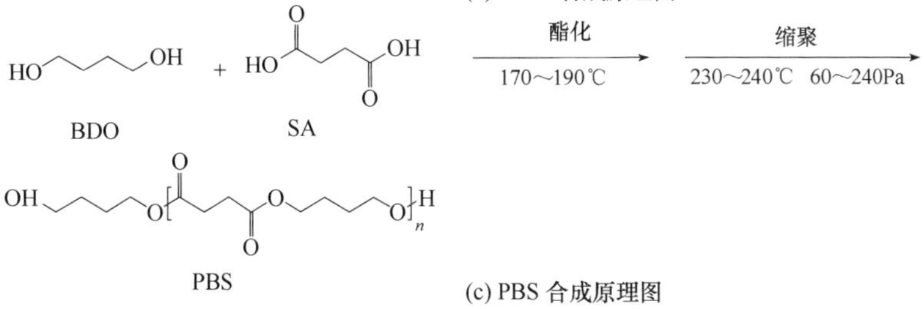

(c) PBS 合成原理图

图 6-26　生物基共聚酯合成原理图

6.4.1.2　呋喃二甲酸类共聚酯的性能

　　（1）生物降解性　PBAF 和 PBSF 共聚酯是一种生物基来源并且具有潜在生物降解性的环境友好材料，具有与 PBAT、PBST 基本相当且可调控的热力学性能，现有研究表明，当 PBAF 的呋喃二甲酸丁二醇酯（BF）含量低于 50% 时，可以酶降解，当 PBSF 的 BF 含量低于 20% 时可以堆肥降解。PBST 分子链在端基水解作用下生成多聚体水溶性聚合物，低聚物随后以非特定的水解方式或是酶降解方式变成丁二酸丁二醇酯（BS）二聚体和对苯二甲酸丁二醇酯（BT）二聚体，水解降解作用起到了很关键的作用。影响聚合物生物降解性的主要因素包括链迁移率、T_m、M_w 和结晶度。通常，具有 10% 芳族含量的聚己二酸乙烯酯-呋喃二甲酸酯（PEA-PEF）显示出比它们各自的脂肪族均聚酯更好的降解性。这是由于PEA-PEF的T_m和结晶度降低。芳香族酯键比脂肪族酯键更耐酶水解，因此，FDCA含量的进一步增加会降低生物降解率。

中国科学院周伟东合成了全组成范围的PBAF共聚酯并研究了PBAF共聚酯在37℃、pH=7.2的胰蛋白酶溶液降解条件下的失重情况，发现芳香单元组成小于50%的PBAF共聚酯28天内失重即达40%~90%，具有较好的降解性。Jacquel合成了芳香单元含量小于20%的PBSF共聚酯，按ISO 14855-1-2005标准测试了PBSF共聚酯的生物降解性。在180天内，PBSF5-20均达到90%的生物降解率，且芳香单元组成越大，降解速率越慢。

（2）气体阻隔性　气体透过聚合物材料的过程通常认为包含表面吸附、表面溶解、内部扩散、表面解析和表面脱附共五个环节。呋喃二甲酸类聚酯具有较好的气体阻隔性能。与常规聚酯PET相比，PEF对CO_2和O_2的气体阻隔性能都较好，因此，PEF目前主要被应用于饮料包装材料（表6-14）。

表6-14　PEF和PET气体阻隔性的比较

样品	温度/℃	CO_2阻隔性能 /($10^{-10}cm^3 \cdot cm/cm^2 \cdot s \cdot Pa$)	O_2阻隔性能 /($10^{-10}cm^3 \cdot cm/cm^2 \cdot s \cdot Pa$)
PEF	30	0.01	0.011
PET	30	0.13	0.06

6.4.1.3　呋喃二甲酸类聚酯的改性

（1）亲水性改性　聚合物表面的亲水性对纤维的抗静电性、服用舒适性及可降解性等有很大影响。PEF的分子结构与PET类似，因此，将PEF应用于纤维领域时依然会存在聚酯亲水性差等问题。为改善PEF的亲水性，张婉迎等向PEF链段中引入了柔性聚乙二醇（PEG）链段，使聚2,5-呋喃二甲酸乙二醇酯-共-2,5-呋喃二甲酸聚乙二醇酯（PEG-Fs）中的无定形区域增加，使水分子容易渗入PEGFs结构中。当PEG相对分子质量达到10000时，PEF酯化物相对分子质量与PEG相对分子质量相差较大，在缩聚过程中，部分PEF酯化物可与PEG反应形成PEGFs，但仍有一部分PEG以共混物的形式存在，且随着PEG链段的增长，共聚酯分子链排列较为疏松，同时以共混形式存在的PEG与PEGFs存在较为严重的相分离，从而可大幅度提高PEGFs的亲水性。

（2）降解性改性　目前，关于生物基2,5-呋喃二甲酸基共聚酯的可降解改性的研究主要集中在合成具有一定可降解潜能的脂肪-芳香族共聚酯方面，但相关报道依然很少。Hu等人合成了生物基2,5-呋喃二甲酸丁二醇酯-聚乳酸（PBF-PLA）共聚酯，并探究了PLA的含量对共聚酯降解性能的影响。结果发现随着PLA含量的增加，共聚酯的质量损失越严重，其黏度下降越明显。另外，彭双宝等人利用直接酯化法制备了PBF与聚丁二酸丁二醇酯（PBS）的共聚酯，并对其结构、热力学性能以及降解性能进行了表征。结果发现当PBF含量在40%~60%时，共聚酯接近于无定形态，同时具有较好的力学性能和热力学性能。随着PBS含量的增加，共聚酯的质量损失越严重，表明共聚酯越容易降解；另外，缓冲溶液的pH也会影响共聚酯的降解情况，随着缓冲溶液的pH逐渐增加，共聚酯的质量损失越明显，降解越严重。

（3）力学性能改性　聚合物的力学性能是决定材料是否具有应用潜质的关键因素，在改性聚2,5-呋喃二甲酸乙二醇酯力学性能的研究方面，Wang等制备了PEF与2,2,4,4-四甲基-1,3-二羟基-环丁烷（CBDO）的共聚酯，研究了不同含量 CBDO 对共聚物的力学性能、热力学稳定性以及气体阻隔性能的影响。在该研究中，CBDO 的加入使 PEF 的拉伸强度从（85±9）MPa 提高至（98±2）MPa，但其透明度及气体阻隔性均有所下降，但仍优于普通聚酯，从而使 PEF 更好地应用于饮料包装材料领域。另外，Wang 等人还制备了 PEF 与 1,4-环己烷二甲醇（CHDM）的共聚酯，结果表明 CHDM 的加入提高了 PEF 的断裂伸长率，改善了 PEF 脆性较大的缺点。

6.4.1.4 呋喃二甲酸类聚酯的加工

熔融纺丝，也称熔法纺丝，是以聚合物熔体为原料，采用熔融纺丝机进行纺丝的一种成型方法。张等制备了 PEG 含量为 40%（质量分数），相对分子质量为 2000 的 PEF-PEG 共聚酯，并用微型单螺杆挤出机与卷绕机将共聚酯进行纺丝处理，PEGF-40%-2000 在纺丝过程中具有较好的弹性，其单丝在常温下可以进行高倍牵伸，牵伸倍率达到 4 倍，纤维强度可达到 2.48cN/dtex，断裂伸长率为 52.4%，单丝具有较好的弹性和力学强度。陈志薇等使用熔体纺丝—拉伸一步法制备呋喃基共聚酯纤维，在相同拉伸倍数下，PETT 共聚酯纤维断裂强度、弹性模量较低，断裂伸长率较高，相比 PET 纤维升高了 1.53 倍。图 6-27 为熔融纺丝实验装置图。

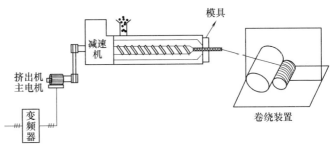

图 6-27 熔融纺丝实验装置图

6.4.1.5 呋喃二甲酸类聚酯的应用

（1）食品包装领域 食品包装材料对气体渗透速率有较高的要求。在分子结构上，呋喃环的非对称性和极性使链刚性增大，使链段不易翻转，运动能力下降，阻碍小分子扩散；在聚集态结构上，结晶或其他促使分子链堆砌致密，自由体积减小（物理老化）阻碍小分子的溶解与扩散，进一步改善阻隔性。Burgess 等研究了 PEF 中的 O_2、CO_2 和水蒸气传输现象，并将其与 PET 进行了比较，结果表明呋喃二甲酸类聚酯更适用于对 O_2 敏感的饮料包装。与 PET 的对称和非极性苯环相比，由于呋喃环的非线性轴和环极性，PEF 的阻隔性能增强。此外，FDCA 聚合物链的顺构象或反构象对气体和水蒸气的渗透速率有显著影响。荷兰 Avantium 公司的研究证明，使用 PEF 材料制作的饮料瓶在许多方面好于 PET 瓶，尤其是阻隔气体渗透的性能（PEF 阻隔氧气能力是 PET 的 10 倍，阻 CO_2 渗透的能力是 PET 的 4 倍，阻 H_2O 渗透的能力是 PET 的 2 倍），这可使包装产品的保存期限延长。由于其机械强度增强，可使 PEF 材料的包装更薄而轻，必然促使包装材料的用量减少。这些性能使得呋喃二甲酸类聚酯在食品包装领域具有良好的应用。

（2）家居领域 呋喃二甲酸类聚酯在制作运动服装和地毯方面同样具有十分广阔的应用前景。PEF 可用于制作服装、地毯、家居用品、一次性用品、纤维织物、尿布、滤布及工业纤维。目前荷兰 Avantium 公司已成功将 PEF 作为原料用于 T 恤衫生产。

6.4.2 聚对二氧环己酮

聚对二氧环己酮 ［Poly（P-Dioxanone），PPDO］ 是一种脂肪族聚酯-醚，与聚乳酸、聚乙醇酸、聚己内酯等类似，其分子主链中含有酯键，赋予了聚合物优异的生物降解性、生物相容性和生物可吸收性；此外，由于其分子主链中还含有独特的醚键，又使得该聚合物在具有良好的强度的同时还具有优异的韧性，是一种理想的医用生物降解材料。

　　PPDO 是由单体对二氧环己酮（PDO）开环聚合而得。PDO 主要以价格低廉的一缩乙二醇为原料，通过高效和高选择性催化脱氢成环催化剂从而一步法合成 PDO 单体（图 6-28），产率和纯度最高均可到达 99%，并且催化剂寿命超过 180 天，使 PDO 的成本大幅度降低，为合成低成本的 PPDO 奠定了基础。

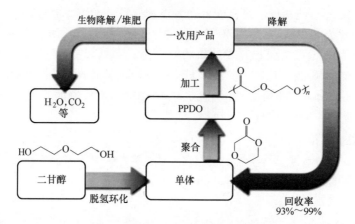

图 6-28　PPDO 合成、降解与回收

　　PPDO 分子主链中的酯键，决定了聚合物在有水存在的条件下的主要降解方式是水解。PPDO 分子链中的醚键在赋予其优异韧性的同时，也是促进其水解降解的关键因素。Sabino 等研究了在 37℃条件下，PPDO 在磷酸缓冲溶液中的水解情况，研究表明，PPDO 在水解过程中，由于酯键断裂产生羧基，体系 pH 降低，进一步加速 PPDO 的水解进程。研究还证明了 PPDO 的水解降解的第 1 阶段是从无定形区开始，晶区的降解可被视为第 2 阶段。郭敏杰等也对 PPDO 手术缝合线的体外降解进行了研究。Im 等研究了 PDS 的体内降解情况，结果表明，其具有良好的生物降解性和生物相容性。

　　PPDO 在自然环境中的生物降解性目前也被证实。Nishida 等详细研究了 PPDO 在自然环境下的降解情况，发现了许多种能使 PPDO 降解的微生物，并且这些微生物广泛分布于自然界中。他们还成功分离出 12 种能使 PPDO 降解的菌种，然后在纯培养条件下对其降解行为进行研究，发现某些菌种可以使高相对分子质量的 PPDO 迅速降解和溶解。在此研究基础上，他们还成功分离出 15 种以 PPDO 水解产物为碳源进行利用的菌种，这些菌种同样广泛分布于自然界中。将前面提到的能迅速将 PPDO 降解的菌种与这些利用 PDO 水解产物的菌种进行混合培养后，发现高相对分子质量的 PPDO 成功地被降解和利用。该研究结果为 PPDO 更广泛应用于各种环保产品奠定了基础。Williams 等人还研究了在酶和 γ 射线辐照下，PPDO 强度和形态的变化情况。

　　综上所述，PPDO 不仅具有优异的力学性能、生物降解性，还具备了可完全闭环循环再利用的特性。研究开发基于 PPDO 的高分子材料用于替代一次性使用产品领域传统的不生物降解聚合物，对于解决一次性使用高分子材料制品产生的资源与环境问题具有非常重要的意义。

6.4.2.1　聚对二氧环己酮的合成

聚对二氧环己酮的合成一般采用开环聚合法，采用的催化体系和内酯聚合的催化体系类似。Forschener 等采用辛酸亚锡做催化剂，同时采用十二烷醇做引发剂，实现对 PDO 的聚合。单体与催化剂的比例为 10000∶1，其相对分子质量最高可达 81000。Anliokowski 等同样采用辛酸哑锡做催化剂，醇类做引发剂，采用先聚合后固相聚合的方法制备出特性粘数范围为 2.3~8dL/g 的高相对分子质量的 PPDO，其单体与催化剂的比例约为 20000∶1。Nishida 等采用 5%（质量分数）的采自南极念珠菌的固定化脂肪酶催化聚合 PPDO，反应在 100℃下进行 15h，结果表明这种酶具有很高的催化活性，在较低的转化率下就可以得到具有一定相对分子质量的产物，而且得到的聚合物中所含的可能对生物体有害的物质大幅降低，更有利于 PPDO 在医学材料上的应用。Yang 等采用三乙基铝-水-磷酸（AlEt$_3$-H$_2$O-H$_3$PO$_4$）为催化剂合成了 PPDO，能在短时间内获得较高相对分子质量的 PPDO 聚合物。

6.4.2.2　聚对二氧环己酮的性能

（1）降解性能　PPDO 具有生物可降解性，是因为分子长链中含有很多酯键，这决定了在有水的环境中的发生降解的方式主要是水解。PPDO 分子链中存在的醚键也是促进水解的关键因素。白威等对相对分子质量为 280000 的 PPDO 在 37℃磷酸盐缓冲溶液中进行了模拟体外降解行为的研究实验，通过对降解行为的跟踪检测，发现高相对分子质量的 PPDO 降解速度较慢，表现出很好的稳定性，所以制备高相对分子质量 PPDO 可以提高材料的稳定性。Nishida 等研究了关于 PPDO 的降解动力学，明确指出其降解行为主要属于零级降解，降解发生在 150~250℃。

（2）结晶性能　PPDO 是一种半结晶性的聚合物，其玻璃化温度约为-10℃，熔点在109℃左右，且相对分子质量越小熔点越低。PPDO 晶体结构属于正交晶系，晶胞参数为$a=0.97$nm，$b=0.742$nm，$c=0.682$nm。Duek 等人采用差热扫描量热法研究 PPDO 的熔融行为与结晶行为，并采用调制差示扫描量热法和偏光显微镜（POM）等手段研究了 PPDO 的结晶行为与形态。结果表明，PPDO 冷却后可形成明显的结构完整的球晶。包一红等人采用 POM 和 XRD 研究了不同相对分子质量的 PPDO 的结晶行为，当相对分子质量超过30000，其结晶行为和结晶结构不再受相对分子质量的变化的影响，但球晶的生长速度与相对分子质量、结晶温度成反比，当相对分子质量达至 277300 时，温度升到 100℃已无法结晶。

6.4.2.3　聚对二氧环己酮的改性

尽管 PPDO 具有优异的力学性能、生物降解性，但是 PPDO 均聚物也存在着一些缺点，比如结晶速度慢、熔体黏度低、降解速度较慢、吸收期过长等问题，影响了其加工性能及应用领域，另外其单体的活性比前几种单体都低，聚合难度大，也使得其成本难以降低。为了改善其性能，拓展其应用领域，许多研究人员在对 PPDO 改性方面做了大量的工作，其中最主要的改性方式包括共聚、共混等。

（1）共聚改性　Bezwada 等合成了一系列的对二氧环己酮-乙醇酸嵌段共聚物（PDO-b-GA），这些共聚物具有强度好、吸收快和韧性好的优点，可制成单丝缝合线。Jarrett 等人合成出了对二氧环己酮-乳酸共聚物（PDO-LA）的嵌段和接技共聚物，其中的 LA 单元构成了共聚物的"硬"相，而 PDO 重复单元构成了共聚物的"软"相。Bezwada 等分别合成出以 PDO 为主体的 PDO-LA 共聚物和以 PLA 为主体的 PDO-LA 共聚物，前者具有强度好、韧性好的特点，后者具有高强度、伸长率大、有弹性等特点，以满足不同需求。Raquez 等合成半结晶的对二氧环己酮-乳酸嵌段共聚物（PDO-b-CL），降低了 PCL 过高的结晶度，并获得了柔韧性。Wang 等采用两端为羟基的聚乙二醇（PEG）和辛酸亚锡共引发制备了聚对二氧环己酮-聚乙醇酸-聚对二氧环己酮（PPDO-PEG-PPDO）三嵌段共聚物，使得 PPDO 的亲水性得到了较大改善。Huang 等采用原位插层聚合法制备了聚对二氧环己酮蒙脱土纳米复合材料，其中蒙脱土的加入促进了聚合反应速率，提高了 PPDO 的热稳定性、结晶速率、拉伸强度和断裂伸长率。

（2）共混改性　关于 PPDO 共混法改性的研究屡见不鲜。目前，通过共混法改性的实例主要有：PPDO 与 PEG、聚乙烯醇（PVA）、淀粉、PLA 共混等。Zheng 等首次采用 PEG 与 PPDO 共混的方法进行改性，结果表明，用 PEG 与 PPDO 共混可以明显地改善材料的结晶度、晶核密度。而且，高相对分子质量的 PEG 可以发挥增塑剂的效果，使得 PPDO 链段变得润滑、易排列，从而促进 PPDO 的结晶生长。Zhou 等采用 PVA 和 PPDO 共混的方法进行改进，结果表明材料的热稳定性和水溶性明显提高。因为 PVA 可以与 PPDO 形成分子间氢键，致使热分解温度显著提高，稳定性增强，并且 PVA 的添加并不影响 PPDO 的结晶性。Wang 等用淀粉与 PPDO 共混的方法进行改性，发现当淀粉加入量为 5% 时，共混材料的结晶焓、结晶温度达到最大值。淀粉的存在促进 PPDO 球晶的成核与生长，对提高材料结晶度有较好的效果，有助于降低 PPDO 的成本。

（3）其他改性　研究人员将无机粒子碳酸钙（$CaCO_3$）添加到 PPDO 中，运用 DSC 和 POM 研究共混物的结晶性。结果表明，无机粒子的添加，不但没有影响到聚合物的结晶形态，反而可以加快聚合物的结晶速度，提高共混物的结晶度。也有报道用填充法改性 PPDO 的例子。使用纳米级的蒙脱土填充 PPDO 材料后，复合材料的热稳性大大提高，经氮化硼填充过的 PPDO 材料热稳性大大提高。若将蒙脱土改性为经锂氟蒙脱土填充到 PPDO 后，材料水溶性也可得到改善。

6.4.2.4　聚对二氧环己酮的加工

（1）静电纺丝　静电纺丝是一种制备纳米纤维的特殊工艺，通过高压发生装置产生高压电场，在电场力的作用下，高分子聚合物熔体或溶液从纺丝针头挤出喷射，同时溶剂迅速挥发，最终聚合物在接收板上固化成型，形成静电纺纳米纤维膜。应用静电纺丝技术制备的纳米纤维膜具有孔隙率高、比表面积大、形貌均一等特点。高原等利用静电纺丝技术制备了 PPDO 纳米纤维膜并对其降解性能进行探究。PPDO 纳米纤维膜在降解一段时间后，仍能保持一定的力学强度，同时纳米纤维膜的结晶结构未发生变化，在组织工程、骨修复等对纤维膜力学性能要求较高的领域，具有较为广阔的应用前景。岳海琼等采用静电纺丝技术将 PPDO 制备成纳米级的生物可吸收支架，其拉应力在成纤维细胞收缩力的范围内，可以承受成纤维细胞的拉力，机械性能与皮肤的机械性能较为相似，可以模拟正常皮肤作为理想的面部植入材料。

（2）注塑成型　注塑成型是生产高质量、形状各异的塑料制品的最稳定和最广泛使用的方法。Erben 等利用注塑成型的方法制备了 PPDO，该材料没有显示出表面或内部缺陷，样本在 25℃ 的成型温度下表现出高度的塑性，平均断裂韧性为（93±5）kJ/m^2，平均杨氏模量为（545±47）MPa。

6.4.2.5 聚对二氧环己酮的应用

（1）聚对二氧环己酮缝合线　聚对二氧环己酮是脂肪族聚酯的一种，和其他脂肪族聚酯相比，PPDO 存在独特的性能，除了高分子链中酯键的存在使它具有优异的生物降解性外，独特的醚键还使其具有良好的柔韧性。可用于制造外科缝合线、骨板和组织修复材料，如螺钉、钩、片和钳等外科器具。Ethicon 公司出售的 PDS@ 就是一种已商业化的由 PPDO 制备的可吸收单纤维手术缝合线。这种缝合线具有体内生物降解性、低毒性、柔韧性，与高度僵硬的丙交酯、乙交酯聚合制备的缝合线明显不同，而且可在体内较长时间保持足够的机械强度、组织反应小，可用于需较长时间才能愈合的伤口复合。

Nichterwitz 等采用由 PPDO 制成具有凹槽的缝合线作为植入物用于促进大鼠坐骨神经的合成，与聚己内酯长丝相比，PPDO 细丝的机械强度能保持 12 周左右，弯曲强度约为聚己内酯长丝的 4 倍，在体内降解时间大概为 6 个月，明显低于 PCL。

（2）聚对二氧环己酮膜与管道　对于临床中出现的骨缺损现象，需选择合适的植入材料用来骨骼修复。Sohn 等用聚二氧环己酮膜处理大鼠胫骨处的骨缺损时，证明该膜有一定的缓冲性，无细胞毒性，未引起炎症反应，在 8 周内逐渐被大量多核巨噬细胞完全吸收。

Wan 等研究制备了壳聚糖（CH）/聚对二氧环己酮共聚物，与丝素蛋白（SF）混合后制备成 CH-PPDO/SF 管道植入兔子体内，此管道的体内降解率和抗拉强度表现出其具有修复长距离间隙神经的潜力。

除了作为医用材料，PPDO 还可以用于制造一次性卫生用品如尿布、纸巾等。在能大幅度降低合成成本的前提下，PPDO 有希望广泛应用于制造薄膜、发泡、板材、黏合剂、涂饰剂和无纺布等材料，以满足环保要求。

（3）可降解塑料　可降解塑料是新型的功能塑料，废弃以后可以通过自然界中微生物来分解，比如细菌或可使其降解的水解酶，降解产物一般为二氧化碳气体和水，排放到自然界中不会产生白色垃圾污染生态环境，所以常被称为"绿色塑料"。将 PPDO 与淀粉共混可以制出由完全可生物降解组分组成的可降解树脂，从而可以获得制备可降解塑料的低廉的材料。

6.4.3　烷基酚聚氧乙烯醚

烷基酚聚氧乙烯醚 $[（APEO）_n，n=4\sim15]$ 通常是平均乙氧基含量为 9.5 的烷基酚聚氧乙烯醚的混合物，其组分主要包括壬基、辛基、癸基和十二烷基酚聚氧乙烯醚等，是第二大类商用非离子表面活性剂，作为洗涤剂、乳化剂等，广泛应用于纺织加工、纸浆和造纸工艺中。烷基酚聚氧乙烯醚加成物的环氧乙烷（EO）的量在 15mol 以上时，产品在室温下为固体；EO 的量在 10mol 以下时，为淡黄色液体。EO 的量在 8mol 以上的产品具有良好的水溶性。烷基酚聚氧乙烯醚的化学稳定性高。在无水状态下，烷基酚聚氧乙烯醚型非离子表面活性剂中的聚氧乙烯链呈锯齿形，溶于水后醚键上的氧原子与水中的氢原子形成微弱的氢键，分子链呈曲折状，亲水性的氧原子位于链的外侧，而乙基（—CH_2CH_2—）位于链的内侧，因而链周围恰似一个亲水的整体。形成氢键的反应是放热的，而且这种氢键结合力较弱，所以聚氧乙烯醚型非离子表面活性剂水溶液在温度升高时，由于结合的氢键被破坏，亲水性减弱，由原来的透明溶液变成白色混浊的乳浊液。而这种变化是可逆的，当温度降低时溶液又恢复透明。但是，APEO 具有环境雌激素效应和生物累积性，进入环境后对人类和生态系统具有潜在危害。通过微生物降解法可以降低 APEO 对环境的影响。烷基酚聚氧乙烯醚的分子结构通式如图 6-29 所示。

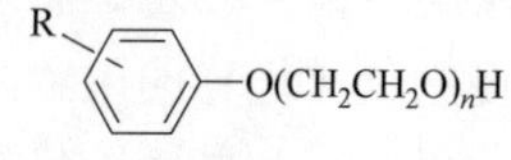

图 6-29　烷基酚聚氧乙烯醚的分子结构通式（R 为烷基，n 为乙氧基数目）

6.4.3.1　烷基酚聚氧乙烯醚的合成

烷基酚聚氧乙烯醚具有良好润湿性、渗透性和去污力，在脱脂方面有其他助剂不可替代的性能，因此被广泛应用于纺织行业。它是由烷基酚和环氧乙烷通过开环加成反应而制得。工业上（APEO）$_n$ 制备过程是：首先在酸性催化条件下，三甲基戊烯或者壬烯与苯酚发生烷基化反应，生成辛基酚或者壬基酚；然后其与 EO 以一定摩尔比在氢氧化钾（KOH）/乙醇催化下发生反应，此过程中调节两者的比例可以获得不同 EO 聚合度的 APEOs。图 6-30 展示了烷基酚聚氧乙烯醚的相关合成过程。

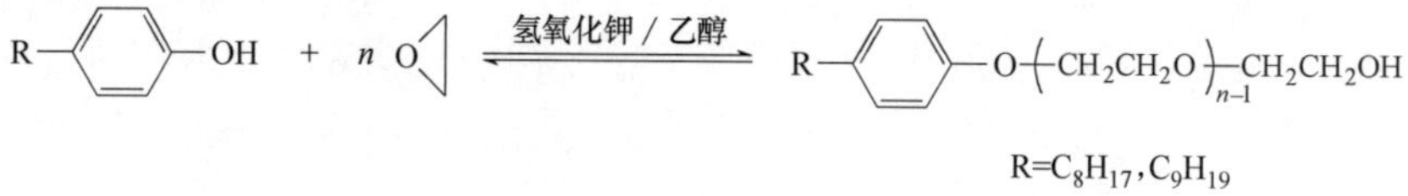

图 6-30　烷基酚聚氧乙烯醚的相关合成过程

6.4.3.2　烷基酚聚氧乙烯醚的性能

（1）生物降解性　（APEO）$_n$ 的烷基带有支链，使其生物降解性很差，通过微生物降解法可以降低 APEO 对环境的影响。对于这种非离子表面活性剂，它的降解速度一般按聚氧乙烯的长短来决定，即分子中（EO）$_n$ 越大，链越长，则降解越慢。烷基酚聚氧乙烯醚的 EO 数一般为 9~10，它的生物降解性一般比脂肪醇聚氧乙烯醚要差得多。烷基酚聚氧乙烯醚的降解产物主要有以下几种，即短链乙氧基化物、相应的羧酸和烷基酚。图 6-31 为（APEO）$_n$ 在有氧和无氧条件的生物转化图。以壬基酚聚氧乙烯醚（NPEOs）为例，在需氧降解过程中，NPEO 的 EO 链首先被打开，形成 1~2 个 EO 的 NPEO，这些代谢产物进一步氧化为相应的羧酸，即 NP_1EC 和 NP_2EC，最终分解为 NP（壬基酚）。对于 NPEOs 的生物降解始于微生物对 NPEOs 的环氧乙烷链进行降解。随着环氧乙烷单元数量的减少，NPEOs 被转化为 $NPEO_2$ 和 $NPEO_1$。同时，有氧和无氧条件下降解途径不同：在有氧条件下，$NPEO_2$ 和 $NPEO_1$ 转化为 NP_2EC 和 NP_1EC；在厌氧条件下，NPEOs 通过逐步去除乙氧基单元（如乙醛）的非氧化途径转化为 $NPEO_2$、$NPEO_1$ 和 NP。

（2）生物毒性　与其他非离子表面活性剂相比，（APEO）$_n$ 对水生物的毒性较大，对眼睛和皮肤的刺激也较高。其次，（APEO）$_n$ 的生物降解性很差，其生物降解代谢产物对水生物的毒性也相当大。研究证明，NPEO 和辛基酚聚氧乙烯醚（OPEO）的生物降解代谢产物 NP、辛基酚（OP）都属于环境激素的化学物质。它们可通过各种途径侵入人体，具有类似雌性激素的作用，危害人体正常激素分泌。自 20 世纪 80 年代发现 APEO 降解产物的生物毒性与环境激素效应后，APEO 就陆续地被一些国家限用或禁用。

6.4.3.3　烷基酚聚氧乙烯醚的改性

烷基酚聚氧乙烯醚是一种重要的聚氧乙烯型非离子表面活性剂，主要用于生产高性能洗涤剂。在纺织行业中，由其优良的润湿性能和洗涤性能，广泛用于棉纺品和羊毛的洗

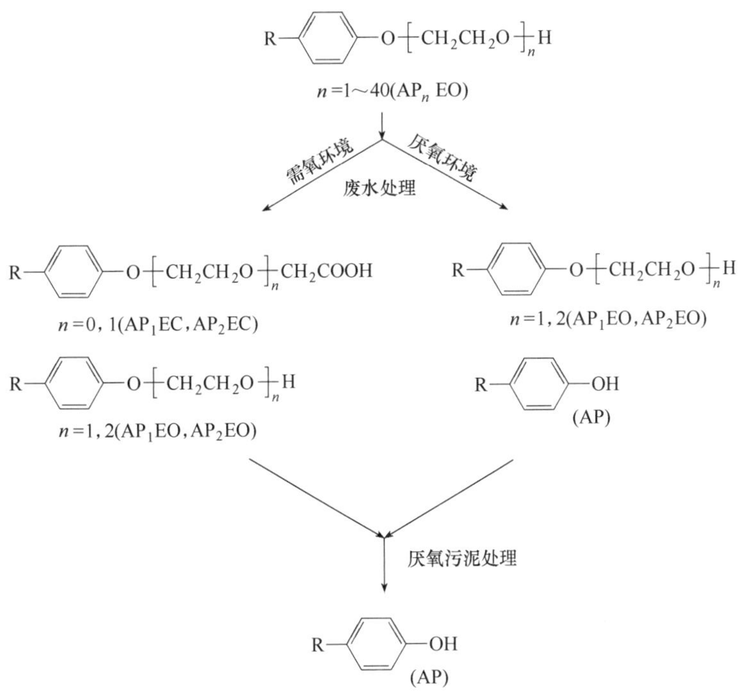

$$R - \langle \text{benzene} \rangle - O - [CH_2CH_2O]_n H$$

$$n = 1 \sim 40 (AP_n EO)$$

好氧环境 ← 废水处理 → 厌氧环境

$$R - \langle \text{benzene} \rangle - O - [CH_2CH_2O]_n CH_2COOH$$

$$n = 0, 1 (AP_1EC, AP_2EC)$$

$$R - \langle \text{benzene} \rangle - O - [CH_2CH_2O]_n H$$

$$n = 1, 2 (AP_1EO, AP_2EO)$$

$$R - \langle \text{benzene} \rangle - O - [CH_2CH_2O]_n H$$

$$n = 1, 2 (AP_1EO, AP_2EO)$$

$$R - \langle \text{benzene} \rangle - OH$$

$$(AP)$$

厌氧污泥处理

$$R - \langle \text{benzene} \rangle - OH$$

$$(AP)$$

图 6-31 （APEO）$_n$ 在有氧和无氧条件的生物转化

涤，同时，其抗静电性、乳化性和润湿性好，也可用于纤维的加工。但它对皮肤、毛发的脱脂力较强，对皮肤的刺激性较大，发泡力较弱，生物降解作用缓慢，所以在家庭日化用品中的应用受到限制。陈忠秀等使用硫酸化试剂将其改性为烷基酚聚氧乙烯醚硫酸盐，改性后的烷基酚聚氧乙烯醚硫酸盐除保持了烷基酚聚氧乙烯醚的优良性能外，起泡能力和增容能力显著提高，对人体皮肤的刺激性减弱，可作为各类日用清洁品的重要活性原料。李宜坤等使用丙酮作为溶剂，由烷基酚聚氧乙烯醚与氯乙酸和氢氧化钠反应合成烷基酚聚氧乙烯醚羧酸盐，其具有较好的耐温抗盐、降低原油与盐水溶液界面张力的能力，在模拟油层条件下能使原油采收率大幅度提高。

6.4.3.4 烷基酚聚氧乙烯醚的应用

（APEO）$_n$ 常常作为洗涤剂、乳化剂等，广泛应用于纺织加工、纸浆和造纸工艺中。低聚合度的壬基酚聚氧乙烯醚（NPEO）常用作消泡剂及破乳剂等，高聚合度的常用作乳化剂、润湿剂和洗涤剂等。除此以外，Ha Youn Song 等人也证明了（APEO）$_n$ 对 α-生育酚和姜黄素具有一定的增容作用。目前市场上（APEO）$_n$ 的替代品已有不少，主要有脂肪醇聚氧乙烯醚、异构醇聚氧乙烯醚、烷基糖苷、失水山梨醇酯及其聚氧乙烯醚、脂肪酸聚氧乙烯醚等，这些替代品在性能上与（APEO）$_n$ 相似或相近，但从原料来源、使用及经济性等综合考虑，它们与（APEO）$_n$ 目前还存在一定的差距，都需要进一步完善以提高性能、降低成本。

目前，关于烷基酚聚氧乙烯醚磺酸盐和羧酸盐的研究较多。葛际江等合成了一系列烷基酚聚氧乙烯醚磺酸盐和羧酸盐，并研究了它们对单家寺稠油和陈庄稠油的乳化降黏能力。发现在考察的 EO 数范围内，EO 数少的辛基酚聚氧乙烯醚 OP-4 对稠油的乳化效果优于其他 OPS-n；在一定的盐浓度范围内，聚醚磺酸盐对稠油的乳化能力随盐含量的增大而增大，具有良好的耐盐性，且作为原油乳化剂耐盐性明显优于烷基酚聚氧乙烯醚羧酸盐。聚氧乙烯醚磺酸盐除具有常规表面活性剂的一般性能外，同时具有更高的表面活性，有更好的水溶性、耐盐性、耐高温能力，还具有良好的润湿性、润滑性、乳化性能和防垢性能，有希望可以替代（APEO）$_n$。

6.5　问题与展望

目前，生物可降解高分子材料主要有两方面的用途：①利用其生物可降解性，解决环境污染问题，以保证人类生存环境的可持续发展。②利用其可降解性，用作生物医用材料。通常，对高聚物材料的处理主要有填埋、焚烧和回收再利用等 3 种方法，但这几种方法都有其弊端。尽管我国已经加强对生物高分子材料的研究，但是该技术还不够成熟，技术应用方面依然存在不可忽视的问题。主要体现在材料成本较高、材料用途受限、生产技术欠缺等方面。尽管我国对于生物可降解高分子材料的研究存在很多不足之处，却并没有停止对其研究，未来该材料应用在包装、医疗领域将会越来越强。未来，在理论和技术方面，应加深对生物降解高分子材料在加工和降解原理等方面的研究，在提高可降解高分子材料的力学强度、使用寿命的同时兼顾其降解性能。

思　考　题

1. 聚羟基脂肪酸酯的合成路径有哪些？
2. 聚己内酯、聚乙醇酸的合成途径是什么？有何区别？
3. 试分析聚羟基脂肪酸酯、聚己内酯、聚乙醇酸的结构区别，以及其结构与基本性能之间的关系。
4. 简述聚羟基脂肪酸酯、聚己内酯、聚乙醇酸等聚酯的降解行为，影响因素有哪些？
5. 为什么聚乙醇酸具有优异的气体阻隔性能，适用于哪些领域？试从凝聚态结构角度进行分析。

参 考 文 献

［1］　Lemoigne M. Produits de deshydration et de polymerisation de l'acide beta-oxybutyric ［J］. Finanz-Rundschau Ertragsteuerrecht, 1926, 91 (1)：449-454.

［2］　Williamson D H, Wilkinson J F, et al. The Isolation and Estimation of the Poly-beta-hydroxy-butyrate Inclusions of Bacillus Species ［J］. Journal of General Microbiology, 1958, 19 (1)：198-209.

［3］　Dawes E A, Senior P J, et al. The Role and Regulation of Energy Reserve Polymers in Micro-organisms ［J］. Advances in Microbial Physiology, 1973, 10：135-266.

［4］　Wallen L L, Rohwedder W K, et al. Poly-beta-hydroxyzlkanoate from activated sludge ［J］. Environmental Science & Technology, 1974, 8 (6)：576-579.

［5］　Smet M J D, Eggink G W, et al. Characterization of Intracellular inclusions formed by Pseudomonas oleovorans during growth on octane [J]. Journal of Bacteriology, 1983, 154 (2): 870-878.

[6] Ptter M, Steinbüchel. Poly (3-hydroxybutyrate) Granule-Associated Proteins: Impacts on Poly (3-hydroxybutyrate) Synthesis and Degradation [J]. Biomacromolecules, 2005, 6 (2): 552-560.

[7] REHM B H A. Polyester synthases: natural catalysts for plastics [J]. Biochemical Journal, 2003, 376 (1): 15-33.

[8] Laycock B, Halley, P Pratt, et al. The chemomechanical properties of microbial polyhydroxyalkanoates [J]. Progress in Polymer Science, 2013, 38 (3): 536-583.

[9] Raza, Z A, AbidS, et al. Polyhydroxyalkanoates: Characteristics, production, recent developments and applications [J]. International Biodeterioration & Biodegradation, 2018, 126: 45-56.

[10] Suriyamongkol P, Weselake R, Narine S Moloney, et al. Biotechnological approaches for the production of polyhydroxyalkanoates in microorganisms and plants—A review [J]. Biotechnology Advances, 2007, 25 (2): 148-175.

[11] 陈学思, 陈国强, 陶友华, 等. 生态环境高分子的研究进展 [J]. 高分子学报, 2019 (10): 1068-1082.

[12] Chen G-Q, Jiang X-R. Next generation industrial biotechnology based on extremophilic bacteria [J]. Current Opinion in Biotechnology, 2018, 50: 94-100.

[13] Rehm, Bernd H A. Bacterial polymers: biosynthesis, modifications and applications [J]. Nature Reviews Microbiology, 2010, 8 (8): 578-592.

[14] Chen G Q. Plastics Completely Synthesized by Bacteria: Polyhydroxyalkanoates [J]. Springer Berlin Heidelberg, 2009.

[15] Lawrence A G, Choi J, Rha C. In vitro analysis of the chain termination reaction in the synthesis of poly-(R)-β-hydroxybutyrate by the class Ⅲ synthase from Allochromatium vinosum [J]. Biomacromolecules, 2005, 6 (4): 2113.

[16] Li P, Chakraborty S, Stubbe J. Detection of Covalent and Noncovalent Intermediates in the Polymerization Reaction Catalyzed by a C149S Class Ⅲ Polyhydroxybutyrate Synthase [J]. Biochemistry, 2009, 48 (39): 9202-9211.

[17] Anjum A, Zuber M Zia, K M, et al. Microbial production of polyhydroxyalkanoates (PHAs) and its copolymers: A review of recent advancements [J]. International Journal of Biological Macromolecules, 2016, 89: 161-174.

[18] Rai R, Keshavarz T, Roether J A., et al. Medium chain length polyhydroxyalkanoates, promising new biomedical materials for the future [J]. Materials Science & Engineering R Reports, 2011, 72 (3): 29-47.

[19] Yamane H, Terao K, Hiki S, et al. Mechanical properties and higher order structure of bacterial homo poly (3-hydroxybutyrate) melt spun fibers [J]. Polymer, 2001, 42 (7): 3241-3248.

[20] Iwata T, Doi Y. Morphology and Crystal Structure of Solution-Grown Single Crystals of Poly[(R)-3-hydroxyvalerate [J]. Macromolecules, 2000, 33 (15): 5559-5565.

[21] Cai H, Qiu Z. Effect of comonomer content on the crystallization kinetics and morphology of biodegradable poly (3-hydroxybutyrate-co-3-hydroxyhexanoate) [J]. Physical Chemistry Chemical Physics Pccp, 2009, 11 (41): 9569.

[22] Fujita M, Takikawa Y, Teramachi S, et al. Morphology and Enzymatic Degradation of Oriented Thin Film of Ultrahigh Molecular Weight Poly[(R)-3-hydroxybutyrate] [J]. Biomacromolecules, 2004, 5 (5): 1787-1791.

[23] Sato H, Ando Y, Dyba J I, et al. Thermal Behaviors, and C—H···O＝C Hydrogen Bondings of Poly

（3-hydroxyvalerate）and Poly（3-hydroxybutyrate）Studied by Infrared Spectroscopy and X-ray Diffraction [J]. Macromolecules, 2008, 41（12）: 4305-4312.

[24] Scandola M, Ceccorulli G, Pizzoli M, et al. Study of the crystal phase and crystallization rate of bacterial poly（3-hydroxybutyrate-co-3-hydroxyvalerate）[J]. Macromolecules, 1992, 25（5）: 1405-1410.

[25] Iwata T. Strong Fibers and Films of Microbial Polyesters [J]. Macromolecular Bioscience, 2005, 5（8）: 689-701.

[26] Jendrossek D. Polyhydroxyalkanoate Granules Are Complex Subcellular Organelles（Carbonosomes）[J]. Journal of Bacteriology, 2009, 191（10）: 3195-3202.

[27] Tabassum Mumtaz, Suraini Abd-Aziz, Nor´Aini Abdul Rahman. Visualization of Core-Shell PHBV Granules of Wild Type Comamonas sp. EB172 In Vivo under Transmission Electron Microscope [J]. International Journal of Polymer Analysis & Characterization, 2011, 16（4）: 228-238.

[28] Mohamed, Abdelwaha, Allison. Thermal, mechanical and morphological characterization of plasticized PLA-PHB blend [J]. Polymer Degradation and Stability, 2012, 97: 1822-1828.

[29] Jost V, Langowski H C. Effect of different plasticisers on the mechanical and barrier properties of extruded cast PHBV films [J]. European Polymer Journal, 2015, 68: 302-312.

[30] Arrieta M P, López J, López D, et al. Effect of chitosan and catechin addition on the structural, thermal, mechanical and disintegration properties of plasticized electrospun PLA-PHB biocomposites [J]. Polymer Degradation & Stability, 2016, 132: 145-156.

[31] El-Hadi A, Schnabel R, Straube E, et al. Correlation between degree of crystallinity, morphology, glass temperature, mechanical properties and biodegradation of poly（3-hydroxyalkanoate）PHAs and their blends [J]. Polymer Testing, 2002, 21（6）: 665-674.

[32] Akin O, Tihminlioglu F. Effects of Organo-Modified Clay Addition and Temperature on the Water Vapor Barrier Properties of Polyhydroxy Butyrate Homo and Copolymer Nanocomposite Films for Packaging Applications [J]. Journal of Polymers & the Environment, 2018, 26（3）: 1121-1132.

[33] Xu P, Zeng Q, Cao Y, et al. Interfacial modification on polyhydroxyalkanoates/starch blend by grafting in-situ [J]. Carbohydrate Polymers, 2017, 174: 716-722.

[34] Xu P, Yang W, Niu D, et al. Multifunctional and robust polyhydroxyalkanoate nanocomposites with superior gas barrier, heat resistant and inherent antibacterial performances [J]. Chemical Engineering Journal, 2020, 382: 122864.

[35] Malmir S, Montero B, Rico M, et al. Morphology, thermal and barrier properties of biodegradable films of poly（3-hydroxybutyrate-co-3-hydroxyvalerate）containing cellulose nanocrystals [J]. Composites Part A: Applied Science and Manufacturing, 2017, 93: 41-48.

[36] Castro-Mayorga, J L, Fabra M J, et al. The impact of zinc oxide particle morphology as an antimicrobial and when incorporated in poly（3-hydroxybutyrate-co-3-hydroxyvalerate）films for food packaging and food contact surfaces applications [J]. Food and Bioproducts Processing, 2017, 101: 32-44.

[37] Mamat M R Z, Ariffin H. Bio-based production of crotonic acid by pyrolysis of poly（3-hydroxybutyrate）inclusions [J]. Journal of Cleaner Production, 2014, 83: 463-472.

[38] Braud C, Devarieux R, Garreau, et al. Capillary electrophoresis to analyze water-soluble oligo（hydroxyacids）issued from degraded or biodegraded aliphatic polyesters [J]. Journal of Environmental Polymer Degradation, 1996, 4（3）: 135-148.

[39] Hengxue, Xiang Xiaoshuang, et al. Thermal depolymerization mechanisms of poly（3-hydroxybutyrate-co-3-hydroxyvalerate）[J]. Progress in Natural Science Materials International, 2016, 26（1）: 58-64.

[40] Saeki T, Tsukegi T, Tsuji H, et al. Hydrolytic degradation of poly[（R）-3-hydroxybutyric acid] in

the melt［J］. Polymer, 2005, 46（7）: 2157-2162.

［41］ Yu J, Plackett D, Chen, et al. Kinetics and mechanism of the monomeric products from abiotic hydrolysis of poly［（R）-3-hydroxybutyrate］ under acidic and alkaline conditions［J］. Polymer Degradation & Stability, 2005, 89（2）: 289-299.

［42］ YU, G E, MARCHESSAULT, et al. Characterization of low molecular weight poly（β-hydroxybutyrate）s from alkaline and acid hydrolysis［J］. Polymer, 2000, 41（3）: 1087-1098.

［43］ Mao D, Yang W, Xia J, et al. The direct synthesis of dimethyl ether from syngas over hybrid catalysts with sulfate-modified γ-alumina as methanol dehydration components［J］. Journal of Molecular Catalysis A Chemical, 2006, 250（1-2）: 138-144.

［44］ Kang S, Yu J. One-pot production of hydrocarbon oil from poly（3-hydroxybutyrate）［J］. RSC Advances, 2014, 4（28）: 14320-14327.

［45］ Wang S, Song C, Chen G, et al. Characteristics and biodegradation properties of poly（3-hydroxybutyrate-co-3-hydroxyvalerate）/organophilic montmorillonite（PHBV/OMMT）nanocomposite［J］. Polymer Degradation and Stability, 2005, 87（1）: 69-76.

［46］ 王赛博. 聚乙醇酸纤维的制备及其性能研究［J］. 合成纤维工业, 2022, 45（2）: 65-69.

［47］ Zoi Terzopoulou, Lazaros Papadopoulos, Alexandra Zamboulis. Tuning the Properties of Furandicarboxylic Acid-Based Polyesters with Copolymerization: A Review［J］. Polymers, 2020, 12（6）: 1209.

［48］ 彭双宝. 生物基2,5-呋喃二甲酸共聚酯PBAF和PBSF的合成及生物降解性研究［D］. 杭州: 浙江大学, 2016.

［49］ 陈志薇, 张顺花. 呋喃基共聚酯PETT纤维的制备及其性能［J］. 现代纺织技术, 2022, 30（4）: 102-107.

［50］ 苗瑞东, 于海, 吴德峰, 等. 聚己内酯的降解性能及其对微生物的影响［J］. 塑料工业, 2009, 37（9）: 50-53.

［51］ 陈超, 包春燕, 袁敏, 等. 新型改性聚己内酯型聚氨酯弹性体的合成及性能［J］. 高等学校化学学报, 2016, 37（12）: 2291-2298.

［52］ Wang H, Dong J H, Qiu Y. Synthesis of Poly（1,4-dioxan-2-one-co-trimethylane carbonate）for Appfication in Drug Delivery Systemss［J］. Polymer Chemistry, 1998, 36: 1301-1307.

［53］ Nishida H, Konno M, Toldwa Y. Microbial Degradation of Poly（p-dioxanone）IL Isolation of Hydrolyzates·utilizing Micororganisms and Utiliatinn of Poly（p-dioxanone）by Mixed Culture［J］. Polym Dcgrad Stab, 2000, 68: 271-280.

［54］ Pezzin A, Ekenstein G, Duek E. Melt behaviour crystallinity and morphology of poly（p-dioxanone）［J］. polymer, 2001, 42: 8303-8306.

［55］ Nishida H, Yamashita M, Endo T. Analysis of the initial process in pyrolysis of poly（p-dioxanone）［J］. PolymerDegradation and Stability, 2002, 78: 129-135.

［56］ 贾挺挺, 陈思琪, 郭敏杰. 聚对二氧环己酮的应用研究进展［J］. 化学研究与应用, 2018, 30（11）: 1751-1756.

［57］ 陈忠秀. 烷基酚聚氧乙烯醚的改性研究［J］. 化学试剂, 2001, 23（4）: 208-210.

［58］ Hugo Destaillats, Hui-Ming Hung, Michael R Hoffmann. Degradation of Alkylphenol Ethoxylate Surfactants in Water with Ultrasonic Irradiation［J］. Environmental Science & Technology, 2000, 34, 2: 311-317.

［59］ DEGERATU C N, MABILLEAU G, AGUADO E, et al. Polyhydroxyalkanoate（PHBV）fibers obtained by a wet spinning method: Good in vitro cytocompatibility but absence of in vivo biocompatibility when used as a bone graft［J］. Morphologie, 2019, 103（341）: 94-102.

［60］ ACEVEDO F, VILLEGAS P, URTUVIA V, et al. Bacterial polyhydroxybutyrate for electrospun fiber production ［J］. International Journal of Biological Macromolecules, 2018, 106: 692-697.

［61］ KANIUK L, BERNIAK K, LICHAWSKA-CIE LAR A, et al. Accelerated wound closure rate by hyaluronic acid release from coated PHBV electrospun fiber scaffolds ［J］. Journal of Drug Delivery Science and Technology, 2022: 103855.

［62］ XIANG H, CHEN Z, ZHENG N, et al. Melt-spun microbial poly (3-hydroxybutyrate-co-3-hydroxyvalerate) fibers with enhanced toughness: Synergistic effect of heterogeneous nucleation, long-chain branching and drawing process ［J］. International Journal of Biological Macromolecules, 2019, 122: 1136-1143.

［63］ 徐智泉. PLA/PHBV 共混纤维结构及其低温染色性能 ［J］. 纺织报告, 2022, 41 (01): 3-4.

［64］ 曾方, 何娇, 何洪林, 等. P34HB 共混改性聚乳酸纤维柔软性能研究 ［J］. 合成纤维, 2019, 48 (12): 12-16.

［65］ KANIUK L, FERRARIS S, SPRIANO S, et al. Time-dependent effects on physicochemical and surface properties of PHBV fibers and films in relation to their interactions with fibroblasts ［J］. Applied Surface Science, 2021, 54 (5): 148983.

［66］ 董加力嘎, 呼和, 梁晓红, 等. 聚己内酯/蒙脱土/壳聚糖薄膜的制备及其应用 ［J］. 包装工程, 2014, 35 (19): 1-6, 24.

［67］ 尾澤紀生, 佐藤卓. ポリグリコール酸の結晶化温度を高くする方法及び結晶化温度を高くしたポリグリコール酸樹脂組成物: 日本特許, 特開 2008-260902 ［P］. 2008-10-30.

［68］ 阿久津文夫, 山根和行. 低熔融粘度聚乙醇酸和其制备方法以及该低熔融粘度聚乙醇酸的用途: 中国, 200880102802. 6 ［P］. 2009-02-26.

［69］ 桥本智, 山根和行, 若林寿一, 等. 聚乙醇酸类树脂长丝及其制造方法: 中国, 20071934297 ［P］. 2007-03-21.

7 聚氨基酸

聚氨基酸（聚多肽）是天然氨基酸单体或其衍生物通过酰胺键连接而成的一类聚合物的统称（这里所指的聚氨基酸不包括尼龙等聚酰胺）。聚氨基酸的酰胺键在生物体内酶的作用下发生水解断裂，可最终降解成小分子，因此具有良好的生物相容性和生物可降解性。此外，构成聚氨基酸的单体种类多样，来源丰富，可以是天然氨基酸，也可以是非天然的氨基酸衍生物，极大丰富了聚氨基酸的侧链化学结构和可修饰性。聚氨基酸的另一个显著特性是具有与蛋白质类似的稳定的 α-螺旋、β-折叠等规整有序的二级结构。这些优点使得聚氨基酸在生物医学、化工、环保和农业等领域具有极其广泛的应用前景。目前开发的聚氨基酸产品主要有：γ-聚谷氨酸（γ-PGA）、ε-聚赖氨酸（ε-PL）、聚天冬氨酸（PASP）等。

聚氨基酸通常的合成方法包括生物发酵法、固相合成法、缩聚法和 N-羧基环内酸酐（NCA）开环聚合法。生物发酵法操作简单，条件温和，可以大规模合成一些相对分子质量较低的聚氨基酸；传统的多肽固相合成法需要昂贵的基团保护试剂，且保护和脱保护步骤烦琐，无法合成高相对分子质量的聚氨基酸，也无法大规模应用；缩聚法效率低、副反应多、相对分子质量低；NCA 开环聚合法单体稳定性差，分离纯化以及储存都非常困难，也无法合成某些功能性聚氨基酸，比如 ε-聚赖氨酸及 γ-聚谷氨酸等。近年来，中国科学院长春应用化学研究所的陶友华课题组提出了氨基酸聚合的新方法，包括内酰胺开环聚合法以及 Ugi 多组分法。其中，内酰胺开环聚合法突破了化学法合成高相对分子质量 ε-聚赖氨酸的瓶颈问题。

7.1 γ-聚谷氨酸

7.1.1 概 述

谷氨酸于 1856 年发现，为无色晶体，有鲜味（味精的主要成分即为谷氨酸钠），微溶于水，溶于盐酸溶液，等电点为 3.22。谷氨酸大量存在于谷物中，动物脑中含量也较多。谷氨酸参与动物、植物和微生物中的许多重要化学反应，在生物体内的蛋白质代谢过程中占据重要地位。由于谷氨酸分子有 α 位和 γ 位两个羧基，因此其均聚物有两种异构体：α-聚谷氨酸（α-PGA）和 γ-聚谷氨酸，其结构如图 7-1 所示。α-聚谷氨酸是由谷氨酸单体的 α-羧基和 α-氨基通过酰胺键连接而成的聚合物，目前 α-聚谷氨酸主要由 NCA 单体的开环聚合法得

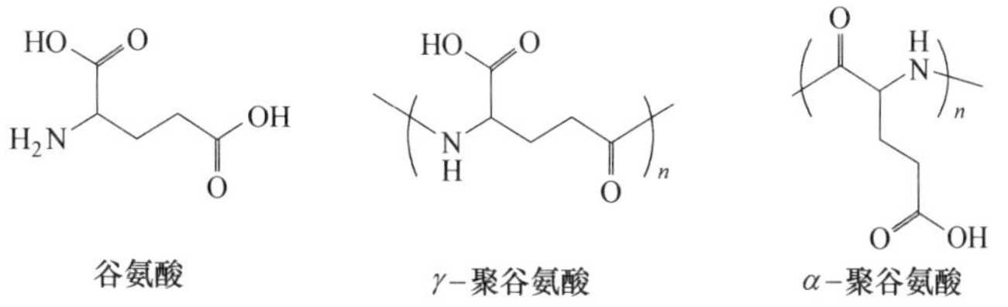

图 7-1 谷氨酸及其两种均聚物（α-PGA 和 γ-PGA）的结构式

到，而微生物法生产 α-聚谷氨酸很困难，仅能通过基因重组技术获得。γ-PGA 是由谷氨酸单体的 γ-羧基和 α-氨基通过酰胺键连接而成的阴离子型聚氨基酸，它的基本骨架是由 γ-酰胺键连接而成的直链分子，链间存在大量氢键。由于 γ-PGA 主链存在大量肽键，受环境中酶的作用，可降解生成无毒的短肽小分子和氨基酸单体，因而具有优良的生物相容性和生物可降解性。此外，γ-PGA 主链含有大量游离的羧基，不仅赋予其良好的水溶性、强吸水保湿性，可用于化妆品、食品、建筑涂料等领域，羧基官能团经过后修饰还能赋予 γ-PGA 很多独特的性能，可用于生物医药等领域。1937 年，Ivaovics 等在病原菌炭疽芽孢杆菌（*Bacillus anthracis*）的荚膜中首次发现了 γ-PGA，此后在一些非致病性的芽孢杆菌属（*Bacillus sp.*）革兰阳性菌的荚膜中也发现了 γ-PGA 的存在。迄今为止发现的微生物合成的聚谷氨酸均为 γ-PGA，而化学合成的聚谷氨酸多数为 α-PGA。

γ-PGA 的相对分子质量是决定其应用范围的重要结构参数之一。例如，在医药载体领域，γ-PGA 的相对分子质量可以被用于控制药物的释放时间。低相对分子质量的 γ-PGA 具有维持透明质酸的功能，可以用于化妆品领域。研究表明，γ-PGA 不同的生理活性会随着相对分子质量的变化而发生改变，同时，在工业生产过程中，大相对分子质量的 γ-PGA 易导致发酵体系黏度增加，造成发酵液中的溶氧量下降，低溶氧则限制了菌体的生长以及 γ-PGA 的进一步合成；另外，高黏度的发酵产物对下游的分离工艺又提出了较高的要求，不利于 γ-PGA 的工业化生产。细菌合成的 γ-PGA 相对分子质量随所用菌株不同有很大的差异。通常，*Bacillus sp.* 产生的 γ-PGA 具有较高的相对分子质量，一般在 $(1\sim20)\times10^5$，这样高相对分子质量的聚合物可用作增稠剂，在制备高吸水性树脂方面很有用，但由于其黏度太高，流体学性质难以控制，且不利于化学试剂的修饰，在有些用途上就不合适。因此对 γ-PGA 相对分子质量的控制十分重要，已有研究采用化学法（酸、碱水解）、物理法（超声降解）、酶解法等尝试对 γ-PGA 的相对分子质量大小进行控制。

γ-PGA 的立体化学组成对 γ-PGA 产品的性能和应用有很大影响。某些领域如在化妆品原料中，高 L-谷氨酸含量的 γ-PGA 具有更大的优势，因为其降解形成的大量 L-谷氨酸具有更佳的生物相容性；另外由于 γ-PGA 的降解性主要由酶解引起，而酶通常对 D-氨基酸敏感性较低，高 L 型含量的 γ-PGA 具有降解更迅速的特点。而在其他一些领域中，如农业保水应用方面等，则要求 γ-PGA 较为稳定，不易降解，以维持其更长时间的保水能力，因此需要高 D 型含量的 γ-PGA；另外在某些食品添加剂领域中，也偏向于 D 型 γ-PGA，因为 D-谷氨酸几乎没有味道，而且 D-谷氨酰胺寡聚体也几乎没有味道和气味。目前，在 γ-PGA 发酵过程中，产物立体化学组成随菌株和发酵条件而有很大的变化。如何在发酵合成过程中有效地控制其立体化学组成以满足不同的应用需求成为一个亟须解决的问题。

7.1.2 γ-聚谷氨酸的合成

7.1.2.1 提取法

γ-PGA 在很早之前被发现是日本的一种传统食物纳豆中所含有的高黏性丝体的主要成分，因此它的别名又称作纳豆胶、纳豆菌胶。提取法是从纳豆中分离得到 γ-PGA，由于纳豆中成分复杂，γ-PGA 含量不稳定，使得该方法得不到广泛应用。

7.1.2.2 微生物发酵法

目前生产 γ-PGA 的主要方法是微生物发酵法，该法工艺相对简单，培养条件温和，产物分离纯化容易，周期较短，适合于大规模生产。微生物发酵法在近年得到了广泛的采用和快速的发展。至今发现的 γ-PGA 生产菌株主要集中在 *B. subtilis* 和 *B. licheniformis*。根据培养基中是否需要提供谷氨酸前体，可将 γ-PGA 产生菌分为两类：谷氨酸依赖型（Ⅰ类）和谷氨酸非依赖型（Ⅱ类）。谷氨酸依赖型菌株（培养基中需加入谷氨酸才能生产 γ-PGA）具有较高的 γ-PGA 合成效率，产物浓度可达 20~50g/L，是目前 γ-PGA 主要工业生产菌株，但由于培养基中需加入大量谷氨酸，成本较高。Ⅰ类菌株包括 *B. licheniformis* ATCC 9945A、*B. subtilis* IFO 3335、*B. subtilis* F-2-01 等菌株。谷氨酸非依赖型菌株无须额外添加谷氨酸，只需普通培养基即可生产 γ-PGA，然而，这类菌株的 γ-PGA 产率极低（<10g/L），至今还未见用于工业生产的报道。Ⅱ类菌株包括 *B. subtilis* TAM-4、*B. licheniformis* A35 等。γ-PGA 的生物合成受到培养基组成、发酵条件等因素的影响。

目前 γ-PGA 已在食品、医药、农业和工业领域得到应用，但合成酶聚合机制和相对分子质量调控机制尚未完全阐明，其生产成本过高也制约了 γ-PGA 的广泛应用。徐虹课题组通过对天然聚氨基酸发酵过程进行调控，提升了微生物生产聚氨基酸的能力：①针对聚氨基酸发酵体系下的底物摄取与溶氧困难，以及菌株生长与谷氨酸转运两者最佳 pH 的不一致性，采用 pH 两步调控策略、谷氨酸低初始浓度流加补料策略，显著促进了底物的转运，使底物利用率增加了 20%，达到了 90.5%；②通过外源添加氧胁迫调节剂、整合透明颤菌血红蛋白基因等手段，提高了 γ-PGA 生产菌株氧胁迫下的适应能力和培养基溶氧能力，最终使得 γ-PGA 产率分别提高了 20% 以上；③针对 γ-PGA 胞外分泌困难，通过添加 Tween-80 和 DMSO 增加细胞膜的通透性，促进外源底物的利用和产物的分泌，并且提高 α-酮戊二酸节点异柠檬酸脱氢酶的活性，从而使该节点通向谷氨酸的代谢流量增加了 28%~33%，达到了促进产物 γ-PGA 合成的目的；④针对聚氨基酸积累度低和生产成本高的问题，筛选得到了一株不依赖外源谷氨酸的生产菌株，该菌株能够以非粮原料菊芋作为原料一步法发酵生产 γ-PGA，由于省去谷氨酸成本，相比于谷氨酸非依赖型菌株，该过程合成 γ-PGA 效率较高、生产成本低。

7.1.2.3 肽合成法

化学法合成 γ-PGA 包括传统的肽合成法和缩聚法。传统的肽合成法是将氨基酸逐个连接形成多肽，这个过程一般包括基团保护、反应物活化、偶联和脱保护。肽类合成法是化学合成 γ-PGA 的重要方法，但合成步骤烦琐、试剂昂贵、副产物多、收率低且合成的多肽相对分子质量低，显然不适用于 γ-PGA 的大规模生产。

7.1.2.4 二聚体缩合法

缩聚法是选择性地将谷氨酸的 α-羧基进行保护，再通过缩合聚合反应得到 γ-PGA，难度也很大。溶液缩聚很容易形成五元环状化合物，而本体缩聚在加热条件下，普通的保护基团很容易脱落，导致支化产物的形成。目前二聚体缩合法的报道仅有一例，即先制备谷氨酸的二聚体，再通过二聚体的缩聚合成 γ-PGA。但是这种方法工艺路线长、副产物多、收率低，使其应用受到限制。另外，通过五元环状内酰胺的开环聚合法制备 γ-PGA 在未来也是有希望实现的。

7.1.3　γ-聚谷氨酸的应用

通过微生物发酵法得到的 γ-PGA 是一种水溶性生物降解的新型绿色生物材料，具有可食用性、无毒性、成膜性、可塑性、黏结性、保湿性等特点，这些特性使其具有增稠、乳化、凝胶、成膜、保温、缓释、助溶和黏结等有益功能。因此，γ-PGA 及其衍生物在医药、食品、化妆品、农业、环境保护等领域有非常广阔的应用前景，如 γ-PGA 既可以作为药物载体、增稠剂和保湿剂，又可以作为保水剂及水果、蔬菜的防冻剂、保鲜剂，还可以作为水处理的絮凝剂和重金属螯合剂等。

7.1.3.1　水处理领域

由于 γ-PGA 侧链带有大量游离带负电荷的羧基，改性后可同时对阴、阳离子起到螯合和絮凝作用，且 γ-PGA 具有可降解、生物相容性和无毒副作用特点，因而其在水处理方面是一种性能卓越以及环境友好型的水处理剂，已被开发出一系列市场化应用产品。如 *Bacillus sp.* PY-90、*B. subtillis* IFO3335、*B. licheniformis* CCRC12826、*B. subtillis* NX-2 等几株芽孢杆菌属细菌均分泌 γ-PGA，并显示出很高的絮凝活性。国外已开展 γ-PGA 用作绿色絮凝剂的研究，并投入了初步应用，如日本科学家利用 γ-PGA 絮凝剂对大阪护城河水进行治理，取得了令人满意的效果。南京工业大学徐虹等也对 γ-PGA 的絮凝特性与初步应用进行了研究。此外，阴离子型 γ-PGA 对 Ni^{2+}、Cu^{2+}、Cr^{3+} 和 U^{4+} 等金属离子有较强的亲和力。姚俊等尝试采用 γ-PGA 处理电镀废水，发现 γ-PGA 可有效降低电镀废水中超标的 Ni^{2+}、Cu^{2+}、Cr^{3+} 的浓度，可有望发展一种新型 γ-PGA 重金属吸附剂。γ-PGA 与聚天冬氨酸有相似的分子结构和性质，因此可用于阻垢、缓蚀剂。佟盟、徐虹等采用酸解法建立了一套低相对分子质量 γ-PGA 的制备工艺，并初步研究了低相对分子质量 γ-PGA 的阻垢、缓蚀性能。

7.1.3.2　化妆品领域

γ-PGA 的分子链上有大量游离羧基、氨基和羰基，这三种官能团均具有水合能力，γ-PGA 分子链之间有大量的氢键存在，这使得 γ-PGA 具有超强的保水锁水性能。它还能与金属离子螯合，具有良好的抗菌性能、成膜特性、强柔滑性以及缓释能力，非常适合用在化妆品中以提升和延长保湿功效。日本铃木草本研究所研究发现，γ-PGA 敷于皮肤可作为一层保水膜，能有效防止水分流失，比公认最具保湿能力的透明质酸的效果高 2~3 倍。γ-PGA 还可直接渗透至肌肤内部的角质层，促进皮肤角质细胞内的天然保湿因子的增生，恢复肌肤本来的保湿能力，使肌肤更具透明度与润泽感，因而是一种机能型而非一般覆盖型的保湿剂。此外，γ-PGA 还具有抑制透明质酸酶活性的作用，可缓解因透明质酸酶的活化而引起的皮肤结缔组织中透明质酸的降解，进而防止因皮肤结缔组织疏松导致的皮肤失去弹性和产生皱纹。

7.1.3.3　农业领域

γ-PGA 是一种优良的植物刺激剂，施用于植物根部或叶部，γ-PGA 主要通过 $Ca^{2+}/$ CaM 信号途径来调节植物氮代谢关键酶的活性，提高植物对氮素的吸收和同化，同时通过调节植物内源激素水平及其稳态平衡来传递其信号，进而调控植物的生长。当与肥料同时使用时，γ-PGA 可以使更多的肥料养分在作物生长的前期被固定，这些被固定的营养元素在作物生长的中后期又逐渐被释放出来供作物生长所用，从而有效提高了肥料利用率。另外，在非生物胁迫条件下，γ-PGA 通过与植物细胞膜上的互作蛋白结合，启动抗逆机制，提高作物对干旱、高盐、低温等的抗逆性。

7.1.3.4 医药领域

γ-PGA 具有良好的生物相容性、生物可降解性，且具有丰富的羧基可用于结构修饰，可以用作药物载体，提供药物缓释性、靶向性，提高亲脂药物的水溶性，降低药物的毒副作用。例如 γ-PGA 与水溶性较差的紫杉醇结合形成复合物，大大提高了紫杉醇的水溶性，一定程度上延长了紫杉醇发挥抗肿瘤作用的时间，对于癌症治疗很有效果。此外，γ-PGA 的保湿性也能促进药物发挥疗效。将 γ-PGA 与丝胶蛋白（SS）混合制备成 γ-PGA/SS 水凝胶，可以刺激伤口肉芽与毛细血管的生长，保持伤口周围环境的湿润，有效防止伤口发炎，促进伤口愈合。γ-PGA 还可以作为医用纤维的替代更新产品，用于生物黏合剂、止血剂和缝合线。

7.1.3.5 食品领域

在食品行业，高相对分子质量 γ-PGA 可以包埋食物分子，作为除涩剂减少由氨基酸、肽、奎宁、咖啡因和矿物质引起的酸涩，可以作为果汁饮料、运动型饮料的增稠剂。在面包、面条食品中，添加 γ-PGA 可以防止老化和增强质感，还可以作为抗冻剂来减少低温对食品的冻害作用，保留原有的风味以及弹性。研究表明，不同相对分子质量的 γ-PGA 具有不同的抗冻性能，当相对分子质量低于 200000 时，其抗冻活性比目前已知的抗冻性能较好的葡萄糖效果更佳。此外，γ-PGA 还可以用作动物饲料添加剂，提高矿物质吸收，增强蛋壳强度，减少体内脂肪等。

7.2 ε-聚赖氨酸

7.2.1 概　　述

1977 年日本学者 S. Shima 和 H. Sakai 从微生物中筛选 Dragendo~Positive（简写为 DP）物质时发现，一株放线菌 No. 346 能产生大量而稳定的 DP 物质，通过对酸水解产物的分析及结构分析，证实该 DP 物质是一种含有 25~30 个赖氨酸残基的同型单体聚合物，称为 ε-聚赖氨酸（ε-PL）。ε-PL 是一种由微生物大量生产的氨基酸同型聚合物，它由人体必需氨基酸 L-赖氨酸的 ε-氨基与另一 L-赖氨酸的 α-羧基形成的 ε-酰胺键连接而成，结构式如图 7-2 所示。与之相对应的 α-聚赖氨酸（α-PL）则是由 L-赖氨酸的 α-氨基与另一 L-赖氨酸的 α-羧基形成的 α-酰胺键连接而成，α-PL 主要由化学法（NCA 开环聚合法）合成而来。但 α-PL 具有一定的细胞毒性，这极大限制了其应用领域。与 α-PL 不同，ε-PL 安全无毒、可以食用，已获得美国 FDA 的安全认证。ε-PL 纯品为淡黄色或白色粉末，吸湿性强，略有苦味；极易溶于水、盐酸，不溶于乙醇、

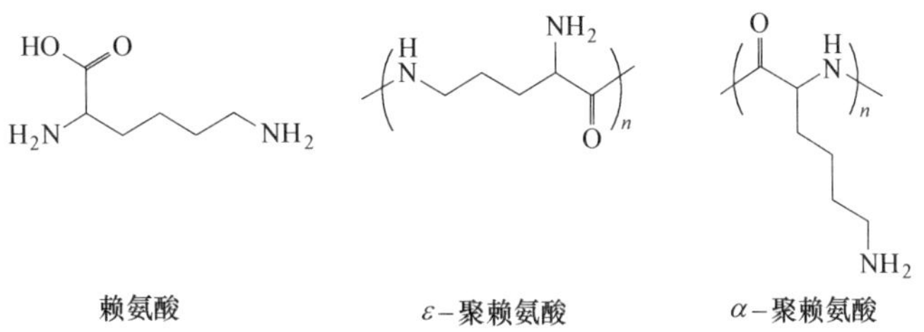

图 7-2 赖氨酸及其两种均聚物（ε-PL 和 α-PL）的结构式

乙醚等有机溶剂，具有良好的热稳定性，在 100℃ 加热处理 30min 及 120℃ 加热处理 20min 后，均保持其抑菌能力。ε-PL 的等电点 pI 约为 9.0，比旋光度 $[\alpha]_D^{25}$ 为 +57.1°（$c=1$，H_2O），$[\alpha]_D^{25}$ 为 +39.9°（$c=1$，5mol/L HCl），熔点为 25℃。

由于具有抑菌谱广、安全性高、稳定性强等优良特性，ε-PL 作为一种天然食品防腐剂目前已被日本、韩国、欧美等国家/地区广泛使用，2014 年我国也批准 ε-PL 及其盐酸盐作为新型食品添加剂。此外 ε-PL 还可用作化妆品添加剂、高吸水性树脂制备、生物芯片及某些药物的载体。ε-PL 的聚合度主要分布在 25~35，低聚合度产生菌分布较少。研究表明，不同相对分子质量的 ε-PL 往往表现出不同的特性，聚合度大于 9 的 ε-PL 才表现出较高的抑菌活性，15~27 的低聚合度 ε-PL 相比于 25~35 的高聚合度 ε-PL 对革兰氏阴性菌、阳性菌以及酵母具有更好的抑菌效果。同时，在食品行业添加低聚合度 ε-PL，能够消除大量添加高聚合度 ε-PL 带来的苦味。而作为新型抗菌材料时，高聚合度的 ε-PL 在保持优良抗菌性能的同时更利于分子修饰，衍生得到更多存在形式的功能型材料，离子型更强，能形成交联性更强的凝胶。

由于高聚合度 ε-PL 呈苦味，不利于在食品中大量添加。因此，如何高效获得低聚合度的 ε-PL 一直是研究的热点。目前，合成不同相对分子质量的 ε-PL 主要方式为：①添加短链脂肪醇以及环糊精衍生物控制 ε-PL 链长，但是外来物质的加入在食品安全性方面存在隐患；②化学方式合成，在食品领域应用存在潜在的安全隐患；③利用 ε-PL 降解酶调控相对分子质量，存在相对分子质量难以精确控制的问题。

7.2.2 ε-聚赖氨酸的合成

7.2.2.1 微生物发酵法

ε-PL 的微生物法合成与生产菌株、培养基、培养方法和培养条件等关系密切，其聚合度也随着菌株、条件的不同，从 10 到 40 不等。ε-PL 的生产菌株可根据 ε-PL 的聚合度大小分为两大类：Ⅰ型为高聚合度生产菌株，聚合度一般在 20~35；Ⅱ型为中、低聚合度的生产菌株，其聚合度小于 20，一般在 10~19。Ⅰ型生产菌株包括小白链霉菌（Streptomyces albulus）No. 346（微工研 3834 号）、No. 11011A-1（微工研 1109 号）、No. 50833（微工研 1110 号）、No. 410 等，生产的 ε-PL 相对分子质量在 3300~3800。徐虹等筛选得到了一株北里孢菌（Kitasatospora sp.）MY 5-36，产生的 ε-PL 相对分子质量为 5010~5050，聚合度为 39~40，为目前微生物发酵法得到的 ε-PL 相对分子质量报道的最高值。Ⅱ型 ε-PL 生产菌株包括 S. albulus MN-4、S. albulus subsp. ap-25、S. lavendulae USE-53（FERM P-18350）、K. kifunense MN-1、S. roseoverticillatus MN-10 等，此类菌株所产的 ε-PL 产量均不高。

工业上一般采用 S. albulus 作为 ε-PL 的发酵生产菌株，它是 1981 年由 Shima 和 Sakai 筛选得到并进行分类鉴定的。在很长一段时间内，筛选 ε-PL 的产生菌株都是一项烦琐的工作。直到 2002 年，日本学者 Nishikawa 找到了一种颇为有效的 ε-PL 菌株筛选方法，通过向筛选培养基中添加一种带负电荷基团的酸性染料 PolyR-478，在菌落周围的培养基内与带正电荷的 ε-PL 产生富集缩合效应（颜色变为深玫红），从而能直观地对 ε-PL 生产菌株进行大规模筛选。传统的育种技术烦琐费时，现代基因工程育种操作更简单、育种效率更高，因此被广泛用于工业微生物的菌种改良。Hua 等人仅通过了两轮基因组重排，便将

Saccharomyces cerevisiae 谷胱甘肽的摇瓶产量与上罐产量分别提高了 32 倍和 33 倍。除生产菌株外，影响 ε-PL 发酵生产的因素还有很多，包括培养基、培养条件等。ε-PL 的生产菌株培养基与培养条件较为苛刻，培养基一般采用半合成培养基，需要添加有机氮源如酵母膏、牛肉膏等，此外，碳源如葡萄糖，无机氮源如硫酸铵，金属离子如 Mg^{2+}、Zn^{2+}、Fe^{2+} 等也都是必需的。ε-PL 生产过程中 pH 控制也是极为关键的，较高的 pH 容易使菌株中的 ε-PL 降解酶发生作用，使 ε-PL 发生降解。徐虹课题组通过外源添加氧胁迫调节剂、整合透明颤菌血红蛋白基因等手段，提高了 ε-PL 生产菌株氧胁迫下的适应能力和培养基溶氧能力，最终使得 ε-PL 产率提高了 50% 以上，同时针对 ε-PL 发酵周期长、生产过程难以控制，自行设计开发了吸附固定化生物反应器结合多阶段溶氧调控技术发酵生产 ε-PL，最终 ε-PL 产率由 16g/L 提高至 30g/L 以上，发酵时间由 120h 缩短至 72h。

7.2.2.2 化学合成法

生物法制备 ε-PL 合成周期冗长、提纯工艺复杂、合成效率偏低，获得的 ε-PL 相对分子质量普遍不超过 5000，远远不能满足实际需求；此外，生物法难以制备 ε-PL 的共聚物，无法进一步地调节产物的结构和性能，这极大地限制了 ε-PL 的应用范围。由于赖氨酸单体含有多个活性基团，普通的缩合聚合很难得到直链的 ε-PL。因此，通过化学法合成直链的 ε-PL 是一个公认的尖端难题。开环聚合法制备聚合物副反应少，不存在等当量配比的问题，易于得到高相对分子质量聚合物，广泛应用于聚环氧丙烷、聚己内酰胺、聚硅氧烷、聚乳酸等的工业生产。但如果采用经典的合成 α-PL 的方法（即 NCA 开环聚合法）来制备 ε-PL，则需要合成九元环状的 NCA 单体，这种单体的合成是很困难的。因此，经典的文献曾认为 ε-PL 很难通过开环聚合的方法获得。2015 年，中国科学院长春应用化学研究所的陶友华课题组提出赖氨酸可以通过高效的成环反应直接形成相应的环状赖氨酸单体，再通过七元环状赖氨酸单体的开环聚合获得高相对分子质量的 ε-PL。其中，合适的氨基保护基团是成功实现开环聚合制备 ε-PL 的关键。合适的保护基团需要满足几个条件：①能对氨基双保护；②立体位阻较小；③保护后的单体在普通有机溶剂中有较好的溶解性；④能在温和的条件下脱保护。经过一系列筛选，二甲基吡咯可作为氨基的最优保护基团。二甲基吡咯保护的 ε-内酰胺单体可以顺利地进行开环聚合，得到相对分子质量超过 10000 的 ε-PL。但由于七元环状赖氨酸单体的聚合活性较低，以普通的碱（钠、氢化钠等）为催化剂的开环聚合通常需要在很高的温度（>200℃）下进行。2017 年，陶友华课题组以有机超强磷腈碱 t-BuP$_4$ 为催化剂成功实现了二甲基吡咯保护的环状赖氨酸单体在 60℃ 下的开环聚合，从而突破了抗菌性 ε-PL 只能采用生物法合成的局限。随后，通过对环状赖氨酸单体进行功能化修饰又合成了三种分别带有苄氧基、烯丙氧基和寡聚乙二醇单甲醚的功能化环状赖氨酸单体，有机超强碱 t-BuP$_4$ 催化体系可使上述环状单体在室温下高效可控而温和地进行，单体的转化率可达到 99%，所得功能化聚氨基酸的数均相对分子质量最高可达到 47700（图 7-3）。特别的是，由于聚合条件十分温和，侧链烯丙氧基基团在聚合过程中始终保持稳定。因此可以通过硫醇-烯烃点击反应对所得聚合物进行聚合后修饰，从而引入各种功能基团，进一步丰富了聚氨基酸的结构和功能。

与传统的氨基酸 NCA 开环聚合相比，内酰胺开环聚合法制备聚氨基酸的优点在于内酰胺单体的合成简单，无须使用光气或其衍生物；内酰胺单体稳定性好，因此其分离纯化以及储存都非常容易；可以大规模地制备高相对分子质量聚氨基酸。内酰胺开环聚合法实现了高相对分子质量 ε-PL 化学法合成从不可能到可能的突破，具有重要的工业意义。研究发现，数均相对分子质量为 47700 的 ε-PL 在浓度为 0.25mg/mL 时，对 L929 细胞没有表现出明显的细胞毒性。良好的细胞相容性以及可调的相对分子质量，为化学法得到的 ε-PL 在基因转染及药物传递等领域的应用创造了良好的条件。

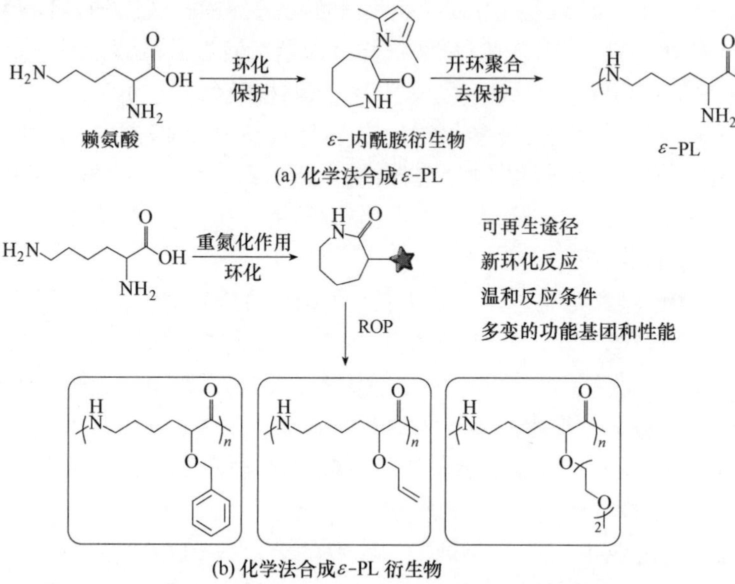

(a) 化学法合成 ε-PL

(b) 化学法合成 ε-PL 衍生物

图 7-3 化学法合成 ε-PL 及其衍生物

7.2.3 ε-聚赖氨酸的应用

ε-PL 表现出水溶性、聚阳离子、无毒可食用、生物降解等许多独特的理化和生物学特性，这些特性使其具有抗菌、抗病毒、安全、耐高温等优点。因此 ε-PL 可作为一种安全、环保的新型高分子用于食品添加剂、生物医药、农业等领域。

7.2.3.1 食品领域

食品的防腐保鲜一直是人们关注的生活问题。随着社会经济的发展和人们生活水平的提高，人们对于高品质健康生活的要求也越来越高。传统的物理杀菌方法或者化学防腐剂杀菌方法可能会影响食物本身的品质，甚至带来直接或潜在的食品安全问题。因此，ε-PL 这种杀菌能力强、抑菌谱广、水溶性和热稳定性良好的食品添加剂正受到食品行业的重视，2003 年 10 月被 FDA 批准为安全食品保鲜剂（FDA 批准号：GRN000135）。2014 年 4 月，我国国家卫生和计划生育委员会批准 ε-PL 作为食品防腐剂在焙烤食品、熟肉制品以及果蔬汁类及其饮料中使用（GB 2760—2014）。事实上，在日本，ε-PL 作为食品保鲜剂已经有很长一段时间，如在生鱼片和生鱼寿司中一般添加量为 1000~5000mg/kg，在米饭、面食、汤类和蔬菜中的添加量为 10~500mg/kg。Fukutome 等进行 ε-PL 慢性毒性和致癌性试验表明日摄入量低于 6500mg/kg 属于极安全的水平，20000mg/kg 也没有明显的组织病理变化和可能的致癌性。而陶友华等通过化学法获得的较高相对分子质量 ε-PL 在 0.125~0.5mg/mL 的浓度范围内对 L929 细胞具有较低的细胞毒性，显示出非常好的生物相容性。

ε-PL 在食品热加工过程中能够保持高的稳定性，不会因降解变性而失去良好的抑菌能力，试验表明在高温环境中（120℃）ε-PL 对大肠杆菌的最小抑菌浓度不变。而 ε-PL 广谱的抑菌能力更是弥补了一些常见的生物防腐剂（如乳酸链球菌素）对于革兰氏阴性菌、酵母、霉菌的抑菌效果差的缺点。

此外，在日化行业，ε-PL 作为一种天然防腐剂可被添加在化妆品、漱口液、洗手液、厨房清洗消毒液等产品中。

7.2.3.2 生物医药领域

ε-PL 属于生物相容性好的聚肽类高分子，可以用作药物缓释载体，经过修饰后也可作为药物靶向载体。ε-PL 富含阳离子，与负电性的细胞膜有较强的静电结合能力，并且能够较好地通过生物膜，因此可以提高药物的递送效率。Hugues J P 等研究发现，把 ε-PL 与治疗肿瘤、白血病的药物甲氨蝶呤聚合，可以提高药物的疗效。

7.2.3.3 其他领域

ε-PL 由于其优异的抑菌性、吸水性等特点还被广泛用于消毒剂、水凝胶、超强吸水材料、生物集成电路、生物电子学方面。王瑞等以 ε-PL 为主要原料制备了贻贝仿生水凝胶，该水凝胶表现出优异的体外抗菌和体内抗感染能力，与创面组织高效整合并诱导皮肤再生修复。吴凌天等利用 ε-PL 和二氧化钛复合制备固定化材料作为蔗糖异构酶的载体，大大提高了该酶的催化效率。

7.3 聚天冬氨酸

7.3.1 概　　述

聚天冬氨酸是一种带有羧基侧链的聚氨基酸类高分子，是由天冬氨酸的氨基和羧基缩合而成的聚合物，有 α 和 β 两种构型。α-聚天冬氨酸由天冬氨酸的 α-羧基与氨基键合而成，而 β-聚天冬氨酸由天冬氨酸的 β-羧基与氨基键合而成，其结构式如图 7-4 所示。天然的 PASP 片段都是以 α 构型存在，存在于蜗牛和软体动物壳内，而人工合成的 PASP 则是 α 和 β 两种构型并存。PASP 主链和侧基上丰富的肽键和羧基赋予了 PASP 良好的水溶性、生物相容性和生物可降解性等性质，因此 PASP 是一种环境友好型高分子材料。同时，PASP 在螯合、分散和吸附反应中起着重要的作用，被广泛用作阻垢剂、水处理剂和金属离子螯合试剂，在一些领域还能替代对环境有害的传统化学品，特别是，它还具有优良的保湿性能，可用于日用化妆品和保健用品的制造，具有极高的应用价值。

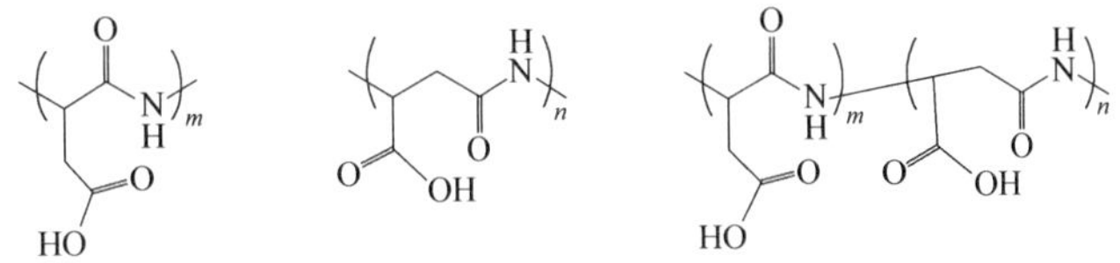

α型　　β型　　混合型

图 7-4 α-聚天冬氨酸、β-聚天冬氨酸及混合型聚天冬氨酸的结构式

PASP 的相对分子质量大小与合成方法相关，不同的合成方法得到的 PASP 相对分子质量差异较大。欧美国家对于 PASP 的研究较早，工艺方面已相当成熟，通过对生产工艺

的控制可以获得针对不同应用领域的 PASP。PASP 的合成最早报道于 1958 年，工业上合成 PASP 的方法根据所用原料的不同分为天冬氨酸法和马来酸酐法：①以天冬氨酸为原料制取的 PASP 产品的颜色较浅，相对分子质量范围为 800~500000，相对分子质量分布较宽，用途更加广泛；②以马来酸酐法制得的产品相对分子质量为 800~15000，相对分子质量分布较窄，产品颜色较深，需要附加漂白工序。但是在阻垢剂和水处理领域，相同相对分子质量的 PASP 通过马来酸酐法合成的效果更好。

按聚合条件分，PASP 的合成可分为固相聚合和液相聚合。固相聚合不需要溶剂，需要很高的反应活化能，因此往往需要很高的聚合温度和较长的聚合时间。与固相聚合相比，液相聚合受热均匀，有利于小分子的脱去，得到的 PASP 相对分子质量分布较窄，有利于产品性质的控制，但是有机溶剂的脱除比较麻烦。高温、添加催化剂以及高单体浓度有利于提高聚天冬氨酸的相对分子质量。

7.3.2　聚天冬氨酸的合成

7.3.2.1　天冬氨酸法

天冬氨酸法的合成过程是首先将天冬氨酸经热缩聚得到聚琥珀酰亚胺（PSI），然后在碱性条件下水解生成聚天冬氨酸盐，然后在酸性环境下中和得到最终产物 PASP，其合成路线如图 7-5 所示。中间体聚琥珀酰亚胺的合成机理可分为两步。首先，一个天冬氨酸分子提供氨基，另一个天冬氨酸分子提供一个羧基，两者脱水缩合形成肽键。然后，肽键上的亚氨基再与提供羧基的天冬氨酸分子上的另一羧基脱水缩合形成琥珀酰亚胺环。在催化剂存在条件下，以天冬氨酸为原料制得的 PASP 生物降解性较好且原料的转化率更高，具有相对分子质量高，纯度高，气味小等特点，而利用马来酸酐法得到的产物生物降解性较差。例如，中国科学院长春应用化学研究所陶友华课题组以磷酸为催化剂，通过考察催化剂用量、聚合温度和聚合时间筛选出最优的聚合条件，以 L-天冬氨酸为原料制备出了化妆品级聚天冬氨酸盐。

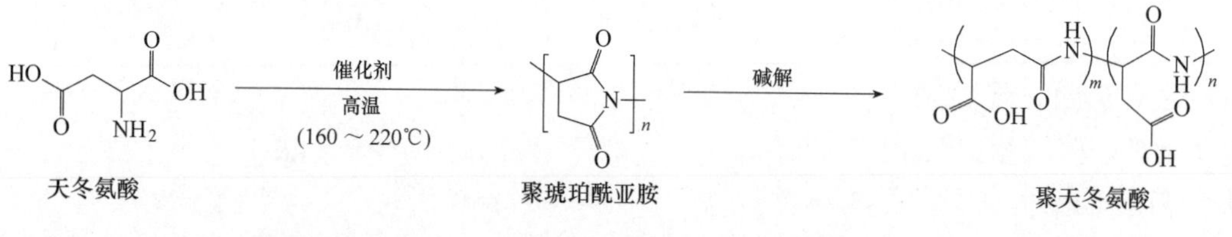

图 7-5　PASP 的天冬氨酸法合成路线

7.3.2.2　马来酸酐法

马来酸酐法主要是以马来酸酐和氨供体为原料生产 PASP。除马来酸酐外，其他二元羧酸类试剂如马来酸和延胡索酸等也可作为反应原料；氨供体主要为氨水、氨气以及一些热解能产生氨的物质如尿素、碳酸铵、氯化铵等。例如，以马来酸酐与尿素为原料在磷酸的催化下制备聚天冬氨酸盐的合成过程：第一步是马来酸酐和氨供体尿素通过开环反应生成铵盐；第二步是铵盐高温缩聚生成中间产物 PSI；第三步是 PSI 在碱性条件下水解得到聚天冬氨酸盐，然后在酸性条件下中和生成 PASP，如图 7-6 所示。通过马来酸酐法制备的 PASP 相对分子质量较低，纯度不高，颜色深，气味大，大大限制了 PASP 的应用范围。但是，在工业生产中采用马来酸酐法的成本明显低于天冬氨酸法：据估计，前者的总成本大约为 1600 美元/t，后者为 3300 美元/t。

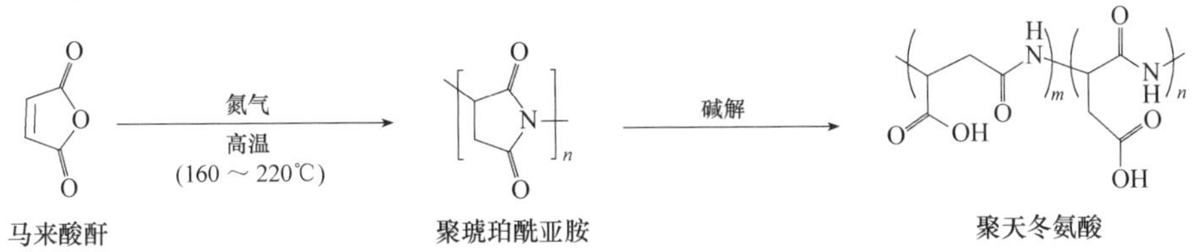

图 7-6　PASP 的马来酸酐法合成路线

7.3.3　聚天冬氨酸的应用

PASP 是一种新型绿色生物基高分子，具有良好的生物相容性和生物可降解性。PASP 侧链具有大量的羧基，在螯合、分散和吸附反应中起着重要的作用。同时，PASP 具有良好的水溶性，能够与水分子中的氢结合，具有卓越的锁水保湿功效。因此，聚天冬氨酸在水处理剂、农业、日用化学品、医药等领域均有应用。

7.3.3.1　水处理领域

自 20 世纪 90 年代以来，PASP 已成为水处理化学品领域的研究热点，在工业循环冷却水中得到了广泛应用。PASP 作为水处理剂，具有良好的阻垢缓蚀性能。PASP 侧链上的羧基能螯合 Ca^{2+}、Mg^{2+} 等多种成垢离子。与传统的聚丙烯酸阻垢剂相比，PASP 不仅阻垢效率明显提高，高达近 100%，而且具有生物降解性等优势，可以作为聚丙烯酸的高效替代品。据研究，PASP 的阻垢性能与羧基密度有关，相同相对分子质量时羧基密集程度越高，阻垢性能越好。作为阻垢剂的 PASP 主要应用于锅炉水处理、冷却水处理、海水淡化等领域。此外，PASP 还是一种良好的金属缓蚀剂，可以螯合 Ca^{2+}、Mg^{2+}、Cu^{2+}、Fe^{2+} 等金属离子，分散附着在金属材料表面，起到一定的缓蚀作用。

7.3.3.2　农业领域

农业上 PASP 可以用作肥料增效剂，聚合物链上丰富的羧基等活性基团赋予了聚天冬氨酸优异的亲水性，使其能轻易进入土壤中的植物根系附近，再通过强的螯合能力富集 N、P、K、Ca、Mg、Fe 等对植物生长有利的营养元素。PASP 作为肥料增效剂和化学肥料一起使用时可以减少肥料的用量。同时，作为肥料缓释剂，PASP 可与肥料进行复配来提高肥料的利用率。例如，PASP 可包裹在尿素的外层，通过自身缓慢的生物降解逐渐释放尿素，使尿素达到肥料缓释的作用，提高了肥料在植物整个生长周期的利用率。此外，PASP 也被用作生物可降解的土壤保湿剂，帮助植物在干旱地区生长，提高作物产量。

7.3.3.3　日用化学品

PASP 具有良好的阻垢分散性能，作为清洁剂使用时能够吸附污渍并分散到水中。PASP 作为一种绿色清洁剂，与含磷洗涤剂相比具有很大优势，可以被用于衣物和厨房用具等的洗涤去污。此外，PASP 凭借良好的保湿性和生物相容性可以被用于化妆品等日化领域。生物相容性实验表明其对皮肤完全无刺激，用作化妆品原料是安全无毒的，且其生产成本相对较低。目前化妆品中所使用的保湿剂主要为透明质酸，但因其成本较高，发展受到了很大的限制。研究表明，高相对分子质量 PASP 对皮肤的保湿效果较好、锁水效果显著，高相对分子质量 PASP 在质量分数为 0.8% 时，使皮肤水分含量的增长率达到 0.5% 以上，对皮肤的保湿效果与透明质酸相当。

7.3.3.4 医药领域

PASP 是一种亲水性聚合物，具有良好的生物相容性、生物可降解性，侧基易修饰，可同其他氨基酸形成共聚物。PASP 容易与药物结合，可通过聚合物降解或键合点断裂来实现药物的缓释和控制释放。Diana 等发现 PASP 及其衍生物的生物相容性：PASP 相对分子质量过高时会抑制羟基自由基的形成；PASP 对所研究的几种细胞几乎没有生物毒性；用作药物载体的 PASP 衍生物的生物活性和生物相容性与相对分子质量有关。pH 的增大会使 PASP 分子链上的负电荷增多，分子链之间的斥力增大，从而拉大分子链之间的距离，增大 PASP 分子的体积，因此，PASP 的体积具有 pH 响应性。研究发现，负载双氯芬酸钠（DFS）的 PASP/poly（N-isopropylacrylamide）（PNIPAAm）水凝胶网络具有 pH 敏感性，当凝胶从胃中（pH 1.2）进入肠道（pH 7.6）中时，药物释放速度会大大加快。

7.4 展　　望

聚氨基酸由于含有独特的酰胺键和侧基官能团而表现出独特的性质，使得它们在生物基高分子的大家族中独树一帜。此外，聚氨基酸类生物高分子原料来源丰富，价格低廉，这使得其成为一类极具潜力的产品。结合所需要的聚合物性质和应用领域针对性地发展新的合成方法是非常重要的。

思　考　题

1. γ-聚谷氨酸的立体化学结构对 γ-PGA 产品的性能和应用有什么影响？

2. γ-聚谷氨酸具有超强保水锁水性能的原因是什么？

3. α-聚赖氨酸与 ε-聚赖氨酸在结构与应用方面有什么不同？

4. 陶友华课题组提出的通过七元环状赖氨酸单体的开环聚合获得高相对分子质量的 ε-PL 的方法中，合成环状赖氨酸单体所用氨基保护基团十分关键。他们选择了什么保护基团？有什么特点？

5. 与传统的 N-羧基环内酸酐开环聚合相比，内酰胺开环聚合法制备聚氨基酸的优点是什么？

6. 化学法获得的较高相对分子质量 ε-PL 的特点是什么？

7. 简述天冬氨酸法合成聚天冬氨酸的反应路径与机理。

参 考 文 献

［1］ Tao Y H. New Polymerization Methodology of Amino Acid Based on Lactam Polymerization ［J］. Acta Polymerica Sinica, 2016, (9)：1151-1159.

［2］ Tao Y H, Chen X. New chemosynthetic route to linear ε-poly-lysine ［J］. Chem Sci, 2015, 6 (11)：

6385-6391.

［3］ Buescher J M, Margaritis A M. Microbial biosynthesis of polyglutamic acid biopolymer and applications in the biopharmaceutical, biomedical and food industries ［J］. Crit Rev Biotechnol, 2007, 27: 1-19.

［4］ Ivanovics G, Erdos L. Ein Beitrag zu Wesen der Kapselsubstanz der Milzbrandbazillus ［J］. Z Immunitatsforsch, 1937, 90: 5-19.

［5］ Shih I L, Van Y T. The production of poly (γ-glutamic acid) from microorganism and its various application ［J］. Bioresour Technol, 2001, 79: 207-225.

［6］ 徐虹, 欧阳平凯. 生物高分子——微生物合成的原理与实践 ［M］. 北京: 化学工业出版社, 2010.

［7］ 欧阳平凯, 姜岷, 李振江, 等. 生物基高分子材料 ［M］. 北京: 化学工业出版社, 2012.

［8］ Yoon S H, Do J H, Lee S Y, et al. Production of poly-γ-glutamic acid by fed-batch culture of *Bacillus licheniformis* ［J］. Biotechnology Letters, 2000, 22 (7): 585-588.

［9］ Gardner J M, Troy F A. Chemistry and biosynthesis of the poly (gamma-D-glutamyl) capsule in *Bacillus licheniformis*. Activation, racemization and polymerization of glutamic acid by a membranous polyglutamyl synthetase complex ［J］. The Journal of Biological Chemistry, 1979, 254 (14): 6262-6269.

［10］ Goto A, Kunioka M. Biosynthesis and hydrolysis of poly (γ-glutamic acid) from *Bacillus subtilis* IFO 3335 ［J］. Biosci Biotechnol Biochem, 1992, 63 (1): 110-115.

［11］ Kubota H, Matsunobu T, Uotani K, et al. Production of poly (γ-glutamic acid) by *Bacillus subtilis* F-2-01 ［J］. Biosci Biotech Biochem, 1993, 57: 1212-1213.

［12］ Ito Y, Tanaka T, Ohmachi T, et al. Glutamic acid independent production of poly (γ-glutamic acid) by *Bacillus subtilis* TAM-4 ［J］. Biosci Biotech Biochem, 1996, 60 (8): 1239-1242.

［13］ Cheng C, AsadaY, Aida T. Production of γ-polyglutamic acid by *Bacillus licheniformis* A35 under denitrifying conditions ［J］. Agricultural and Biological Chemistry, 1989, 53 (9): 2369-2375.

［14］ 徐虹, 冯小海, 徐得磊, 等. 聚氨基酸功能高分子的发展状况与应用前景 ［J］. 生物产业技术, 2017, 06: 92-99.

［15］ Sanda F, Fujiyama T, Endo T. Chemical synthesis of poly-γ-glutamic acid by polycondensation of γ-glutamic acid dimer: Synthesis and reaction of poly-γ-glutamic acid methyl ester ［J］. J Polym Sci, Part A: Polym Chem, 2001, 39: 732-741.

［16］ Shih I L, Van Y T, Yeh L C, et al. Production of a biopolymer flocculant from *Bacillus licheniformis* and its flocculation properties ［J］. Biores Technol, 2001, 78: 267-272.

［17］ Yokoi H, Natsuda. Characteristics of a biopolymer flocculant produced by *Bacillus* sp. PY-90 ［J］. Ferment Bioeng, 1995, 79: 379-380.

［18］ Yokoi H, Arima. Flocculantion properties of poly (L-glutamic acid) produced by *Bacillus subtilis* ［J］. Ferment Bioeng, 1996, 82: 84-87.

［19］ 姚俊, 姜岷, 桑莉, 等. 微生物絮凝剂产生菌 NX-2 的筛选和合成条件的研究 ［J］. 食品与发酵工业, 2004, 30 (4): 6-11.

［20］ 姚俊, 徐虹. 生物絮凝剂 γ-聚谷氨酸絮凝性能研究 ［J］. 生物加工过程, 2004, 2 (1): 35-39.

［21］ Yao J, Xu H, Wang J, et al. Removal of Cr (Ⅲ), Ni (Ⅱ) and Cu (Ⅱ) by poly (γ-glutamic acid) from *Bacillus subtilis* NX-2 ［J］. Journal of Biomaterials Science, Polymer Edition, 2007, 18 (2): 193-204.

［22］ 佟盟, 徐虹, 王军. γ-聚谷氨酸降解影响因素及生物降解性能的研究 ［J］. 南京工业大学学报: 自然科学版, 2006, 28 (1): 50-53.

［23］ 成文喜, 朴清, 崔在喆, 等. 含有效成分聚-γ-谷氨酸的透明质酸酶抑制剂: CN101304724A ［P］. 2008-11-12.

［24］ Shi L, Yang N, Zhang H, et al. A novel poly （γ-glutamic acid）/silk-sericin hydrogel for wound dressing：Synthesis, characterization and biological evaluation ［J］. Materials Science and Engineering：C, 2015, 48：533-540.

［25］ Luo Z, Guo Y, Liu J, et al. Microbial synthesis of poly-γ-glutamic acid：current progress, challenges, and future perspectives ［J］. Biotechnology for Biofuels, 2016, 9 （1）：134.

［26］ Shima S, Sakai H. Polylysine produced by *Streptomyces* ［J］. Agric Biol Chem, 1977, 41：1807-1809.

［27］ Jun H, Takafumi I, Shin-ichi N, et al. Use of ADME studies to confirm the safety of ε-polylysine as a preservative in food ［J］. Regul Toxicol Pharm, 2003, 37：328-340.

［28］ Shima S, Sakai H. Poly-L-lysine produced by *Streptomyces*. Part Ⅲ ［J］. Chemical studies Agric Biol Chem, 1981, 45 （11）：2503-2508.

［29］ 余春槐, 叶盛德, 吕皓. ε-聚赖氨酸盐酸盐在食品工业中应用前景广阔 ［N］. 中国食品报, 2014-01-06 （6）.

［30］ Yamanaka K, Maruyama C, Takagi H, et al. ε-Poly-L-lysine dispersity is controlled by a highly unusual nonribosomal peptide synthetase ［J］. Nature Chemical Biology, 2008, 4 （12）：766-772.

［31］ Hamano Y, Kito N, Kita A, et al. ε-poly-L-lysine peptide chain length regulated by the linkers connecting the transmembrane domains of ε-poly-L-lysine synthetase ［J］. Applied and Environmental Microbiology, 2014, 80 （16）：4993-5000.

［32］ 王静. *Streptomyces cattleya* DSM 46488 中 ε-聚赖氨酸生物合成机制的研究 ［D］. 上海：上海交通大学, 2015.

［33］ Ouyang J, Xu H, Li S, et al. Production of epsilon-poly-L-lysine by newly isolated *Kitasatospora* sp. PL6-3 ［J］. Biotechnol, 2006, 1：1459-1463.

［34］ Shima S, Sakai H. Poly-L-lysine produced by *Streptomyces*. Part Ⅲ ［J］. Chemical studies Agric Biol Chem, 1981, 45 （11）：2503-2508.

［35］ Nishikawa M, Ogawa K. Distribution of microbes producing antimicrobial epsilon-poly-L-lysine polymers in soil microflora determined by a novel method ［J］. Applied and Environmental Microbiology, 2002, 68 （7）：3575-3581.

［36］ Yin H, Ma Y, Deng Y, et al. Genome shuffling of *Saccharomyces cerevisiae* for enhanced glutathione yield and relative gene expression analysis using fluorescent quantitation reverse transcription polymerase chain reaction ［J］. Journal of Microbiological Methods, 2016, 127：188-192.

［37］ Chen J, Li M, He W, et al. Facile organocatalyzed synthesis of poly （ε-lysine） under mild conditions ［J］. Macromolecules, 2017, 50：9128-9134.

［38］ He W, Tao Y, Wang X. Functional Polyamides：A sustainable access via lysine cyclization and organocatalytic ring-opening polymerization ［J］. Macromolecules, 2018, 51：8248-8257.

［39］ Fukutome A, Kashima M, AinehiM A. Combined chronic toxieity and carcinogenicity study of polylysine powder in rats by peroral dietary administration ［J］. The Clinical RePort, 1995, 29：1416-1431.

［40］ 于雪骊, 刘长江, 杨玉红, 等. 天然食品防腐剂 ε-多聚赖氨酸的研究现状及应用前景 ［J］. 食品工业科技, 2007 （4）：226-227, 180.

8 淀粉基材料

8.1 概 述

淀粉是地球上产量仅次于纤维素的天然高分子，广泛存在于玉米、木薯、马铃薯、小麦、高粱、大米、西米、竹芋、大麦、豌豆和苋菜等植物的茎、叶、根、果实和花粉中。同时淀粉是大多数高等植物中糖类储藏的主要形式。淀粉是以二氧化碳和水为原料，通过光合作用，生成 α-D-葡萄糖，以脱水缩合的方式形成高分子化合物，分子通式为 $(C_6H_{10}O_5)_n$。淀粉的组成根据植物种类而异，而主要成分为直链淀粉和支链淀粉。本章将主要介绍淀粉及淀粉基材料的相关知识。

值得强调的是，除了自然界能够生产淀粉以外，中国科学家在国际上首次实现了人工合成淀粉的制备。2021 年 9 月 24 日，国际知名学术期刊《科学》杂志刊发表了中国科学院天津工业生物技术研究所以二氧化碳、电解产生的氢气为原料，不依赖植物光合作用，通过 11 步反应的非自然固碳与合成途径，在实验室中首次实现从二氧化碳到淀粉分子的全合成。核磁共振等检测发现，人工合成淀粉分子与天然淀粉分子的结构组成一致。人工合成淀粉的效率约为传统农业生产淀粉的 8.5 倍。未来，如果淀粉的工业化制造能够实现，将会节约 90% 以上的耕地和淡水资源，避免农药、化肥等对环境的负面影响，提高人类粮食安全水平。

8.1.1 直链淀粉与支链淀粉

1903 年，法国人 Maquene 和 Roux 发现淀粉中存在两种结构，直链淀粉和支链淀粉，其中溶解在水中的为直链淀粉，不溶于水中的为支链淀粉，化学结构如图 8-1 所示。

淀粉中直链淀粉和支链淀粉的含量与植物来源有关，通常天然淀粉中直链淀粉含量最低可以少于 1%（蜡质淀粉），最高可以高于 50%（高直链淀粉）；天然淀粉中支链淀粉含量为 70%，蜡质玉米淀粉中，支链淀粉含量高达 97%，而糯玉米、糯大米或者糯粟中支链淀粉含量接近 100%。大多数直链淀粉是以 α-1,4-糖苷键连接的线型分子，少数是含有轻度分支结构的线型分子，分支点是通过 α-1,6-糖苷键连接。在直链淀粉链段中，末端的葡萄糖单元的 C_1 原子上含有游离的 α-羟基，具有还原性，称为还原性末端。相反不在 C_1 原子上的游离羟基不具有还原性，称为非还原末端。因此直链淀粉分子链上的羟基一端为还原性，另一端为非还原性。

图 8-1 所示支链淀粉的化学结构为糖苷键的示意图，实际的支链淀粉是高度分支的分子，由三种不同类型（A 链、B 链和 C 链）的支链构成（图 8-2），平均每 180~320 个葡萄糖单元就有一个支链，占总糖苷键的 4%~5%。支链淀粉的 A 链通过 α-1,6-糖苷键连接在 B 链或者 C 链上，无侧链，不分支；相反 B 链被其他一个或者几个链取代（A 链或者 B 链）；另外，每个支链淀粉链段包含一个 C 链，C 链的两端分别含有一个还原基团。

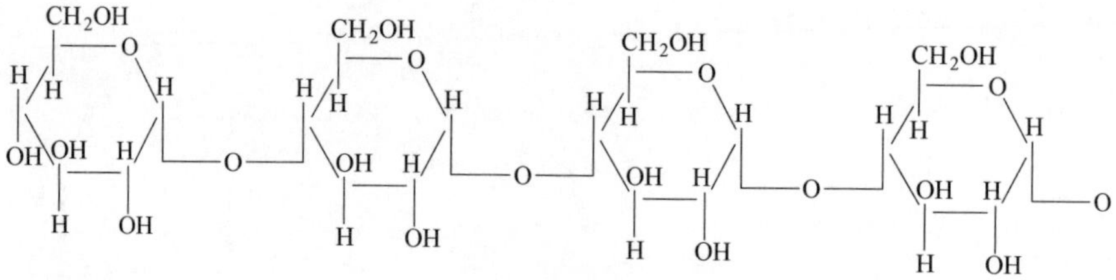

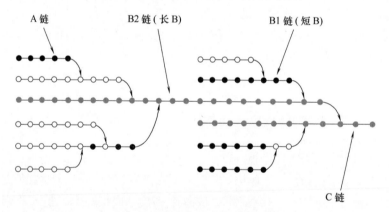

(a) 直链淀粉

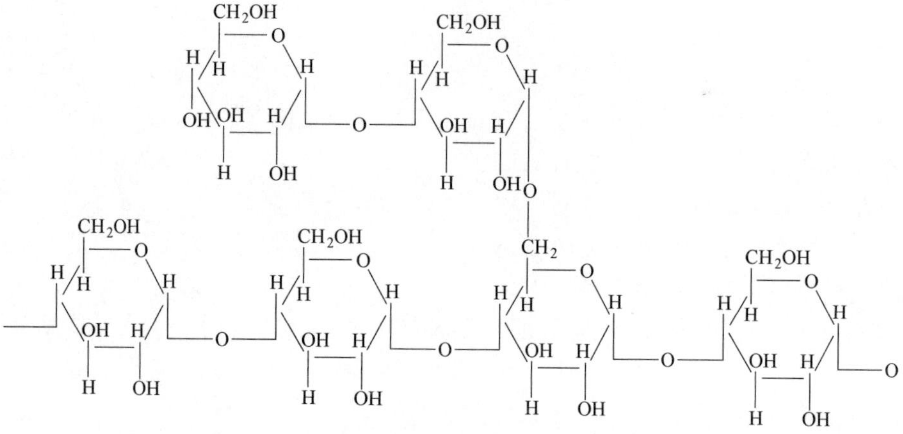

(b) 支链淀粉

图 8-1　直链淀粉和支链淀粉的化学结构

图 8-2　支链淀粉链的基本标记

(圆圈表示葡萄糖基残基；还原端残基在右边。)

　　直链淀粉在水溶液中一般呈双螺旋结构，每股螺旋由 6 个葡萄糖基构成，螺旋的内部含有氢原子，具有亲油性，羟基则位于螺旋的外侧。在淀粉的稀溶液中，直链淀粉存在棒状的螺旋型、间断螺旋型以及无规线团型三种构象。淀粉可以与许多极性和非极性物质形成配合物，配合物的形成将导致直链淀粉在水溶液中的构象从无规线团转为螺旋型，值得一提的是这个现象不属于化学变化。而最典型的是跟碘形成配合物，1 个碘分子位于 6 个葡萄糖基形成的螺圈的中间。由于直链淀粉在碘的水溶液中呈深蓝色，这也是判断直链淀粉和支链淀粉最明显的证据。显色的变化跟直链淀粉相对分子质量相关，当聚合度小于 12 时，遇碘不发生颜色变化；聚合度在 12~15，配合物显棕色；聚合度在 20~30，配合物显红色；聚合度在 35～40，配合物显紫色；聚合度超过 45，配合物显蓝色。支链淀粉高度支化的结构在水溶液中呈高密度线团构象，难以与碘形成稳定的配合物，仅有 0.6% 的碘可以与之配合，形成红棕色的复合物。

直链淀粉的平均相对分子质量为 32000～3600000，平均聚合度为 700～5000，流体力学半径为 7～22nm。支链淀粉的相对分子质量（10^7～10^8）比直链淀粉大得多，平均聚合度为 4000～40000，但是流体力学半径仅为 21～75nm。不同的淀粉来源以及不同的成熟度对应的直链淀粉和支链淀粉的平均相对分子质量、平均聚合度以及流体力学半径都会有所不同。例如玉米淀粉的平均聚合度为 930，而高黏度西米的平均聚合度为 5100。值得一提的是，由于测试方法以及分离方法的不同，同一种淀粉中的测试值也会有较大的偏差。

8.1.2 淀粉的结晶结构

淀粉是一种半结晶性天然聚合物，以颗粒形式存在于植物中，表观呈现为白色粉末。淀粉颗粒的结晶结构对淀粉材料的加工和性能影响较大，因此对淀粉结晶特性的研究有重要意义。

最早人们认为淀粉的结晶区域是由直链淀粉的双螺旋结构靠近并排列组成。然而研究人员发现，当直链淀粉越多时，淀粉的结晶度反而会下降，这说明淀粉中的结晶度更多是由支链淀粉构成。淀粉结晶区的淀粉链段有序地排在一起，试剂很难渗透；相反淀粉的无定形区结构松散，很容易被水或者其他淀粉的良溶剂渗透。研究表明淀粉在酸性溶液中，无定形区的糖苷键容易发生断裂，并且只要酸解时间的足够长，无定形区的淀粉可以水解完全，最终结晶区的纳米淀粉晶就以反应残渣的形式保留下来。

淀粉颗粒的半晶生长环模型比较经典，即淀粉颗粒中的结晶区和无定形区交替排列，并辐射状生长成，其中 90% 的支链淀粉参与了结晶的形成，10%～20% 的支链淀粉参与形成了团簇的联结。如图 8-3 所示淀粉支链中的 A 链和 B 链组成了淀粉的结晶区，所形成的双螺旋结构晶体层厚度为 6.65nm，而支链淀粉 α-1,6 分支则形成了生长环的无定形区，厚度为 2.2nm。重复周期厚度为结晶层和无定形之和，共计 8.85nm，与小角 X 射线散射和小角中子散射的测试结果一致，都为 9～10nm。

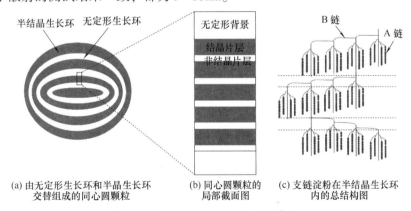

(a) 由无定形生长环和半晶生长环　　(b) 同心圆颗粒的　　(c) 支链淀粉在半结晶生长环
　　交替组成的同心圆颗粒　　　　　　局部截面图　　　　　内的总结构图

图 8-3　淀粉颗粒的半晶生长环模型

总而言之，淀粉的结晶区主要由超分子螺旋结构的支链淀粉构成，直链淀粉则穿插在这些螺旋结构的空隙中。直链淀粉和支链淀粉的侧链通过氢键作用形成平行的结晶束，结晶束之间多为不规则排列的无定形淀粉，实际上淀粉的结晶区和无定形区没有明显的界线。人们对于淀粉结构认知还不够完善，尤其是直链淀粉的位置，探索仍在继续。

8.1.3　淀粉的糊化和老化

淀粉在后加工过程中会经历许多复杂的物理过程，糊化和老化是较为关键的两个过程。淀粉的糊化过程是指淀粉与水的悬浮液加热后，淀粉颗粒首先可逆润胀，当加热到一定温度后，淀粉颗粒迅速膨胀直至体积可以达到原淀粉的几十甚至上百倍，最终淀粉悬浮液变成透明或者半透明的胶体溶液。整个过程可简化为三个阶段，分别是可逆吸水阶段、不可逆吸水阶段和颗粒解体阶段。其中可逆吸水阶段是指水分子渗入淀粉颗粒的无定形区，但是此时的温度和水分子不足以破坏原淀粉间的范德华力和氢键，重新干燥后恢复至原来状态；不可逆吸水阶段是指温度达到淀粉糊化温度后，水分子进入到淀粉颗粒内部，破坏淀粉链段的分子内和分子间氢键，淀粉的双螺旋结构解离，晶体结构破坏，吸水量增加，重新干燥后淀粉不能恢复到原来的状态；颗粒解体阶段是指淀粉颗粒吸水膨胀到一定程度，出现破裂，淀粉链段扩散在水分子之间互相交联、缠结，形成一个网状的胶体，也就是我们所看到的糊状体。

淀粉的老化和回生是指淀粉溶液或者淀粉糊在较低温度下自然冷却或者缓慢冷却，直链淀粉和支链淀粉通过氢键作用互相靠拢，链段间的水分子则逐渐脱出，最终重排形成微晶束；如果冷却速率很快，淀粉链段来不及重排成微晶束，最终形成凝胶。老化后的淀粉结晶度比原淀粉高，且不溶于水。

影响淀粉老化的因素有很多，例如淀粉的种类、相对分子质量、浓度、pH、温度、直链淀粉占比和储存时间等。通常来说，直链淀粉、适中的相对分子质量（聚合度 80~100）、适量的含水量（45%~55%）、适当的温度（-7~60℃）、酸性条件和更长的储存时间更利于淀粉老化，反之则更不利于淀粉老化。

8.2　淀粉的性能

淀粉的密度为 1.5g/mL，熔点为 256~258℃，淀粉具有一定的吸附性，可以吸附许多有机化合物和无机化合物，不同结构形态的淀粉具有不同的吸附性质。直链淀粉分子在溶液中分子伸展性好，很容易与一些极性有机化合物如正丁醇、脂肪酸等通过氢键相互缔合，形成结晶性复合体而沉淀。淀粉不溶于有机溶剂、微溶于冷水、溶解于热水，淀粉在水中加热 30min 后，溶解程度大幅度提升，但溶解后的溶胀淀粉不可逆。

性能是材料能否得到良好应用的关键，其中力学性能、生物降解性能和阻隔性能是淀粉材料的三个重要特征性质，下文将详细介绍这些性能。

8.2.1　力　学　性　能

淀粉主要以颗粒状固体形态存在，由于颗粒的分散性，淀粉颗粒的力学性能无法测定。淀粉溶于水后可以制备成薄膜形状，但形成的淀粉干膜非常脆且易于断裂，导致其力学性能也无法获取。而淀粉是一种亲水胶体，其水溶液易于形成凝胶，凝胶具有一定的强度和弹性。此处主要以葛根淀粉、玉米淀粉和马铃薯淀粉为例，分别列出其凝胶强度、弹性和弹性模量，具体数据如表8-1所示。

表8-1 不同淀粉凝胶的力学性能

淀粉种类	凝胶强度/Pa	凝胶弹性/mm	弹性模量 $E/(\times10^{-4}N/m^2)$
葛根淀粉	6.2	5.8	14
玉米淀粉	3.5	5	9.8
马铃薯淀粉	5	2	45

注：固液质量比均为1:5。

淀粉凝胶的力学性能不仅与淀粉的来源和种类有关，与直链淀粉的含量、聚合度及支链淀粉的平均链长CL等分子结构因素也有关，而且还受pH、中性盐等外界因素的影响。

8.2.2 生物降解性能

淀粉在自然环境中可降解为二氧化碳和水而回到大自然，它是一种完全无污染的天然可再生材料。与合成高分子相比，淀粉还具有原料来源广、价格低等优点，因此，以淀粉作为原料制备的生物基降解塑料成为今年以来的研究热点，截至2020年年底，淀粉可降解塑料的用量已达到可降解塑料用量的20%。

生物降解是通过检测后的塑料中的碳元素经过微生物的分解转化为 CO_2 的程度来判断的。国内外对生物降解的标准各有不同，但基本一致。通常采用的检验标准为ISO 14855，等同于我国国标GB/T 19277，即单一聚合物生物分解率要求180天内达到50%以上，对共混物要求成分在1%以上的每种材料的生物分解率在60%以上。欧洲标准则要求生物分解率或者绝对生物分解率达90%以上。基于以上标准，纯淀粉制备的材料，其降解率都达到100%；淀粉含量在90%以上、其他少量物质也是无毒且完全可以降解的复合材料，其降解率也接近100%；而对于淀粉含量在30%~60%，掺杂少量树脂、共聚物、聚乙烯醇、纤维素或者木质素的复合材料，其降解率也达到50%以上。

8.2.3 阻 隔 性 能

水汽和氧气阻隔性能是淀粉材料的另一项重要的指标，尤其体现在食品包装和生物医疗行业。聚合物基体与阻隔性能之间的关系与很多性能有关，例如基体的结构、极性、结晶度、相对分子质量以及增强剂的类型。淀粉分子链段中具有大量的羟基，具有天然的亲水性，尤其是淀粉的塑化需要甘油等亲水性较强的塑化剂，热塑性淀粉一般都会形成含有大量水分溶胀的网络结构，这些溶胀的网络结构导致其水汽阻隔性能较差，而且材料的吸水性越强，材料表面越黏。淀粉基材料的水汽阻隔性能受相对湿度影响较大，湿度越大，水汽阻隔性能下降越明显。这类材料的氧气阻隔性能在相对湿度低于75%时变化不大，相对湿度高于75%时，氧气渗透性能大幅提高。

8.3 淀粉的改性

正如前文所述，淀粉是一种可再生、易降解、价格低廉的天然大分子。然而淀粉作为一种材料使用也存在很多局限性。首先分子间和淀粉分子内存在较强的氢键，不易加工；其次淀粉分子链上存在大量的羟基，易吸水，对环境湿度敏感，力学性能受水分影响较大；最后淀粉分子链间极易生成双螺旋结构，回生比较严重，力学性能受回生影响较大，不稳定。针对如上存在的问题，我们应该根据实际情况，进行相应改性。淀粉的改性一般分为物理改性和化学改性。在这里的改性主要是偏向于可降解淀粉包装材料。

8.3.1　物　理　改　性

淀粉的物理改性是一种相对直接的改性方式，现在比较常见的方式有：添加增塑剂，与天然高分子、合成高分子材料或者纳米粒子共混。

常见的羟基类增塑剂为水、甘油、木糖醇、山梨糖醇、麦芽糖醇、聚乙二醇和聚丙二醇等，常见的胺类增塑剂为甲酰胺、乙酰胺、尿素、氯化胆碱等。就羟基类淀粉增塑剂而言，增塑剂的羟基数目和相对分子质量对增塑的效果影响较大。以相对分子质量较小的水作为增塑剂，可以增强淀粉的可加工性能，使得淀粉颗粒很快被破坏，然而水在加工过程中以及存放过程中迁移过快，脆性过大，耐水性差，无法使用；相对分子质量较大的增塑剂制得的热塑性淀粉可以显著增加淀粉的玻璃化转变温度和耐水性，甘油是最常见的增塑剂。不同的直链含量的淀粉所需的甘油含量不同，一般情况下，甘油的添加量为 30 份，随着直链淀粉含量的增加，甘油的添加量有所增加，此外甘油通常与适量的水共混作为共增塑剂。目前已发现的羟基增塑剂改性的热塑性淀粉经过一段时间后都会发生回生，导致材料变脆。胺类增塑剂与羟基类增塑剂最大的区别是可以抑制淀粉的回生。甲酰胺和乙酰胺增塑淀粉效果良好，但是得到的塑料淀粉也非常脆，增塑剂容易析出，毒性较大。尿素是含有两个氨基的小分子，与淀粉间的氢键作用力更强，比酰胺类的增塑剂效果更好，然而尿素熔点高，制备的热塑性淀粉也偏脆。

与高分子材料共混是淀粉物理改性的另一种方式。研究表明，纤维素与淀粉的结构很相近，具有大量的羟基，因此两者的相容性较好，可通过浇铸成型或者模压成型制备出结构均一的共混材料。壳聚糖和蛋白质都是从生物体中直接提取，有良好的生物相容性，具有较好的气体阻隔性能，在食品包装领域有着较好的应用前景。与淀粉共混的合成高分子材料主要包括聚乳酸、聚己内酯、聚丁二酸丁二醇酯、聚己二酸对苯二甲酸丁二酯和聚乙烯醇等材料，适量增加聚乳酸、聚己内酯和聚丁二酸丁二醇酯的含量可以有效改善淀粉材料的拉伸强度、断裂伸长率、韧性和耐水性，适量增加聚己二酸对苯二甲酸丁二酯的含量可显著增加淀粉材料的储能模量、损耗模量和复数黏度；同时添加脂肪族聚酯和聚乙烯醇，还可以有效改善淀粉材料的成膜性能和力学性能。与高分子材料共混可进一步扩大淀粉材料的应用范围。

与淀粉共混的常用纳米材料主要包括纳米二氧化钛、纳米二氧化硅、纳米碳酸钙、纳米蒙脱土、纳米纤维素和纳米氧化锌颗粒等；向淀粉中添加纳米二氧化钛，可显著改善淀粉的水蒸气透过性、阻氧性能和力学性能；向淀粉中添加纳米二氧化硅颗粒，可有效改善淀粉的界面相容性和韧性；向淀粉中加入纳米碳酸钙、蒙脱土或者纳米纤维素，可有效改善淀粉材料的抗冲击性能和韧性，同时可显著降低材料的制备成本；向淀粉中加入纳米氧化锌颗粒，不仅可提高材料的拉伸强度和断裂伸长率，还可提高材料的热稳定性和耐老化性能。

8.3.2　化　学　改　性

淀粉的化学改性早于 20 世纪 40 年代开始，改性后的淀粉被广泛应用于食品、造纸、医药、纺织、化工等领域。通常淀粉的化学改性包括酯化、醚化、氧化、交联和接枝共聚等。不同来源的淀粉，不同的变性方法，不同的变性程度，最终可得到不同性质的淀粉。

酯化淀粉主要是在适当的条件下淀粉中的羟基被酸酯化而得，根据酸的种类不同，酯化得到的可以分为有机酯淀粉和无机酯淀粉。有机酯化剂主要包括柠檬酸、油酸、硬脂酸、氨基甲酸、醋酸酯等，无机酯化剂主要有磷酸和硫酸这两种。淀粉分子链中葡萄糖单元的 C_2、C_3 和 C_6 上的羟基都可以与酸发生酯化反应，根据酯化反应的程度不同，可以得到不同取代度的酯化淀粉。常见的反应体系条件，例如 pH、反应温度、反应时间、酯化剂用量、溶剂种类、溶液浓度、反应介质等都会对取代度产生影响。有研究表明通过超临界 CO_2 流体、微波加热、离子液体（图 8-4）等方式可以提高酯化淀粉的取代度。取代度大于 1.7 的酯化淀粉具有良好的热塑性和疏水性，其可作为可再生和生物可降解的环境友好型材料使用。淀粉经过酯化改性后，分子中的羟基被酯基取代，减弱了分子间的相互作用，使得酯化淀粉具有天然淀粉没有的特性，酯化后淀粉的糊凝胶化、脱水缩合现象降低，还能改变原淀粉的很多固有性质，如糊的黏度、透明度、乳化稳定性、成膜性等，这些固有性质的改变解除了淀粉在很多领域应用的限制，使其被广泛应用于很多领域，如食品、纺织、造纸、水处理、医药、包装材料和可生物降解塑料等。

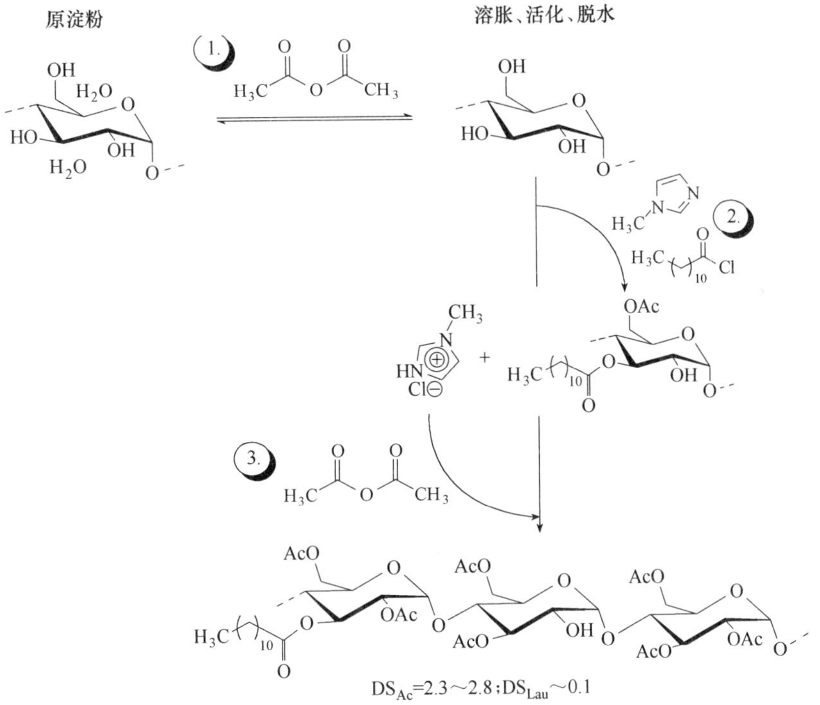

图 8-4　离子液体存在下合成酯化淀粉的反应机理示意图

淀粉的醚化反应主要是指在适当的条件下淀粉中的羟基和醚化试剂形成醚键的反应。低取代度的醚化淀粉多采用水为溶剂，高取代度的多采用乙醇、丙酮和异丙醇等作为溶剂。淀粉的醚化剂主要有环氧乙烷、环氧丙烷、烷基氯、一氯醋酸、环氧或者卤代基有机胺类化合物等。淀粉的醚化反应多在碱性条件下进行，常用的碱性催化剂为氢氧化钠、三乙胺、氢氧化钾、磷酸盐、羧酸盐、吡啶等。醚化淀粉主要分为离子型和非离子型两种，其中离子型醚化淀粉包括阴离子醚化淀粉和阳离子醚化淀粉，阴离子醚化淀粉以羧甲基淀粉为主，阳离子醚化淀粉以叔胺烷基淀粉醚和季铵烷基淀粉醚为主；非离子型淀粉醚主要是羟烷基淀粉。醚化淀粉相较于原淀粉具有离子活性、表面活性、触变性等多种独特性能，因此，其被广泛应用于造纸、纺织、涂料、食品、医药等领域。具体的，醚化淀粉在食品中主要作为胶黏剂和增稠剂运用于方便食品和冷冻食品行业；在医药行业，醚化淀粉主要用作止血剂和药物赋形剂；在造纸行业，醚化淀粉主要用作成膜剂、稳定剂；在纺织行业，醚化淀粉主要用作羊毛黏附剂、浸润剂；在污水处理行业，醚化淀粉主要用作金属离子的吸附剂。

氧化淀粉是指淀粉在不同 pH 下与氧化剂反应得到的产物。淀粉环中的 C_1 和 C_4 之间的糖苷键开环断裂，在 C_1 上形成一个醛基。葡糖糖环结构中 C_2、C_3、C_6 上的羟基被氧化成羰基和羧基。淀粉的氧化剂种类很多，根据氧化剂的不同，氧化淀粉可以分为次氯酸氧化淀粉、过氧化氢氧化淀粉、高碘酸氧化淀粉和其他氧化剂氧化淀粉。不同 pH 环境下所用的氧化剂种类也不同，其中酸性氧化剂包括过氧化氢、过氧化脂肪酸、臭氧、高锰酸钾、硝酸、铬酸等；中性氧化剂包括溴、碘等；碱性氧化剂包括碱性次氯酸盐、碱性高锰酸钾、碱性过硫酸盐和碱性过氧化物等。反应体系中 pH、温度、淀粉种类、氧化剂浓度等因素都对淀粉氧化程度有影响。与原淀粉相比，氧化淀粉具有更好的润湿性和水溶性，更适应现代社会工业生产的需求，其被广泛应用于造纸、食品、医药等行业中。85% 的氧化淀粉应用于造纸工业，这主要是由于氧化淀粉常常作为造纸行业中的层间喷雾、湿部添加剂、涂布黏合剂和表面施胶剂使用。

交联淀粉是由淀粉链段上的羟基和二元或者二元以上官能团的交联剂反应生成醚键或者酯键的所得的产物。淀粉的交联剂主要有三氯氧磷、三偏磷酸钠、环氧氯丙烷、混合酸酐、柠檬酸、戊二醛等。环氧类和醛类交联剂主要发生醚化反应，三氯氧磷、三偏磷酸钠、混合酸酐、柠檬酸等发生的是酯化反应。淀粉的交联程度越高，其应力和模量越高；交联程度较低，有利于提升淀粉的弹性。相比于纯淀粉，交联淀粉的糊化温度升高，平均相对分子质量、黏度及热稳定性增大，耐热、耐酸性能增强，不易被酶降解。交联后淀粉颗粒溶解度降低，不易膨胀。因此，交联淀粉被广泛地应用在造纸、纺织、食品、医药等领域。

接枝共聚是淀粉改性的重要方法之一，它是指在淀粉的分子骨架上引入合成高分子，从而改进或赋予淀粉新的性能。根据接枝物的类型，反应可分为淀粉-乙烯类单体接枝共聚和淀粉-脂肪族聚酯接枝共聚两种。淀粉-乙烯类单体接枝物中的乙烯类单体包括苯乙烯、丙烯酸、丙烯酰胺、丙烯腈、甲基丙烯酸甲酯、甲基丙烯酸乙酯等。淀粉-脂肪族聚酯接枝物中的脂肪族类单体包括环状内酯或者交酯等，为了控制接枝共聚的分子结构，调控最终产物的分子结构，通常采用异氰酸酯、碳化二亚胺等作为接枝反应的偶联剂。与淀粉进行接枝共聚得到的接枝共聚物属于高分子材料，该共聚物不仅有多糖化合物的反应性和分子间的作用力，还具有合成高分子材料的稳定性、加工性能和展开能力。因此，淀粉接枝共聚物被广泛应用在吸水材料、高分子絮凝剂、塑料、造纸、纺织、油田化学品等领域。

8.4　淀粉基材料的加工成型

经过物理和化学改性后的淀粉或者淀粉复合材料可以通过挤出造粒成型、挤出注塑成型、流延成型、吹塑成型、压塑成型等方式实现成型加工。

8.4.1 挤出造粒成型

挤出造粒成型一般是通过单螺杆挤出机或者双螺杆挤出机对原料进行挤出造粒，单螺杆或双螺杆挤出机主要分为机筒区、模头区和辊筒区三个部分，淀粉料和添加剂混匀后加入料桶，通过挤出机料筒和螺杆之间的协同作用，边塑化、边推进，最后通过模头和辊筒制成各种截面的制品或者半制品。机筒区温度一般控制在 140~200℃，模头区温度控制在 160~200℃，辊筒区温度控制在 30~60℃。螺杆的长径比一般在 28∶1~40∶1，螺杆的直径一般控制在 40~120mm。

淀粉发泡材料是典型的挤出成型制备的材料，通常以水作为发泡剂，水含量越高、淀粉的分子链结构越舒展，分子链间缠结效应越强，导致材料的熔体强度偏高，泡孔遇冷收缩形成闭口泡沫；水含量越低，淀粉的分子链没有完全舒展，分子间作用力较弱，使得淀粉材料的熔体强度偏低，泡孔易开裂形成开孔泡沫结构。淀粉基发泡材料的水分含量通常控制在 8%左右。图 8-5 为不同水含量淀粉泡沫形成原理，图 8-6 为不同水含量条件下通过挤出成型工艺制备的淀粉泡沫。

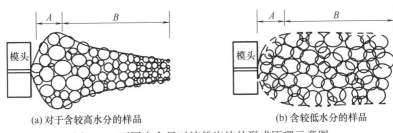

(a) 对于含较高水分的样品　　　　　(b) 含较低水分的样品

图 8-5　不同水含量时淀粉泡沫的形成原理示意图

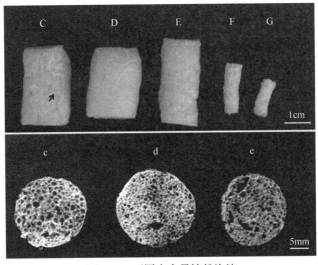

图 8-6　不同水含量淀粉泡沫

［C：10.65%；D：13.22%；E：15.16%；F：18.32%；G：21.1%（均为质量分数）。］

挤出造粒制备淀粉基发泡材料的一种典型方法是将淀粉与 PVA 共混，并以水为发泡剂，其典型配方如表 8-2 所示。

表 8-2   挤出造粒制备淀粉基发泡材料的典型配方

配方	淀粉	PVA	水
含量/phr	100	10	8

8.4.2　挤出注塑成型

挤出注塑成型是指原料颗粒或者粉末先通过挤出机挤压进料筒熔融塑化，在螺杆的旋转移动或者柱塞的挤压作用下，物料通过料筒前端的喷嘴快速注射进闭合的模具内，经过一定时间的冷却和保压成型，开模即可得到注射塑料制品。本部分的挤出熔融与 8.4.1 的挤出造粒过程相同；熔融物料注射进模具后，模具的保压压力一般控制为机器总压力的 40%~45%，保压时间一般控制在 1~10s。由于纯淀粉材料的力学性能低且不稳定，而挤出注塑成型工艺对所加工的材料的性能有一定的要求，使得纯淀粉材料不适于挤出注塑加工成型，因此通常采用淀粉与高分子的复合材料制备挤出注塑材料。近年来国内外学者主要采用聚乳酸、聚乙烯醇、聚丁二酸丁二醇酯、壳聚糖、二氧化硅等与淀粉或者改性淀粉复合并注塑成型。将这些聚合物尤其是脂肪族聚酯与淀粉进行共混不仅可以解决全淀粉塑料力学性能和耐水性能差的缺点，还可以降低脂肪族聚酯的成本。通过挤出注塑工艺制备淀粉复合材料的典型配方如表 8-3 所示。

表 8-3   挤出注塑制备淀粉基复合材料的典型配方

配方	淀粉	甘油	纳米二氧化硅
含量/phr	100	33	2

注：纳米二氧化硅的平均粒径约 300nm。

8.4.3　吹塑成型

淀粉基材料的吹塑成型通常是指先将淀粉与高分子的混合物通过挤出机熔融塑化并在模具中挤成薄壁管，然后在牵引装置的作用下，采用压缩空气将具有良好流动状态的聚合物吹胀成所要求的厚度，经冷却定型后成为薄膜。本部分中物料的熔融挤出与 8.4.1 的挤出过程相同，物料在模具中被挤成薄壁管后，后续的成型过程主要受到吹胀压力、吹胀压力的位置和吹胀时间等因素的影响，其中吹胀压力的影响最大，通常的吹胀压力值控制在 0.1~0.7MPa，吹胀时间控制在 1~5s。由于天然淀粉存在表面黏稠、韧性不足、易起泡等缺点，不适于直接吹塑成膜，通常采用淀粉与高分子材料复合吹塑成膜。研究表明 51% 以上直链淀粉复合尿素或者甲酰胺可以得到 50μm 的均相薄膜，该复合材料具有良好的拉伸强度、黏度、高熔体强度和拉伸应变性能，非常适宜吹膜成型；然而此方法需要添加高比例价格昂贵的直链淀粉，并且材料的耐水性不足。基于以上问题，通常先将少量的淀粉（<50%）与大量的可降解材料（聚乙烯醇、聚己二酸/对苯二甲酸丁二醇酯、聚乳酸、壳聚糖等，>80%）进行挤出造粒，然后采取吹塑成膜的方法来解决。通过吹塑成型工艺制备淀粉复合材料的典型配方如表 8-4 所示。

表 8-4   吹塑成型制备淀粉基复合材料的典型配方

配方	PVA	淀粉	增塑剂
含量/phr	100	35~50	6

8.4.4　压塑成型

淀粉基材料的压塑成型是指在一定温度和压力下，将淀粉基材料放入热压机中进行热压处理，保压冷却后得到厚度可控的淀粉基片材。纯天然的淀粉材料由于黏度低、不易于成型，制备的成品存在脆性大、耐水性差等问题。因此，通常采用淀粉与树脂材料复合制备压塑片材。压塑成型工艺主要包括三部分：①采用挤出机或者转矩流变仪将淀粉、生物降解树脂和增塑剂等混合均匀；②通过造粒或者破碎处理得到混合物粉末；③通过热压机的模压处理得到制品。第二部分中的淀粉与树脂的混合粉的尺寸通常控制在 50~200 目；第三部分中，热压机的温度通常设定在 150~200℃，成型压力通常设定在 40~80MPa，保压时间通常设定在 20~50min。压塑成型工艺所需要的原料较少，加工简单，其也成为了学术界常用的一种评估材料性能的方式。通过压塑制备淀粉复合材料的典型配方如表 8-5 所示。

表 8-5　　　　　　　　压塑成型制备淀粉基复合材料的典型配方

配方	淀粉	聚乙烯	增塑剂	交联剂
用量/份	80	10	16	20

8.5　淀粉基材料的应用

淀粉材料经过改性加工处理后，可制备出各种应用材料，例如：食品包装材料、缓冲包装材料、薄膜包装材料和生物医用材料等。下面针对淀粉材料在各个领域的应用分别进行详细表述。

8.5.1　食品包装领域

由于淀粉具有良好的生物相容性、分子结构易于形成氢键、可降解性、容易凝沉及透明性等特征，易于制备成薄膜材料。然而纯淀粉制备的薄膜有较脆、易断、易于老化等特点，通常需加入合适的增塑剂改良其性能，提高膜的流动性、软化淀粉膜的刚性结构，使膜变得柔软、富有弹性和光泽。研究者通常采用纳米纤维素、山梨醇、壳聚糖或者魔芋葡甘露聚糖作为改性剂，再辅以甘油作为润滑剂制备淀粉复合薄膜，改性后的材料抗张强度、断裂伸长率、拉伸模量以及抗菌性能均得到显著提升，使淀粉薄膜由脆性材料转变为韧性材料。图 8-7 为制备的淀粉基薄膜材料。

淀粉基薄膜材料可以用于果蔬、肉制品、面包、奶酪等食品的包装中。采用淀粉和聚乳酸制备的双层薄膜［淀粉层作为内层吸收内部水分，外层采用疏水性聚乳酸（PLA）层，防止外部水分渗入］可显著降低樱桃番茄的失重率；在淀粉/聚乳酸双层薄膜的淀粉层中加入抗菌剂，还可以显著地抑制双孢蘑菇的呼吸速率，保持水分含量并减缓有机物的消耗。向淀粉薄膜中加入约 10%（质量分数）高岭土，以此制备的淀粉基复合薄膜呈现半透明状，其不仅可以保护食品免受光线辐射，还可以调节饼干等食品的包装袋内湿度。此外，向淀粉薄膜中加入丁香叶油制备的复合薄膜兼具抗菌和抗氧化性双重性能，特别适用于奶制品的包装。

目前淀粉基薄膜材料的研发主要集中在成膜质量、保质期、微生物安全性、高阻隔性

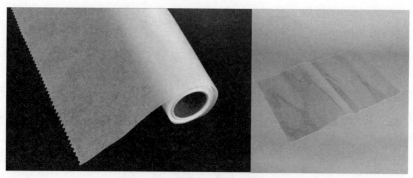

图 8-7　淀粉基食品包装膜材料

能、薄膜力学性能等方面；开发适用于淀粉基薄膜工业化生产的机械设备并优化生产工艺，降低成本；研发抗菌膜和抗氧化膜等功能性薄膜；制定相关的性能和安全检测标准。未来，随着对淀粉基复合薄膜，特别是淀粉与纳米多糖分子、淀粉与纳米无机材料、淀粉与纳米生物材料等生物纳米复合材料的深入研究，有望得到更多性能更优异的薄膜产品。

8.5.2　塑料包装领域

由于淀粉的生物相容性和可降解性，其也被广泛应用于可降解塑料中。例如东为富课题组制备了不含增塑剂的高酯化淀粉热塑性聚己内酰胺复合材料，具体地，将双键引入淀粉颗粒，以此作为种子粒子进行种子聚合，经无皂乳液聚合制备硬核（淀粉）-软壳（聚丙烯酸乙酯）粒子（CSS），再将 CSS 增韧聚乳酸。20%（质量分数）的 CSS 可以使 PLA 的缺口冲击强度由 3.5kJ/m² 提高到 31.4kJ/m²，拉伸断裂伸长率由 7% 提高到 411%，拉伸强度 52.8MPa，较好地实现了 PLA 的刚韧平衡。同样的，CSS 还可以改性聚碳酸亚丙酯（PPC），20%（质量分数）的 CSS 粒子可使得 PPC 的抗拉强度达到 21.5MPa，是纯 PPC 的 3.2 倍，复合材料的韧性提高了 44%。通过 CSS 改性的 PLA 材料和 PPC 材料可替代聚乙烯或者聚丙烯塑料制品（一次性餐具等）。除此以外，热塑性淀粉（TPS）也可以和聚对苯二甲酸-己二酸-丁二醇酯（PBAT）、PLA 通过熔融共混并吹塑成膜。由于 TPS 的加入，薄膜的氧气阻隔性能得到增强。这有利于 PBAT/PLA/TPS 薄膜制成包装袋的使用，尤其是食品包装袋的使用。图 8-8 为采用淀粉混合塑料制备的一次性餐具、塑料袋和垃圾袋的示意图。

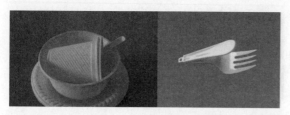

图 8-8　淀粉基一次性餐具、塑料袋、垃圾袋

虽然淀粉基塑料得到较为迅猛的发展，但是淀粉基塑料还存在一定的问题，首先添加淀粉后增加了塑料成型加工工艺的复杂性，淀粉改性及其与塑料共混技术领域还有很多问题没有得到较好的解决。其次淀粉基塑料制品普遍比不添加淀粉的塑料制品的性能（例如耐水性能、物理力学性能等）要差。尽管存在上述问题，但是淀粉基塑料经过二十几

年的发展，目前已经初具规模，作为目前生物基材料中颇具价格竞争优势的一类材料，相信淀粉基塑料在全球发展热潮中将得到快速发展。

8.5.3 缓冲包装材料领域

淀粉的易加工特性和易发泡特性使其常与其他物质复合用于制备发泡材料。淀粉类缓冲包装材料以淀粉为主要原料经烘焙、挤压或模压发泡而成（图8-9为淀粉基缓冲包装材料），按发泡方式主要分为化学试剂发泡和非化学发泡剂（以水蒸气为发泡剂）发泡两种。有学者利用膨化技术及模压成型的复合工艺制出淀粉基缓冲包装材料。此外，还有近年来流行的超临界流体发泡法，超临界流体发泡主要是在全封闭的环境下，向基材中注入超临界的流体（二氧化碳等），通过挤出机挤压出端头后，流体瞬间被泄压转变为气体冲击基材而制备出发泡材料。通过超临界流体挤出法制备的发泡材料，泡沫的泡孔直径为 $50 \sim 200nm$，泡孔密度可达到 106 个$/cm^3$。综上所述，挤出发泡研究最早，其工艺已经

图8-9　淀粉基缓冲包装材料

成熟；烘焙发泡与挤出发泡只能生产条状和片状的淀粉泡沫材料；而模压发泡得到的材料表面层具有较高密度，内部则具有较高空隙率，并且可以用来制备形状较为复杂的淀粉泡沫材料；超临界流体发泡是近年来的新技术，主要可以用来制备泡孔尺寸小、泡孔密度高、力学性能优异的发泡材料。

淀粉基发泡材料相较于传统的石油基发泡材料具有良好的可降解性，对环境造成的污染性较小，更适合现代社会的发展需求。淀粉基发泡材料的应用领域多样，例如，通过挤出发泡和烘焙发泡制备的淀粉基发泡材料，主要可应用于小型快递纸箱内包装填料；通过模压法制备的淀粉基发泡材料，可应用作大尺寸汽车、家电、家具等领域的外包装缓冲材料；而通过超临界流体发制备的淀粉基发泡材料，由于其力学性能更高，适用于精密仪器在特殊环境（高温高压）下的缓冲包装材料。

8.5.4 生物医药领域

由于淀粉具有良好的生物相容性、安全无毒、可食用等诸多优点，在伤口辅料、药物释放、细胞培养和组织工程等生物医用材料领域具有良好的应用前景。近年来，国内众多高校及企业的科研人员对淀粉基生物医用材料进行了深入的研究及产品开发。基于直链淀粉的双螺旋结构，将胰岛素溶液嵌入双螺旋空腔结构中，制备成玉米淀粉纳米颗粒-胰岛素缓释胶囊。基于淀粉可被生物活性酶降解的原理，使淀粉先被 α-淀粉酶降解，其链状结构被打断，形成均匀小分子基团，再通过碱化、交联、醚化、复合变性手段，使淀粉形成新的网状结构和强吸水基团，制备成具有快速吸水强力崩解及可控缓释性能的药用崩解剂。基于淀粉的多羟基结构，采用环氧氯丙烷为交联剂，通过乳化交联技术制备出一种具

有三维网状结构的微球，该微球生物相容性好，表面布满褶皱，颗粒表面积大，吸水速率高，可快速止血，尤其适合对大面积渗血、深部出血及手术操作难以达到部位的出血进行止血。同时利用淀粉的高交联性和可降解性，采用低黏度淀粉或改性淀粉为原料，加入增塑剂和凝胶剂后，再通过淀粉酶处理混合溶液，得到黏度为 $1\sim7Pa\cdot s$ 的胶液，最后制备空心胶囊。

针对生物活性大分子药物和载药条件的不同，对淀粉的结构与性能进行设计和改性，开发系列高附加值淀粉基生物医用材料产品和淀粉基胶囊材料，具有十分重大的意义。

8.6　问题与展望

虽然可降解淀粉基材料在外观和使用性方面已经达到包装材料的要求，但是相较于传统塑料包装材料而言，淀粉基材料仍然存在耐水性较差、制备成本较高、市场接受度较小等问题。这些问题也是制约淀粉降解包装材料大规模应用的主要原因。相信随着科技水平的发展、环保意识的进一步加强以及人民生活水平的提高，可降解淀粉基包装材料在未来将有更为广阔的发展空间。

思　考　题

1. 请画出淀粉的基本结构单元和分子结构式。
2. 请简要阐述淀粉的物理结构形态。
3. 淀粉的物理性质有哪些？阐述其物理性质与分子结构之间的关系。
4. 淀粉产生结晶结构和非结晶结构的主要原因是什么？
5. 淀粉的化学改性方式有哪些？主要原理是什么？
6. 改性淀粉材料的加工成型方式有哪几种？分析不同成型方式之间的区别。
7. 改性淀粉的成熟应用领域有哪些？

参　考　文　献

［1］　Niranjana PT, Prashantha K. A review on present status and future challenges of starch based polymer films and their composites in food packaging applications ［J］. Polymer Composites, 2018, 39（7）: 2499-2522.

［2］　Peat S, Whelan WJ, Thomas GJ. Evidence of multiple branching in waxy maize starch ［J］. Journal of the Chemical Society, Chemical Communications, 1952: 4546-4548.

［3］　Jenkins PJ, Comerson RE, Donald AM, et al. In Situ Simultaneous Small and Wide Angle X-Ray Scattering: A New Technique to Study Starch Gelatinization ［J］. Journal of Polymer Science Part B Polymer Physics, 1972, 56（7）: 3592-3601.

［4］　Lehmann A, Volkert B, Hassan-Nejad M, et al. Synthesis of thermoplastic starch mixed esters catalyzed by the in situ generation of imidazolium salts ［J］. Green Chemistry, 2010, 12（12）: 2164-2171.

［5］　Chivrac F, Pollet E, Schmutz M, et al. New Approach to Elaborate Exfoliated Starch-Based Nanobiocomposites [J]. Biomacromolecules, 2008, 9: 896-900.

[6] Vanmarcke A, Leroy L, Stoclet G, et al. Influence of fatty chain length and starch composition on structure and properties of fully substituted fatty acid starch esters [J]. Carbohydrate Polymers, 2017, 164: 249-257.

[7] Passauer L. Thermal characterization of ammonium starch phosphate carbamates for potential applications as bio-based flame-retardants [J]. Carbohydrate Polymers, 2019, 211: 69-74.

[8] Prusty K, Sethy P, Sarat K. Sandwich-structured starch-grafted polyethylhexylacrylate/polyvinyl alcohol thin films [J]. Advances in Polymer Technology, 2018, 37 (8): 3779-3791.

[9] Worzakowska M. Novel starch-g-copolymers obtained using acrylate monomers prepared from two geometric isomers of terpene alcohol [J]. European Polymer Journal, 2019, 110: 265-275.

[10] Sun Y, Hu Q, Qian J, et al. Preparation and properties of thermoplastic poly (caprolactone) composites containing high amount of esterified starch without plasticizer [J]. Carbohydrate Polymers, 2016, 139: 28-34.

[11] Pei X, Zhai K, Tan Y, et al. Synthesis of monodisperse starch-polystyrene core-shell nanoparticles via seeded emulsion polymerization without stabilizer [J]. Polymer, 2017, 108: 78-86.

[12] Meng L, Liu H, Yu L, et al. How water acting as both blowing agent and plasticizer affect on starch-based foam [J]. Industrial Crops and Products, 2019, 134: 43-49.

[13] Zanela J, Bilck AP, Casagrande M, et al. Oat Fiber as Reinforcement for Starch/Polyvinyl Alcohol Materials Produced by Injection Molding [J]. Starch-Starke, 2018, 70 (7-8): 1700248.

[14] Quiles-Carrillo L, Montanes N, Pineiro F, et al. Ductility and Toughness Improvement of Injection-Molded Compostable Pieces of Polylactide by Melt Blending with Poly (ε-caprolactone) and Thermoplastic Starch [J]. Materials (Basel, Switzerland), 2018, 11 (11).

[15] Paiva D, Pereira AM, Pires AL, et al. Reinforcement of Thermoplastic Corn Starch with Crosslinked Starch/Chitosan Microparticles [J]. Polymers, 2018, 10 (9).

[16] Thunwall M, Vanda K, Boldizar A, et al. Film blowing of thermoplastic starch [J]. Carbohydrate Polymers, 2008, 71 (4): 583-590.

[17] Carmen MOM, Laurindo JB, Yamashita F. Composites of thermoplastic starch and nanoclays produced by extrusion and thermopressing [J]. Carbohydrate Polymers, 2012, 89 (2): 504-510.

[18] Kaewtatip K, Thongmee J. Studies on the structure and properties of thermoplastic starch/luffa fiber composites [J]. Materials & Design, 2012, 40: 314-318.

[19] Pushpadass HA, Kumar A, Jackson DS, et al. Macromolecular Changes in Extruded Starch-Films Plasticized with Glycerol, Water and Stearic Acid [J]. Starch-Stärke, 2009, 61 (5): 256-266.

[20] Thunwall M, Vanda K, Boldizar A, et al. Film blowing of thermoplastic starch [J]. Carbohydrate Polymers, 2008, 71 (4): 583-590.

[21] 王玉忠, 汪秀丽, 宋飞. 淀粉基新材料 [M]. 北京: 化学工业出版社, 2015.

[22] 薛丽, 活泼, 李惠, 等. 玉米复合变性淀粉膜的制备工艺研究 [J]. 粮油食品科技, 2009, 03: 13-16.

[23] 胡新宇, 李新华. 可食性淀粉膜制备材料与工艺的研究 [J]. 沈阳农业大学学报, 2000, 31 (3): 267-271.

[24] Kuo DMT, Chang YC. Effects of interdot hopping and Coulomb blockade on the thermoelectric properties of serially coupled quantum dots [J]. Nanoscale Research Letters, 2012, 7 (1): 1-6.

[25] 陈玲, 简妮, 别平平, 等. 醋酸酯淀粉抗菌材料的性质 [J]. 高分子材料科学与工程, 2012, 28 (4): 47-50.

［26］ 王珺. 甘薯淀粉-魔芋葡甘露聚糖膜性能研究［J］. 中国食品添加剂，2012，4：136-140.

［27］ 韩国程，郭蕊，俞朝晖. 淀粉基生物降解薄膜材料的研究进展［J］. 生物加工过程，2019，17（5）：460-465.

［28］ Yujie S, Qiongen H, Ting L, et al. Preparation and properties of thermoplastic poly（caprolactone）composites containing high amount of esterified starch without plasticizer［J］. Carbohydrate Polymers, 2016, 139: 28-34.

［29］ Wang Y, Hu Q, Li T, et al. Core-Shell Starch Nanoparticles and Their Toughening of Polylactide［J］. Industrial & Engineering Chemistry Research, 2018, 57（39）: 13048-13054.

［30］ 东为富，孙钰杰，马丕明，等. 一种基于淀粉的热塑性材料及制备方法：201510364028. 8［P］. 2017-11-14.

［31］ 东为富，孙钰杰，李婷，等. 一种淀粉基复合材料及制备方法：201510362426. 6［P］. 2019-03-08.

［32］ Liu L, Wang Y, Hu Q, et al. Core-shell Starch Nanoparticles Improve the Mechanical and Thermal Properties of Poly（propylene carbonate）［J］. ACS Sustainable Chemistry & Engineering, 2019, 7（15）: 13081-13088.

［33］ 颜祥禹，潘宏伟，王哲，等. PBAT/PLA/TPS 生物降解薄膜的制备及性能研究［J］. 塑料工业，2016，44（10）：9-13.

［34］ 吴其叶，曹绍文，鲍永成. 植物纤维发泡制品及成型技术［J］. 轻工机械，2002（3）：22-25.

［35］ 郝维华. 缓冲包装材料中的发泡试验及工艺研究［J］. 哈尔滨商业大学学报（自然科学版），2002，18（5）：576-577.

［36］ 丁毅，李尧，曾珊琪，等. 植物纤维类缓冲包装材料的研制［J］. 包装工程，2006，27（2）：50-51.

［37］ Junjie G, Hanna MA. Effect of bagasse fiber on the flexural properties of biodegradable composites［J］. Biomacromolecules, 2004, 5（6）: 2329-2339.

［38］ Tsutomu N, Mayum I, Yasuh I, et al. A new recycling system for expanded polystyrene using a natural solvent：Part I. A new recycling technique［J］. Packaging Technology and Science Package, 1998（11）: 19-27.

［39］ Soykeabkaew, Supaphol, Rujiravanit. Preparation and characterization of jute and flax reinforced starch based composite foams［J］. Carbohydrate Polym, 2004, 58（1）: 53-58.

［40］ Glenn GM, Orts WJ, Nobles GAR, et al. In situ laminating process for baked starch-based foams［J］. Ind. Crops Prods, 2001, 14（2）: 125-134.

［41］ Soykeabkaew N, Supaphol P, Rujiravanit R. Structure and morphology of baked starch foams［J］. Carbohydrate Polymers, 2004, 58: 53-63.

［42］ 孙庆杰，熊柳，李晓静，等. 一种蜡质玉米淀粉纳米颗粒-胰岛素缓释胶囊的制备方法：201410478276. 0［P］. 2015-02-11.

［43］ 黄雅典，李雪晶. 生物酶解法制备药用崩解剂：200610017050. 6［P］. 2011-03-30.

［44］ 陈玲，司徒文贝，赵月，等. 一种淀粉基水凝胶控缓释载体材料及其制备方法和应用：201210303144. 5［P］. 2014-06-11.

［45］ 李素哲，胡荣现，高攀，等. 一种医用止血多聚糖淀粉微球及其制备方法：201410621755. 3［P］. 2018-07-27.

［46］ 石锐，张立群，田伟，等. 可降解多孔淀粉/PVA 生物膜及其制备方法：200910076034. 8［P］. 2012-09-05.

9 其他天然高分子

"不使用也不产生有害物质，利用可再生资源合成环境友好化学品"已成为国际科技前沿研究热点。众所周知，随着石油资源日益减少，原油价格不断上涨，传统的合成高分子工业的发展受到制约。同时，多数合成高分子材料很难生物降解或降解速率慢，造成的环境污染日益严重。天然高分子来源于自然界中动植物以及微生物资源，它们是取之不尽、用之不竭的可再生资源。而且，这些材料废弃后容易被自然界微生物分解成水、二氧化碳和无机小分子，属于环境友好材料。此外，天然高分子具有多种功能基团，可以通过化学、物理方法改性成为新材料，也可以通过新兴的纳米技术制备出各种功能材料，因此它们很可能在将来替代合成塑料成为主要化工产品。由此，世界各国都在逐渐增加人力和财力的投入，对天然高分子材料进行研究与开发。近20年，有关天然高分子材料的成果如雨后春笋般不断涌现，这些天然高分子材料依据化学结构划分，可分为多糖类、蛋白类和木质素类。本章将讨论这些天然高分子材料性质、加工、改性方面的研究进展，并探讨它们的应用前景。

9.1 多　糖　类

9.1.1 纤　维　素

作为自然界储量最丰富的天然高分子，纤维素（Cellulose）具有可再生、生物降解和生物相容性好等优点，是最重要的生物基高分子之一。纤维素是由葡萄糖组成的大分子多糖，化学式为（$C_6H_{10}O_5$）$_n$，相对分子质量可达250万，结构式如图9-1所示。纤维素是植物细胞壁的主要成分，在木材中，纤维素一般占40%~50%，还有10%~30%的半纤维素和20%~30%的木质素。棉花的纤维素含量接近100%，为天然的最纯纤维素来源。

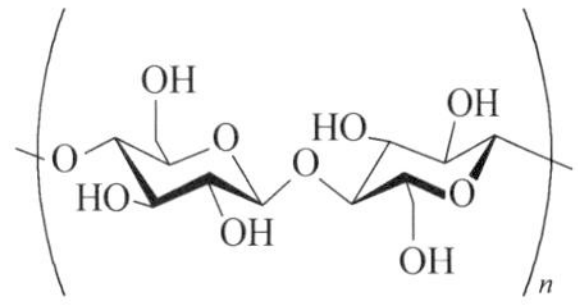

图9-1　纤维素化学结构

1838年，法国化学家Payen首次用硝酸/氮氧化钠溶液交替处理木材，然后利用水、乙醇及乙醚萃取分离出均一的化合物，用元素分析的方法确定了其化学式，并将其命名为Cellulose。然而直到1920年才由Standinger通过乙酰化和脱乙酰化作用确定它的聚合物形式。随后，人们对纤维素的来源、结构、理化性质及应用等进行了大量的研究，并开创了纤维素科学。纤维素来源按合成途径分为两类，一类是人工合成，即生物体外由酶催化纤维素二糖氟化物聚合和新戊酰衍生物开环聚合成高均一织态结构的葡萄糖心；另一类是天然合成纤维素，即微生物合成或植物的光合作用合成。

9.1.1.1　纤维素的性能

（1）纤维素的宏观性质　纤维素是无色、无臭、无毒的固体，不溶于水和一般有机溶剂，但在许多极性质子和质子液体中会溶胀。纤维素是一种典型的多糖聚合体，常以纤维的形式处理和应用。它可从自然界中各种植物纤维和木材脱木质素后的浆料中得到。最终使用的纤维素大体形态通常是一个二维片状结构，包括纤维和纸。另一种形态是再生纤维素的透明膜，它可以通过纤维素溶液流延法得到。

（2）纤维素的力学性能　纤维素具有线形高分子链，大分子之间的强聚集作用和有序排列，可作为增强聚合物复合材料力学性能的理想候选者。例如，结晶纤维素的杨氏模量（在考虑分子内氢键时，平均值为137GPa，而没有分子内氢键的平均值为92GPa，密度在 $1.5 \sim 1.6 g/cm^3$）远高于玻璃纤维（密度 $\approx 2.6 g/cm^3$）的杨氏模量（70GPa），与Kevlar纤维（60~125GPa，密度 $\approx 1.45 g/cm^3$）相似。烘干的纤维素显示为脆性材料，并表现出极强的吸湿性能。水对纤维素有很强的增塑作用。水塑化纤维素的应力-应变曲线平坦。当浸泡在水中后，纤维素软化，韧性提高。当再次干燥时，纤维素软化终止，再次变强。风干的纤维素有相当高的耐冲击性能，要破坏其微观和宏观结构需要消耗大量的机械能。

（3）纤维素的光、电和热性能　干纤维素骨架是良好的绝缘体，它的特性直流电阻率大约为 $10^{18}\Omega \cdot m$，利用此性能，纤维素常被制成纤维状和片状材料，比如电容器上的绝缘纸。但随着其含水量和离子含量的增加，其直流电阻率显著下降。关于纤维素的光学性能，由于孔和空洞的存在，纤维素纤维和纤维集合体表现为白色不透明的性质。但是通过溶液流延法可以得到透明的纤维素纤维。纤维素是一种对热稳定的聚合物，在温度高达近200℃时，它还能保持固相结构和力学性能。超过这个温度，纤维素便开始热降解。

9.1.1.2　纤维素的改性

纤维素在性能上存在有很大的缺点，例如耐化学性差、强度有限、尺寸稳定性较差等。在纤维素表面引入新的基团，赋予纤维素新的功能，从而拓宽其应用领域是纤维素改性的主流方向。纤维素改性主要分为三个方面：物理改性、化学改性和生物改性，其中应用最广泛的是化学改性。纤维素的生物改性是利用酶对纤维素进行局部水解、氧化、表面吸附等，主要应用于造纸行业，本书不作介绍。纤维素改性后在保持原有优良特性的基础之上，又具有引入官能团或其他元素赋予的新性能，如耐磨性、黏附性、高吸水性、耐酸性、耐微生物降解性和离子交换性等。

（1）物理改性　纤维素的物理改性是指通过物理、机械的方法，在不改变纤维素化学组成或不发生化学反应的情况下，改变纤维素的形态、表面结构及性质等。目前常见的方法有复合化、浸润溶胀、物理吸附等，因为物理吸附法可以在水溶剂中进行，而且方便更换溶剂，使其成为最简单和常用的物理改性方法。不带电的聚合物可以通过范德华力、氢键或其他作用力与纤维素结合，带电聚合物可以通过离子相互作用与纤维素结合。电荷密度、沿聚合物的电荷分布和盐的存在是影响吸附效果的主要因素。

（2）化学改性　纤维素的化学改性主要指通过化学反应的方法使纤维素分子链的—OH与化合物发生酯化或醚化反应，生成纤维素酯、纤维素醚类以及醚酯混合衍生物（图9-2）。

对于纤维素纤维，迫切需要解决的问题是纤维素在聚合物基质中的不相容性和难分散性，以及作为极性材料的纤维素纤维与非极性介质（如聚合物材料）之间非常差的界面黏附性。为了克服这些问题，一种方法是对纤维进行表面修饰或对基体进行修饰，对纤维素纤维的表面修饰以化学修饰或化学功能化为主。通过纤维素表面进行化学反应，可以引

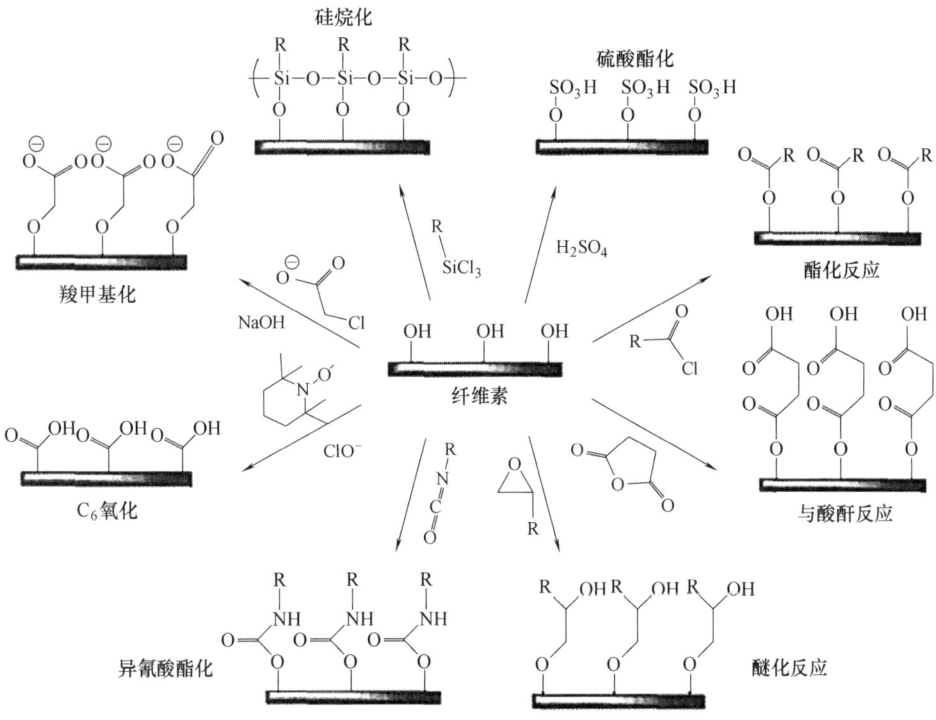

图 9-2 常见的纤维素化学改性方法

入小分子基团（极性或非极性）或聚合物，从而改性纤维素的表面性能。

发生化学反应的活性位置点一般是纤维素的羟基或纤维素预处理之前或纤维素预处理过程中产生的官能团上，纤维素预处理主要用于降低能耗，而纤维素表面改性则用于提高其与其他物质间的相容性或分散性。

由于纤维素在预处理后，其表面存在大量的活性基团（主要为羟基），所以其可以与其他含有可反应基团的小分子发生化学反应，从而在纤维素表面引入极性或非极性的基团，改变其亲水或疏水的性能。其中纤维素表面亲水改性主要包括羧酸化、磺化、羧甲基化、季铵盐化和醚化；疏水改性主要包括酯化、氨甲酰化、硅烷化和卤化。虽然纤维素表面经过小分子改性后，其物理化学性质与未改性的纤维素有一定的差别，但是由于这种方式对纤维素的相对分子质量或主体结构改变较小，纤维素的某些性能比如力学性能几乎没有太大的改变。

接枝聚合则是另一种改变纤维素物理化学性质的传统方法，如表 9-1 所示，它在保持纤维素原本性能的基础上，还可在纤维素大分子上引入其他聚合物，同时赋予纤维素新的性能。

表 9-1   部分纤维素接枝共聚

种类	接枝单体	引发剂	聚合方式
纤维素	甲基丙烯酸甲酯	2-溴代异丁基溴、氯化亚铜/联吡啶	原子转移自由基聚合
	甲基丙烯酸甲酯	2-溴丙酰溴	原子转移自由基聚合

续表

种类	接枝单体	引发剂	聚合方式
羧甲基纤维素	甲基丙烯酸甲酯	过硫酸钾	自由基聚合
羧乙基纤维素	聚甲基丙烯酸、N,N-二甲氨基乙酯	铈$^{4+}$离子	自由基聚合
	聚乙二醇乙醚与聚己内酯	聚乙二醇	开环聚合
羧丙基纤维素	聚 ε-己内酯、丙烯酸叔丁酯	PCL接枝链末端羟基、2-溴代异丁基溴	开环聚合、原子转移自由基聚合
微晶纤维素	ε-己内酯	苯甲醇	开环聚合
	丙烯酸酯、聚苯乙烯聚合离子液体	偶氮二异丁腈	自由基聚合
交联纤维素	聚异丙基丙烯酰胺、聚甲基丙烯酸二乙氨基乙酯	二甲基甲酰胺、2-溴代异丁基溴	开环聚合、原子转移自由基聚合
	2-丙烯酰胺基-2-甲基丙磺酸	亚硫酸钠/过硫酸钾	离子型聚合
纤维素膜	甲基丙烯酸二甲氨基乙酯	2-溴代异丁基溴	原子转移自由基聚合

纤维素的交联改性则是利用含有多官能团（至少两个官能团）的交联剂将两个或两个以上的纤维素分子，或纤维素分子与其他聚合物（如聚乙烯醇、壳聚糖、透明质酸等）交联起来，这是一种常用的纤维素改性方法。通过交联反应（如醚化、酯化、自由基聚合等），可以提高材料的力学性能、亲水性、释放速率等。常用的交联剂有环氧氯丙烷、二羧酸、二异氰酸酯、二丙烯酸酯等，如表9-2所示。

表9-2 交联纤维素衍生物

原料	反应机理
纤维素与甲醛	$CH_2O + H_2O \longrightarrow HOCH_2OH$ $2R_{cell}OH + HOCH_2OH \longrightarrow R_{cell}OCH_2OR_{cell} + 2H_2O$
纤维素与甲醛、尿素	$H_2NCONH_2 + 2CH_2O \longrightarrow HOCH_2HNCONHCH_2OH \xrightarrow[-2H_2O]{2HCl}$ $ClCH_2HNCONHCH_2Cl \xrightarrow[-2HCl]{2R_{cell}OH} R_{cell}OCH_2HNCONHCH_2OR_{cell}$
纤维素与二元羧酸	$2R_{cell}OH + HOOCRCOOH \longrightarrow R_{cell}OOCRCOOR_{cell} + 2H_2O$
纤维素与二元醛	$2R_{cell}OH + OHCRCHO \longrightarrow R_{cell}OCH(OH)RCH(OH)OR_{cell}$
纤维素与二元环氧化物	$2R_{cell}OH + \overset{R}{\triangle\triangle} \longrightarrow R_{cell}OCH_2CH(OH)RCH(OH)CH_2OR_{cell}$

9.1.1.3 纤维素的加工

由于聚集态结构特点和分子链间存在丰富的氢键网络，天然纤维素不熔化、难溶解，加工极其困难，传统纤维素材料生产工艺复杂且污染严重，限制了纤维素材料的广泛使用。发展纤维素清洁、高效的高值化利用新方法是纤维素科学领域最重要的研究方向。我国学者在纤维素科学研究中取得了诸多重要成果，主要集中在纤维素新溶剂体系与溶解理论、纤维素的均相衍生化反应以及纳米纤维素的制备及其功能化应用等方面。

（1）纤维素的溶解　由于纤维素链具备大量分子内和分子间氢键，纤维素只能溶解在一些特定的溶剂体系中，包括 N-甲基吗啉-N-氧化物（NMMO）、LiCl/N，N-二甲基乙酰胺（LiCl/DMAc），金属络合物溶液、离子液体、四丁基氟化铵/二甲基亚砜（DMSO）、熔融无机盐水合物、有机碱水溶液和碱/尿素溶液。张俐娜团队提出了 NaOH/尿素和LiOH/尿素水溶剂体系，在世界上首次实现低温下快速溶解纤维素，他们采用激光光散射、核磁共振、同步辐射源 X-射线衍射等表征技术并结合理论计算，提出纤维素低温快速溶解的新机理，其根源是低温诱导溶剂小分子和纤维素大分子通过氢键自组装生成新的氢键配体，溶解过程则由热熔驱动。这一新发现为有效利用棉短绒、蔗渣、秸秆等农林废弃物，将它们利用高效、"绿色"技术转化为新材料开辟全新的途径，被国际上认为"是新一类价廉、安全、无毒的纤维素水体系溶剂，在纤维素技术和工业上有巨大潜力，是纤维素技术史上的里程碑"，借此张俐娜荣获美国化学会 2011 年度 Anselme Payen 奖。张俐娜团队还发现纤维素在 NaOH/尿素水溶液中存在独特的热致和冷致物理凝胶化行为，由低温溶解的纤维素溶液经过多级结构调控，可成功制备出一系列纤维、薄膜、微球、水凝胶、气凝胶、生物塑料、碳材料、高分子纳米复合材料等，并证明它们具有优良的力学性能、电化学性能、生物相容性和生物降解性，在生物、能源、环境和健康等领域具有应用前景。

离子液体具有一系列独特的优点，与超临界 CO_2 和水相一起构成目前最重要的三大绿色溶剂体系，以离子液体溶解和加工是离子液体研究领域最重要的应用领域。张军团队发现了 2 种可高效溶解纤维素的离子液体，即 1-烯丙基-3-甲基咪唑氯盐（AmimCl）和 1-乙基-3-甲基咪唑醋酸盐（EmimAc），均具有溶解纤维素能力强、溶解快、溶解度高、纤维素降解轻等优点，与 1-丁基-3-甲基咪唑氯盐（BmimCl）离子液体并列为迄今为止使用最为广泛、研究最多的 3 种溶解纤维素的离子液体。他们提出并实验验证了离子液体溶解纤维素的机理：离子液体的阴阳离子与纤维素分子链上羟基同时形成氢键相互作用，协同破坏了纤维素中的氢键网络，使得纤维素可被高效溶解。他们发展了基于离子液体体系的再生纤维素材料制备的绿色新方法，制备了不同类型的再生纤维素材料，如纤维素纤维、薄膜、水凝胶和气凝胶材料，以及具有导电、抗菌、阻隔等不同功能性的再生纤维素材料。该离子液体 AmimCl 具有合成简便、黏度低、溶解纤维素能力强等优点，有望实现基于离子液体技术的再生纤维素膜规模化生产。

基于纤维素化学改性的衍生物，如纤维素酯和纤维素醚，是应用范围很广的改性天然高分子品种。但是传统的纤维素酯化、醚化或接枝共聚反应一般都是在非均相体系中进行的，不仅工艺复杂，还存在产品结构均匀性差的潜在缺陷，纤维素的均相衍生化反应方法不仅有望克服上述缺陷，还能精准、便捷地调控产物的化学性质和聚集态结构，得到具有特定功能的纤维素衍生物，因此均相合成纤维素衍生物是近年来纤维素化学的研究热点。根据纤维素醚化反应必须以强碱为催化剂的特点，周金平团队以 NaOH/尿素水体系为溶剂和反应介质，均相合成了季铵盐化的纤维素醚。他们通过调控产物取代度和相对分子质量，并与纤维素纳米晶、金属纳米颗粒、DNA 链段等复合，制得系列具有基因转染、药物缓释、蛋白质分离、絮凝、抑菌等功能的纤维素新材料。

（2）纺丝工艺 要合理地利用纤维素及其衍生物必须解决两个问题，一个是溶解问题，由于纤维素是以 D-吡喃式葡萄糖基通过 β-1,4 糖苷键连接起来的具有线型结构的高分子化合物，其分子间存在大量的氢键，因此溶剂很难进入。同时纤维素的聚集态结构复杂，具有高结晶度，使一般有机和无机溶剂难以溶解纤维素，这阻碍了纤维素利用技术的进一步发展。因此研究纤维素及其衍生物的溶解机理进而开发适合的溶剂体系显得尤为重要。另一个问题是纺丝工艺的开发。在获得纤维素及其衍生物的溶剂体系之后，要开发出与之相适应的纺丝工艺。新的纺丝工艺应具有生产效率高、溶剂可以回收、对环境无污染的效果。

① 干法纺丝　纤维素纤维的干法纺丝是将纤维素溶解于丙酮等有机溶剂中，配成纺丝溶液，经喷丝头挤出后，其中的溶剂受热挥发，纺丝溶液凝固成丝。

② 湿法纺丝　纤维素纤维的湿法纺丝以丙酮等为溶剂，所配制的纺丝溶液通过喷丝头挤出进入凝固浴，在凝固浴中析出而形成初生纤维。其与干法纺丝的最大差别在于是否需要凝固浴。

③ 干喷湿纺　干喷湿纺是将纤维素溶液经喷丝头挤出，先经过空气层，然后进入凝固浴，制得纤维素纤维。此方法将干法和湿法纺丝的特点有机结合在一起。

④ 静电纺丝　静电纺丝是一种制备聚合物超细纤维简单有效的方法。人们利用离子液体具有高离子浓度的特点，通过静电纺丝法制得了纤维素超细纤维，在半透膜、超滤膜、生物传感器、催化剂载体、组织工程材料、太阳能电池等方面有潜在的应用前景。表9-3显示了纤维素和纤维素衍生物的静电纺丝溶液配比。

表9-3　　　　　　　　　　部分纤维素及其衍生物的静电纺丝溶液配比

纤维素和纤维素衍生物	溶剂及比例(体积比)
纤维素	NMMO
α-纤维素(丝光纤维素浆)	NMMO/H_2O,1/1
纤维状纤维素	LiCl/DMAc,8%
纤维素(外科棉絮)	NMMO/H_2O,1/1
醋酸纤维素	丙酮/乙醇+柔软剂,1/1
醋酸纤维素	丙酮/DMAc,2/1
醋酸纤维素	乙酸/DMAc,3/1
醋酸纤维素	乙酸/丙酮,3/1
醋酸纤维素	丙酮/DMF/三氟乙烯,3/1/1
醋酸纤维素	丙酮/H_2O,17/3
醋酸纤维素/PVA	丙酮/DMAc,2/1
乙基-氰乙基纤维素	四氢呋喃
乙基纤维素	四氢呋喃/DMAc,100/0~1/4
羟丙基甲基纤维素	H_2O/乙醇,1/1
酶处理纤维素	LiCl/DMAc,8%

注：PVA（聚乙烯醇）。

⑤ 熔融纺丝　纤维素纤维的熔融纺丝是将熔体在螺杆作用下通过喷丝板挤出到空气中，经冷却、牵伸而成纤维。这种纺丝工艺可以提高纺丝速度和纤维力学性能，减少纤维的结构缺陷和对环境的危害。

（3）成膜工艺　由于纤维素高度结晶，在分解温度前没有熔点且不溶于通常的溶剂，无法加工成膜，必须进行化学改性，生成纤维素衍生物才能溶于溶剂。粘胶法（磺酸盐法）和铜氨法制备的再生纤维素膜的商品名分别为玻璃纸（Cellophane）和铜珞酚（Cuprophane），均是很好的透析膜用材料。尤其是在人工肾方面，再生纤维素被大量使用，已成为重要的医药工业产品。另外，抗蛋白污染的再生纤维素微滤膜和超滤膜也已获得了广泛应用。黏胶工艺中，首先将木浆、棉浆等天然纤维素用碱液处理反应后，将碱液回收，把剩余的部分粉碎、老成，并用 CS_2 磺化为纤维素磺酸酯后将其溶解于碱溶液，熟成、过滤、脱泡，通过口模挤出到含有硫酸或硫酸盐的凝固浴中，在酸浴中纤维素磺酸盐又再生为凝胶状态的纤维素。之后通过水浴清洗，去掉再生过程中的副产品，然后用甘油等塑化剂处理，最后干燥成型。铜氨法也是制备纤维素膜的一种重要方法，将硫酸铜与氢氧化胺作用生成氢氧化铜沉淀，洗去硫酸盐，再将氢氧化铜溶解于浓氨水中生成配合物四氨氢氧化物。

通过物理和化学双重交联策略构建了超强和坚韧的纤维素膜。以不同比例绘制具有松散化学交联的纤维素水凝胶，然后在稀硫酸中凝固，形成物理交联的纳米纤维网络。化学交联凝胶状态下的纤维素网络的结构可以被定向控制，然后在酸性溶液中破坏并去除纤维素链上的碱/尿素溶剂壳后，可以通过相邻纤维素链之间的强自聚集力（氢键）形成紧密堆叠和长距离排列的纤维素纳米纤维并将其锁定。在空气干燥后，通过双重交联的水凝胶中的结构致密化可以产生具有超高韧性的膜。纤维素膜在偏振光下表现出明显的双折射行为，表明存在有序的纳米纤维结构。这种坚固透明的薄膜可以使偏振光束去偏振，并显示出对光学偏振器的波长选择性，它们可以用于柔性电子和光电器件。

9.1.1.4 纤维素的应用

通过将纤维素材料进行改性，纤维素的功能性得到增强，从而扩展了纤维素的应用领域。人们针对改性纤维素的优良性质将其运用到了不同领域，主要有食品包装、生物医用、造纸以及废水处理等。

（1）食品包装领域 纤维素衍生物材料还广泛应用于食品包装材料中，如可立式包装和可食性包装薄膜（纸），它们对内装物抵抗微生物侵害和酶解的保护性比传统纤维素制品包装要好。甲基纤维素用途很广，可用于制备可食性薄膜或涂层，也可作为其他包装混合物的添加物来改善力学性能，还可以作为增稠剂、乳化剂、化妆品中的保湿成分等。羟丙甲纤维素易吸水，在冷水中很容易溶解，可以成膜，可以作为黏度调节剂、水保持剂或胶黏剂，也可制成可食性薄膜。醋酸纤维素在硬质包装膜中使用广泛，具有良好的透明度和高的抗冲击性。常见的商用醋酸纤维素，抗拉强度是 43~69MPa。纳米纤维素晶须则作为食品包装的高阻隔涂层，减少气体扩散途径，显著改善对氧气、二氧化碳和水蒸气的渗透性，所得包装材料的性能本质上与普通包装产品如乙烯-乙烯醇聚合物等类似，但更具可持续性。总之，通过对纳米纤维素及其衍生物在新型包装材料中的应用，提高包装的防护功能，可以减少产品因缺少防护而带来的损失，是十分有意义的。另外，在食品工业中，由于细菌纤维素具有很强的亲水性、稳定性和黏稠性，广泛用于食品成型、分散、抗溶化等，其作为肠衣和某些食品的骨架，已成为一种重要的新型食品基料和膳食纤维。

（2）医药领域 纤维素及其衍生物在医药上广泛用于增稠赋形、缓释、控释、成膜等，如乙基纤维素具有良好的成膜性和疏水性，使其在缓控释药物制剂中成为最常用的辅料之一；阳离子化的羟乙基纤维素可以携带 DNA 在细胞内成功转染基因，还可以与可逆酪蛋白发生反应制备低酪蛋白食品。有些纤维素衍生物可直接涂抹于伤患处，起到愈合的作用，比如以羧甲基纤维素为原料，与在亚硫酸钠和亚硝酸钠溶液中形成的 $N(SO_3Na)_3$ 反应，合成了羧甲基纤维素硫酸盐，此产物作用于小白鼠的受伤处，具有抗凝效果，有利于伤口愈合，且取代度不同，抗凝效果也表现出差异，取代度越高，抗凝时间越长。纤维素衍生物除了用于抗菌药剂的传送、用作抗凝剂，还在固定酶、绷带的生产、生物传感材料等方面均有报道，其在医药方面的应用范围越来越广，也日益受到重视。

（3）造纸工业　纤维素及其衍生物在造纸工业中常作为纸张增强剂、表面施胶剂、乳化稳定剂、涂料保水剂等使用。把羧甲基纤维素钠（SCMC）加到纸浆中，有利于增强纸张的抗张强度和耐破度，由于其与纸张和填料具有相同的电荷，可增加纤维的均匀度，提高纤维间的键合作用。分别用 SCMC 和聚乙烯亚胺质量比 3∶1 的混合物与常用的聚乙烯醇处置纸张，前者可明显增强纸张的耐折度。另外一种纤维素醚类衍生物，羟丙基甲基纤维素（HPMC），在造纸工业中常用作纸面滑润剂、涂覆剂、施胶剂等。通常 HPMC 用量在 0.3%~1.5%，有利于改进纸机的抄造机能，提高各种添加剂、填料和细微纤维的藏着率。细菌纤维素在造纸工业也有大量运用，与植物纤维素相比，其化学组成相同，但微观结构存在差异，由于其具有较大表面积的网状结构，经物理改性切断、吸水润胀和细纤维化等作用，能很好地与植物纤维结合，具有良好的抄造特性，可作为开发特质纸或功能纸的造纸材料。

（4）废水处理　纤维素衍生物吸附剂的突出优点是生物可降解性和可再生性，通过对天然纤维素羟基改性可引入对阳离子具有吸附能力的羧基、磺酸基、磷酸基等，通过交联或接枝，经胺化可制备阴离子吸附剂或经双功能基处理制成两性离子吸附剂，这些吸附剂被广泛用于重金属离子废水、染料废水、有机废水、造纸废水、农业生产废水等的处理。

9.1.2　甲壳素与壳聚糖

在虾蟹等海洋节肢动物的甲壳、昆虫的甲壳、菌类和藻类细胞膜、软体动物的壳和骨骼及高等植物的细胞壁中存在大量甲壳素。甲壳素在自然界分布广泛，储量仅居于纤维素之后，是第二大天然多糖高分子。每年甲壳素生物合成的量约有 100 亿 t，是一种可循环的再生资源，取之不尽、用之不竭。这些天然聚合物主要分布在沿海地区，在印度、波兰、日本、美国、挪威和澳大利亚等国家，壳聚糖已经实现商业化生产。

甲壳素（Chitin）首先是由法国研究自然科学史的 H. Bracolmot 教授于 1811 年在蘑菇中发现，并命名为 Fungine；1823 年，另一位法国科学家奥吉尔从甲壳类昆虫的翅鞘中分离出同样的物质，并命名为几丁质；1859 年，法国科学家 C. Rouget 将甲壳素浸泡在浓 KOH 溶液中，煮沸一段时间，取出洗净后发现其可溶于有机酸中；1894 年，德国人 Ledderhose 确认 Rouget 制备的改性甲壳素是脱掉了部分乙酰基的甲壳素，并命名为 Chitosan，即壳聚糖；1939 年 Haworth 获得了一种无争议的合成方法，确定了甲壳素的结构，如图 9-3 所示；1936 年美国人 Rigby 获得了有关甲壳素/壳聚糖的一系列授权专利，描述了从虾壳、蟹壳中分离甲壳素的方法，制备甲壳素和甲壳素衍生物的方法，制备壳聚

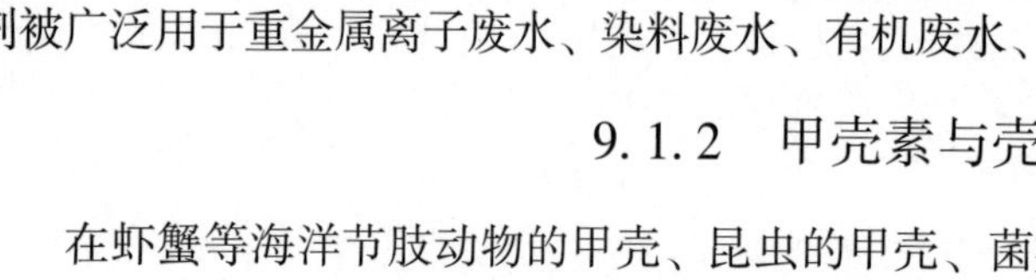

图 9-3　甲壳素化学结构

糖溶液、壳聚糖膜和壳聚糖纤维的方法；1963 年，Budall 提出甲壳素存在着三种晶形；20 世纪 70 年代，对甲壳素的研究增多；20 世纪 80~90 年代，对甲壳素/壳聚糖的研究进入全盛时期。

壳聚糖化学名为聚葡萄糖胺(1-4)-2-氨基-B-D-葡萄糖，分子式为（$C_6H_{11}NO_4$）$_n$，单体的相对分子质量为 161.2。壳聚糖是甲壳素脱乙酰化产物，如图 9-4 所示。甲壳素、壳聚糖、纤维素三者具有相近的化学结构，纤维素在 C_2 位上是羟基，甲壳素、壳聚糖在 C_2 位上分别被一个乙酰氨基和氨基所代替，甲壳素和壳聚糖具有生物降解性、细胞亲和性和生物效应等许多独特的性质，尤其是含有游离氨基的壳聚糖，是天然多糖中唯一的碱性多糖。壳聚糖分子结构中的氨基基团比甲壳素分子中的乙酰氨基基团反应活性更强，使得该多糖具有优异的生物学功能并能进行化学修饰反应。

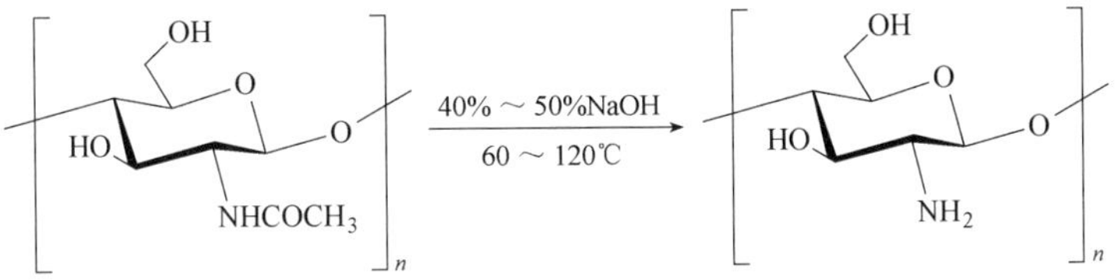

图 9-4　甲壳素制备壳聚糖

9.1.2.1　甲壳素、壳聚糖的性能

壳聚糖的外观是白色或是淡黄色半透明状固体，可溶于大多数稀酸如盐酸、醋酸、苯甲酸等溶液，且溶于酸后，分子中氨基可与质子相结合，而使自身带正电荷。同时壳聚糖在酸性水溶液中会发生酸催化的水解反应，分子的主链不断降解，黏度下降，最后水解成单糖和寡糖。但壳聚糖不溶于水和碱溶液，也不溶于硫酸和磷酸。壳聚糖溶于质量分数为 1% 的乙酸溶液后形成透明黏稠的壳聚糖胶体溶液。壳聚糖无毒、无害，具有良好的保湿性、润湿性，但是吸湿性较强，遇水易分解。其吸湿性仅次于甘油，优于山梨醇和聚乙二醇。

壳聚糖的 pK_a 值一般为 6.2~7.0，在水溶液中可表现出较典型的弱阳离子高分子化合物特征。壳聚糖具有许多特殊的物理化学性质和生理功能，如良好的吸附性、成膜性、成纤性、吸湿和保湿性能，生物相容性和降解性能十分优良，因而在生物材料生产、农产品加工、医药产品开发、新型抗菌纤维制备、废水处理等众多领域中有都有很高的实用价值。但是存在于壳聚糖结构中的羟基和氨基在排布上具有一定的规整性，这使线型的壳聚糖分子链间存在强烈的氢键作用，并导致壳聚糖在中性或碱性水溶液中的溶解性能不够，这影响了壳聚糖的进一步应用。为克服这一不足，人们提出了多种以制备水溶性壳聚糖衍生物为目的的方法，其中季铵化改性更是研究的重点之一。

9.1.2.2　甲壳素、壳聚糖的改性

壳聚糖 C_2 位上的氨基或酰胺基、C_3 位上的仲羟基和 C_6 位上的伯羟基是三个活泼的官能团，壳聚糖和甲壳素主要的不同是氨基官能团含量，这导致它们在结构和物理化学性质上有很大的不同，壳聚糖的螯合、絮凝、生物功能和应用都是由此引起。对壳聚糖进行的化学改性在不改变其基本骨架的情况下产生了具有新生物功能的化合物。壳聚糖的化学改性可以为制备具有期望的生物活性和物理化学性质的壳聚糖衍生物提供一种新的方法，壳聚糖结构上的三个活泼基团赋予了其非常多的化学改性方法。常用的化学改性方法有接

枝共聚、交联、季铵盐化、羧甲基化、酰化、烷基化、席夫碱、巯基化、硅烷化、羟烷基化、磺化等。

（1）酰化改性　甲壳素和壳聚糖的酰化反应是化学改性研究最早的一种反应（图9-5）。通过引入不同相对分子质量的脂肪或芳香族酰基，所得产物在有机溶剂中的溶解度可大大改善。早期的酰化反应是在乙酸和酸酐或酰氯中进行的，反应条件温和，反应速度较快，但试剂消耗多、分子链断裂十分严重。

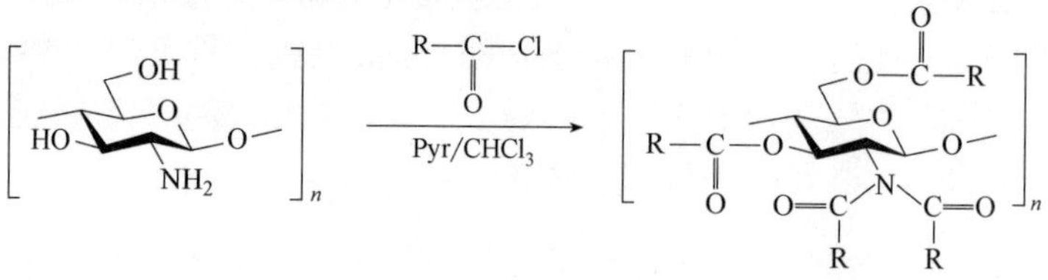

图9-5　完全酰基化壳聚糖衍生物化学结构

后来的研究发现甲磺酸可代替乙酸进行酰化反应。甲磺酸既是溶剂，又是催化剂，反应在均相进行，所得产物酰化程度较高；壳聚糖可溶于乙酸溶液中，加入等量甲醇也不沉淀。所以，用乙酸/甲醇溶剂可制备壳聚糖的酰基化衍生物。三氯乙酸/二氯乙烷、二甲基乙酰胺/氯化锂等混合溶剂均能直接溶解甲壳素，使反应在均相进行，从而可制备具有高取代度且分布均一的衍生物。酰化度的高低主要取决于酰氯的用量，通常要获得高取代度产物，需要更过量的酰氯。当取代基碳链增长时，由于空间位阻效应，很难得到高取代度产物。

（2）烷基化改性　在不同反应条件下，甲壳素和壳聚糖的化学改性可形成 O、N 和 N、O 位取代的产物。在 O 位烷基化反应中，由于甲壳素的分子间作用力非常强，反应条件较苛刻。所以，烷基化反应以壳聚糖的研究工作居多。

① O 位烷基化　O 位烷基化壳聚糖衍生物，通常有 3 种合成方法：a. 席夫碱法：先将壳聚糖与醛反应形成席夫碱，再用卤代烷进行烷基化反应，然后在醇酸溶液中脱去保护基，即得到只在 O 位取代的衍生物。b. 金属模板合成法：先用过渡金属离子与壳聚糖进行络合反应，使—NH_2 和 C_3 位—OH 被保护，然后与卤代烷进行反应，之后用稀酸处理，得到仅在 C_6 位上发生取代反应的 O 位衍生物。c. N-邻苯二甲酰化法：采用 N-邻苯二甲酰化反应保护壳聚糖分子中的氨基，烷基化后再用肼脱去 N-邻苯二甲酰。由于自由—NH_2 的存在，该类烷基化壳聚糖衍生物在金属离子的吸附方面有着较为广泛的用途。

② N 位烷基化　N-烷基化壳聚糖衍生物的合成，通常是采用醛与壳聚糖分子中的—NH_2 反应形成席夫碱，然后用 $NaBH_3CN$ 或 $NaBH_4$ 还原得到（图9-6）。用该方法引入甲基、乙基、丙基和芳香化合物的衍生物，对各种金属离子有很好的吸附或螯合能力。

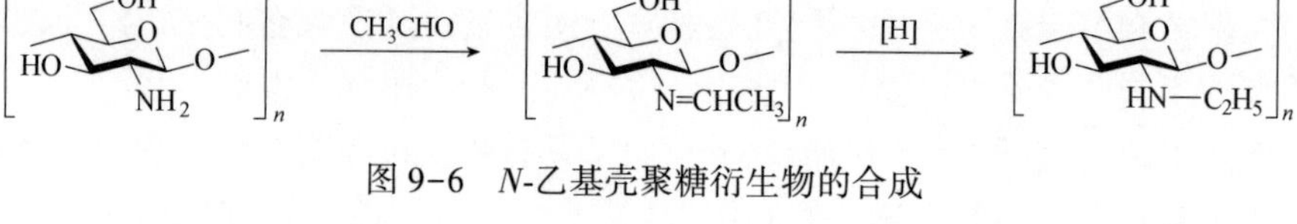

图9-6　N-乙基壳聚糖衍生物的合成

③ N、O 位烷基化　在碱性条件下，壳聚糖与卤代烷直接反应，可制备在 N、O 位同

时取代的衍生物。反应条件不同，产物的溶解性能有较大的差别。该类衍生物也有较好的生物相容性，有望在生物医用材料方面得到应用。

（3）羟烷基化改性 羟基甲壳素和壳聚糖衍生物的合成，一般是在碱性介质中进行的。用碱性甲壳素和环氧乙烷进行羟乙基化反应可得到羟乙基甲壳素（图9-7），但由于反应是在强碱中进行，也伴随着 N-脱乙酰化反应的发生。通过控制反应时间可以控制乙酰基的脱除程度，进而可控地得到羟乙基甲壳素和羟乙基壳聚糖。此外，环氧乙烷在氢氧根阴离子作用下会发生聚合反应，因而得到的衍生物结构具有不确定性。用2-氯乙醇替代环氧乙烷也可得到相同产物。

图9-7 羟乙基壳聚糖衍生物的合成

（4）羧甲基化改性 甲壳素和壳聚糖引入羧甲基后能得到完全水溶性的高分子，更重要的是能得到含阴离子的两性壳聚糖衍生物。甲壳素和壳聚糖在医药缓释方面的研究应用已有许多报道，但是它们作为缓释材料进入人体后，要消耗一定的胃酸才能溶解，而化学改性制备成水溶性的衍生物就可克服其不足。该类衍生物在多方面得到应用，特别是在作为药物载体方面。羧甲基化甲壳素由碱性甲壳素和氯乙酸反应制得（图9-8）。从水解得到的单体结构分析，羧甲基化主要发生在 C_6 上。

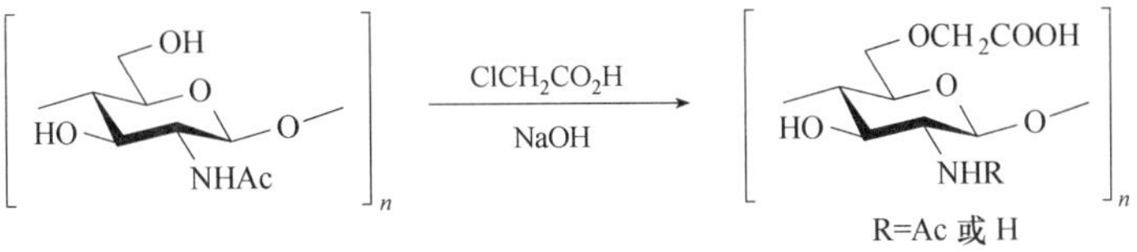

图9-8 羧甲基甲壳素的合成

（5）硅烷化改性 甲壳素可以完全三甲基硅烷化（图9-9），具有很好的溶解性和反应性，保护基又很容易脱去。因此，它可以在受控条件下进行改性和修饰。在 N,N-二甲基甲酰胺中，甲壳素的三甲基硅烷化只发生部分取代（取代度为0.6），而在此条件下纤维素可以完全取代（取代度为3.0），说明甲壳素的反应活性较低。三甲基硅基甲壳素易溶于丙酮和吡啶，在另一些有机溶剂中可明显溶胀。完全硅烷化的甲壳素很容易脱去硅烷基，因此可用它制备功能薄膜。将硅烷化甲壳素的丙酮溶液铺在玻璃板上，溶剂蒸发后得到薄膜，室温下将薄膜浸在乙酸溶液中，就可脱去硅烷基，得到透明的甲壳素膜。

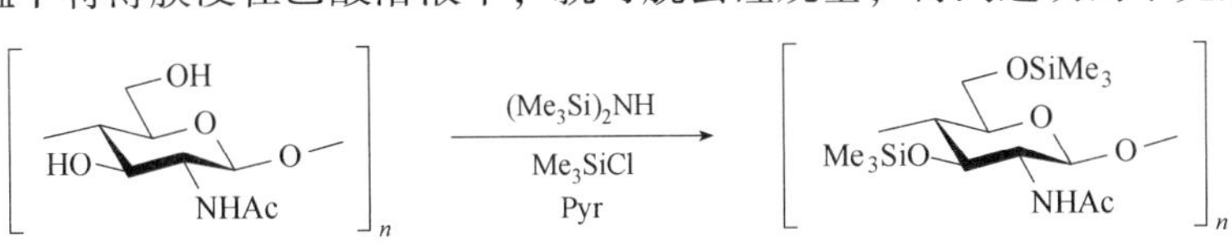

图9-9 三甲基硅烷甲壳素的合成

（6）接枝共聚改性 接枝共聚是拓宽壳聚糖实际使用的一种有效的方法，可以改变壳聚糖的物理化学性质，最终接枝共聚产物的性质主要受侧链（包含分子结构、长度和数目）控制。这些方法包括自由基接枝共聚、缩合共聚、氧化偶联共聚、环状单体的开环共聚、聚合物接枝等。

（7）交联改性　利用壳聚糖分子中的氨基、羟基与多元醛、环氧氯丙烷、多元酸、多元酸酐、多元酯、多元酸或多元醚等的反应，使分子链产生交联，得到三维空间网状结构，提高了物质之间的交联度，降低了壳聚糖分子的溶解度。

（8）壳聚糖季铵盐　壳聚糖的季铵盐是一种两性高分子，一般情况下，取代度在25%以上的季铵盐化壳聚糖可溶于水。壳聚糖的季铵盐也可以分两个类型：一类是利用壳聚糖的氨基反应制得，具体方法是用过量卤代烷和壳聚糖反应得到卤化壳聚糖季铵盐；另一类是用含有环氧烷烃的季铵盐和壳聚糖反应，得到含有羟基的壳聚糖季铵盐。

9.1.2.3　甲壳素、壳聚糖的加工

（1）甲壳素的制备　工业生产甲壳素的主要原料是各种甲壳类动物的角质层。甲壳素的制备与蛋白质、脂质、矿物质和色素密切相关。提取过程包括三个基本步骤：去除碳酸钙的去矿化作用，去除蛋白质的去蛋白作用和去除色素的脱色作用（图9-10）。通常在30~100℃下用3%~10%的盐酸进行脱矿处理1~2天；使用30~100g/L的氢氧化钠在70~100℃进行脱蛋白质处

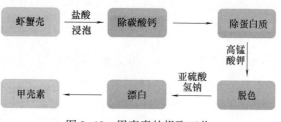

图9-10　甲壳素的提取工艺

理1~3天；由乙醇、丙酮或过氧化氢进行脱色处理；最后经亚硫酸氢钠还原漂白，最终得到甲壳素。

（2）静电纺丝　甲壳素是继纤维素之后生物合成产生的最丰富的有机物质。然而，由于甲壳素在大多数有机溶剂中的不溶性，其在许多应用中的应用受到限制。带中性电荷的生物聚合物可溶于1,1,1,3,3-六氟-2-丙醇（HFIP）、六氟丙酮、氯醇、矿物酸水溶液和含5%LiCl的DMAc。静电纺丝设备的基本要求包括：①带有针头或移液器的毛细管；②高功率电源；③收集器或靶材。

表9-4为部分甲壳素和含甲壳素溶液的静电纺丝工艺，包含相对分子质量、脱乙酰度、溶剂、静电纺丝条件（包括：外加电压、分离距离、溶液推进速度）等信息。

表9-4　　　　　　　　　　　部分甲壳素静电纺丝工艺

物质	相对分子质量	脱乙酰度	溶剂	纺丝条件
甲壳素	910000	8%	六氯异丙醇	15kV,7cm
甲壳素	920000	8%	六氯异丙醇	15kV,7cm
食品级甲壳素	—	9%	六氯异丙醇	24kV,6cm,1.2mL/h
甲壳素/PGA	91000	8%	六氯异丙醇	17kV,7cm,4mL/h
甲壳素/SF	91000	8%	六氯异丙醇	17kV,7cm,4mL/h

注：PGA（聚乙醇酸）、SF（丝素蛋白）。

表9-5显示了部分壳聚糖和含有壳聚糖的溶液的静电纺丝工艺。

表9-5　　　　　　　　　　　　　　部分壳聚糖静电纺丝工艺

物质	相对分子质量	脱乙酰度	溶剂	纺丝条件
壳聚糖10	3210000	78%	TFA/MC	15kV,15cm
壳聚糖10	210000	78%	TFA	15kV,15cm
低分子壳聚糖	70000	74%	TFA	26kV,6.4cm,1.2mL/h
壳聚糖	190000~319000	93%	TFA/GA	26kV,6.4cm,1.2mL/h
壳聚糖	210000	91%	TFA/MC	25kV,15cm,2mL/h
壳聚糖	—	95%	TFA/MC	25kV,20cm
壳聚糖	106000	54%	AA	3~5kV,20L/min
壳聚糖	190000~319000	75%~85%	AA	20kV,10cm,0.3mL/h
壳聚糖10/PVA	210000	78%	—	15kV,15cm
壳聚糖/PVA	1600000	82.5%	AA	18kV,25cm
壳聚糖/PVA	165000	90%	AA	10,15cm,10~20kV
壳聚糖/PEO	190000	85%	AA	20~25kV,17~20cm
壳聚糖/丝素蛋白	220000	86%	FA	16kV,8cm,1.0mL/h
己酰化壳聚糖	576000	88%	氯仿	8~18kV,12cm

注：TFA（三氟乙酸）、MC（二氯甲烷）、AA（醋酸）、GA（戊二醛）、FA（甲酸）、PVA（聚乙烯醇）、PEO（聚环氧乙烷）。

（3）成膜工艺　壳聚糖基薄膜大多应用在抗菌食品包装方面。随着纳米技术和高分子科学的发展，许多方法如直接浇铸、涂覆、浸渍、层层组装和挤出等被用于制备具有多种功能的壳聚糖基薄膜。壳聚糖基薄膜作为抗菌膜、阻隔膜、传感膜等，在新兴应用领域取得了较大的进展。

① 浇铸　浇铸法由于其简单性常被用于制备壳聚糖基薄膜。常用的制备仪器有培养皿、玻璃板、塑料板、铝板、硅支撑体等，如图9-11所示。

制备通常有几个步骤：a. 将壳聚糖溶解在预定pH的酸性溶液中；b. 以不同的体积或质量比与其他功能材料共

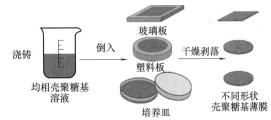

图9-11　浇铸法制壳聚糖薄膜示意图

混、合成或交联；c. 搅拌以获得均匀的黏性溶液；d. 溶液过滤、超声处理或离心以去除任何残留的不溶性颗粒和气泡；e. 浇铸到不同尺寸的水平底部；f. 在程序设定的温度、相对湿度和时间下干燥；g. 剥离、特殊处理和储存。

② 涂布　涂布通常是在刷子和抹刀等工具的帮助下生产壳聚糖膜，如图9-12所示。它包括直接涂层（在包括蔬菜、水果和肉类在内的食品表面）和间接涂层（在包装材料表面）。

直接涂布过程可能涉及几个步骤：a. 开发可能含有抗氧化剂、抗菌剂、增强剂等的壳聚糖基溶液；b. 通过筛选、洗涤、切割、辐照、加热和蒸汽闪蒸巴氏杀菌等处理制备样品；c. 用无菌涂抹器、刷子、抹刀等将壳聚糖溶液涂抹在食物上，形成均匀的薄膜；d. 在某些条件下进行干燥；e. 包装和存放。

喷涂通常通过工具比如压缩空气辅助喷雾器、背负式喷雾器和铜背包实现。喷涂与其他处理相结合显示出许多优点。采用喷涂、γ辐照和改性气氛包装相结合的处理方法，可以综合三种处理方法的优良特性。

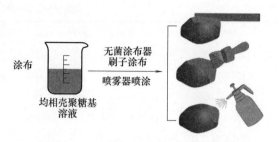

图 9-12　涂布法制壳聚糖薄膜示意图

③ 浸渍　通过浸渍或浸泡壳聚糖基溶液的方法，可以在材料表面形成均匀的薄膜，如图 9-13 所示。成膜的关键在于表面的有效润湿能力和处理时间。

浸渍或浸泡步骤包括：a. 配制壳聚糖溶液并调节 pH；b. 准备材料样品，如选择（形状、大小）、清洁、干燥和称重；c. 将材料浸入或浸泡在溶液中；d. 取出排出多余的溶液，并干燥。

图 9-13　浸渍法制壳聚糖薄膜示意图

④ 层层组装　层层静电沉积技术（Layer-By-Layer，LBL）在生物材料薄膜中得到了广泛的探索，其目的是有效地控制材料的性能和功能。这是一种用于制备多组分薄膜的通用技术。它不需要任何复杂的仪器，并且形成的膜与衬底形状无关，如图 9-14 所示。

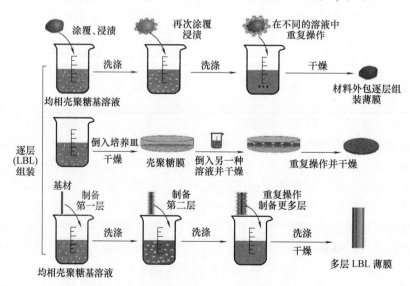

图 9-14　层层组装法制壳聚糖薄膜示意图

pH 是影响 LBL 膜形成的一个重要因素。电荷可以通过 pH 改变，这显著影响了聚合物的沉积量，因为需要更多的生物聚合物分子来中和前一层。多层膜的结构和性能也会受到 pH 的极大影响。当 pH 降低和层数增加时，制备的膜的厚度、粗糙度和弹性模量会增加。此外，随着 pH 的降低和层数的增加，实现了高水平的光取向。一些研究人员发现，具有最佳阻隔性能的膜是基于壳聚糖（pH 为 5.5）/聚（丙烯酸）（pH 为 3）/壳聚糖（pH 为 5.5）/氧化石墨烯（48nm）的膜。在这个 pH 下，壳聚糖被聚（丙烯酸）抗衡离子高度电离，可以吸引更多的氧化石墨烯进入体膜。多层膜具有多种组分的组合特性，并表明其对大肠杆菌的抑制作用和抗氧化活性随着双层数的增加而增加。

⑤ 熔融挤出　熔融挤出（图 9-15）也被广泛开发用于制备可生物降解的壳聚糖基活性包装，步骤包括：a. 使用不同的组合物制备材料配方；b. 在搅拌机中混合物料；c. 将混合物在双螺杆挤出机中按设计条件混合；d. 通过造粒机将挤出物切粒；e. 在热风干燥箱中干燥微丸；f. 通过连接在平模上的双螺杆挤出机将微丸挤出成片或通过环形口模将混合树脂通过吹膜挤出机吹成薄膜。

图 9-15　熔融挤出法制壳聚糖薄膜示意图

挤出过程往往使薄膜具有可接受的力学性能和良好的热稳定性。在挤出过程中，低密度聚乙烯可作为基质聚合物，乙烯-丙烯酸共聚物可作为黏合剂，促进不混溶聚合物界面的黏附。两步熔融复合工艺也适用于吹塑薄膜。当壳聚糖含量增加时，断裂强度和伸长率降低，水蒸气渗透性增强。采用模压法制备了另一种以聚乙二醇壳聚糖和低密度聚乙烯为基体的薄膜。所得薄膜的热稳定性主要取决于低密度聚乙烯。虽然薄膜具有优异的透明度，但聚乙二醇的加入降低了弹性模量。

9.1.2.4　甲壳素、壳聚糖的应用

武汉大学张俐娜团队利用甲壳素为原料制备出具有药物缓释、离子吸附、纳米晶须增强等功能的新材料。采用 N-甲基甲壳素（NMC）通过油水乳液悬浮聚合成功地制备出表面十分光滑的中空微球，它可包合药物并具有缓释功能。实验证明，NMC 在乳液滴表面与戊二醛交联形成坚实外壳，而内部环己烷挥发形成空腔。尤其，用邻苯二甲酸酐与壳聚糖在 N,N-二甲基甲酰胺（DMF）溶液中反应合成 N-邻苯二甲酰基壳聚糖，然后将其与氯乙酸在异丙醇中反应成功制备出水溶性 N-邻苯二甲酰基-羧甲基壳聚糖（CMPhCh）。CMPhCh 在 DMF/H_2O 体系中自组装形成多层洋葱状囊泡，它在药物长效控制释放领域具有良好的应用前景。直接用甲壳素碱溶液与纤维素的 NaOH/硫脲水溶液（经冷冻溶解）共混制备出甲壳素纤维素离子吸附材料。这种材料对 Cu^{2+}、Cd^{2+} 和 Pb^{2+} 金属离子有较高吸附性能，并且明显高于纯甲壳素。提出了新的吸附模型，即纤维素的亲水性和多孔结构吸引金属离子靠近，并促使它与甲壳素分子的 N 络合并吸附在材料上。甲壳素经脱蛋白、漂白后用盐酸降解可得到甲壳素纳米晶须，其长度约为 500nm，直径约为 50nm。将甲壳素晶须与大豆蛋白（SPI）混合后加入甘油作为增塑剂热压成型。该材料的拉伸强度和耐水性比未加晶须的纯 SPI 明显提高。这种增强作用的出现是由于晶须与晶须之间以及晶须与 SPI 基质之间通过强烈分子间氢键形成了三维网络结构。

壳聚糖为天然多糖甲壳素脱除部分乙酰基的产物，具有生物降解性、生物相容性、无毒性、抑菌、抗癌、降脂、增强免疫等多种生理功能，广泛应用于食品添加剂、纺织、农业、环保、美容保健、化妆品、抗菌剂、医用纤维、医用敷料、人造组织材料、药物缓释材料、基因转导载体、生物医用领域、医用可吸收材料、组织工程载体材料、医疗以及药物开发等众多领域和其他日用化学工业。

（1）生物医用领域　国内外研究者对壳聚糖进行了大量的毒理学研究，发现壳聚糖相对无细胞毒性，无致突变作用，对人体的组织器官和细胞有良好的生物相容性，且具有良好的可降解性，壳聚糖及其衍生物作为医用高分子材料已广泛应用在医用生物材料和组织工程材料等领域。壳聚糖在生物体内通过水解酶等可降解成低聚糖和葡萄糖胺，被人体吸收，并具有良好的抗菌活性、抗凝止血性能和成膜性，当通过可控制方式对壳聚糖定位引入功能基团，制备的壳聚糖衍生物可用于制造手术缝合线、医疗用的敷料和人工皮肤、抗胆固醇剂、免疫促进剂、抗肿瘤剂、抗凝血剂等，也广泛用于药物释放载体和固定化酶载体。如采用壳聚糖和丁二酸酐合成 N-琥珀酰壳聚糖，通过离子诱导法制备得到载重组人内皮抑素的 N-玻珀酰壳聚糖纳米粒，此壳聚糖纳米粒可作为载药载体，能有效加强内皮抑素对肿瘤细胞的抑制作用。

杜予民等用壳聚糖和环氧丙烷-三甲基-氯化铵制备出 N-(2-羟基) 丙基-3-甲基氯化铵壳聚糖衍生物（HTCC），然后用海藻酸钠与 HTCC 作用得到结构规整、致密的纳米粒子。他们用三聚磷酸钠作为交联剂对壳聚糖纳米粒子进一步交联后明显提高了它对牛血清蛋白（BSA）的包封率并降低其释放度。他们还通过基于静电作用力的层-层自组装（LBL）技术将壳聚糖与光学性质特殊的 CdSe/ZnS 核壳结构量子点复合构筑了新的壳聚糖-CdSe/ZnS 量子点多层复合膜。该材料的三阶非线性光学性质十分明显，9 个双层的自组装膜的三阶非线性极化率达 $1.1×10^{-8}$esu。此外，他们通过明胶与羧甲基壳聚糖共混并用戊二醛交联制备出两亲性聚电解质凝胶。该凝胶显示出明显的 pH 敏感性，在 pH 为 3 时凝胶收缩成致密的微结构，而 pH 增加到 9 时，凝胶明显膨胀形成很大的表面积。而且，该凝胶用 $CaCl_2$ 处理后会形成交联网络结构，可用于药物控制释放。

利用壳聚糖这种天然聚阳离子多糖制备生物传感器的研究得到了迅速发展。Chen 等制备了葡萄糖生物传感器，将碳纳米管和葡萄糖酶加入到壳聚糖溶液中，通过电沉积组装得到壳聚糖膜。该研究提供了简单的壳聚糖膜组装方法，碳纳米管均匀分布在膜中，同时显著保留了酶的活性，对 H_2O_2 的反应起到催化作用。Constantine 等利用壳聚糖的聚阳离子特性，将其与聚阴离子聚（噻吩-3-醋酸）(PTAA) 通过层层自组装得到五层稳定超薄多层膜，再由强静电作用将有机磷水解酶吸附在多层膜之间，制得一种生物酶传感器。该方法简单、快速、可重复，并可通过荧光光谱分析每一层的增长过程。

（2）食品工业领域　壳聚糖及其衍生物具有独特的生物活性和理化性能，对人和环境无毒，在食品工业领域中可用作保健食品添加剂、食品的保鲜剂、果汁的澄清剂以及可食性包装材料等。用作保健食品添加剂的是低聚壳聚糖。壳聚糖降解成为低聚糖时，其水溶性明显改善，吸湿保湿性大大提高，并在一定范围内，随着相对分子质量的降低，其保湿增湿性能不断增加。低聚壳聚糖的生物活性比壳聚糖更优越，研究发现，当壳聚糖的脱乙酰度达到 70% 以上时具有增强免疫作用，且免疫增强作用会随其水溶性的增加而增加，同时聚合度控制在 4~7 的低聚壳聚糖及其衍生物具有明显的抗肿瘤作用。低聚壳聚糖可作为生产原料添加在调节血糖或血脂等类型的保健品中，也可以作为减肥食品的添加剂。壳聚糖及其衍生物具有无毒、澄清、絮凝、乳化、抑菌等特殊性质，可用于食品保鲜、果汁澄清。壳聚糖是天然的阳离子聚合物，能与果汁中带负电荷的果胶、单宁、蛋白质等相互作用，使果汁澄清。

（3）日用化妆品领域　随着消费者对日用化妆品的功效性和安全性的双重要求，开发含天然有机原料的日化产品已成为一种流行趋势。壳聚糖由于溶解性较差，不能直接用于化妆品，需要进行功能改性，如酰基化、羧基化、羟基化反应等，得到水溶性壳聚糖衍生物或采用水解方法制备低聚壳聚糖。当壳聚糖降解得到相对分子质量10000以下的水溶性低聚壳聚糖，具有较高的溶解度，易于被吸收利用。经功能改性或水解得到的水溶性壳聚糖具有更加独特优越的理化性能和生理活性，如具有优异的保湿增湿性、良好的透气性、成膜性等，并且还具有抗衰老、防皱、美容、保健等作用。水溶性壳聚糖及其衍生物添加到香波、洗发精、护发素和染发剂的配方中，可以保护胶质形成并具有良好的抗静电防尘作用、保湿保型性，使头发光亮滑顺。水溶性壳聚糖及其衍生物在护发用品的配方中含量一般为0.05%~10%。水溶性壳聚糖及其衍生物具有优良的保湿增湿性能、抗菌活性、成膜性、良好的透气性能，可用于面膜和高级护肤用品等日用化妆品。低聚壳聚糖由于相对分子质量小，更易于被皮肤所吸收，用其制成的膏、霜类护肤用品可直接渗入皮肤内部甚至于细胞内部，起到保湿润肤的作用。

（4）纺织工业领域　利用壳聚糖较好的成纤性，可采用湿法或干法将其纺制成壳聚糖长丝或短纤维。目前普遍采用湿法纺丝法。在纺丝过程中，为了提高壳聚糖的成纤性，会添加一些化学助剂，在一定程度中降低了壳聚糖纤维的纯度，限制了它在医疗领域的应用。由于壳聚糖纤维强度相对偏低，常与黏胶纤维、涤纶等混纺以增加纱线强度。由于独特的理化性能和生物活性，壳聚糖及其衍生物可以作为织物后整理剂改善织物的服用性能，如染色性、透湿透气性、防皱性、抗菌防臭性、抗静电性等。壳聚糖具有增色和固色作用，采用壳聚糖稀酸溶液对织物改性后，可以提高染料对织物的上染率和匀染性。

（5）环保领域　近年来壳聚糖及其衍生物在环境保护领域中的给水处理和工业废水处理应用越来越广泛，可作为阳离子絮凝剂、吸附剂、重金属离子及有机物的螯合剂、固液分离剂、杀菌剂等。壳聚糖可作为水的净化剂，能有效去除水中有机物、重金属离子及微生物等有害物质。壳聚糖分子链中大量的氨基和羟基对污染物有很强的吸附作用，主要通过物理吸附、化学吸附和离子交换吸附三种形式。壳聚糖可与金属离子形成配位键，生成螯合物；与有机分子如蛋白质、酚类化合物、醌类化合物、脂肪酸等形成氢键、共价键或配位键产生结合。近年来壳聚糖及其衍生物在印染废水、食品工业废水、造纸废水等工业废水处理中的研究和应用发展迅速，并取得显著的环境效益。

9.1.3　其他多糖

多糖是人类最基本的生命物质之一，除作为能量物质外，多糖的其他诸多生物学功能也不断被揭示和认识，各种多糖材料已在医药、生物材料、食品、日用品等领域有着广泛的应用。海藻酸盐易溶于水，是理想的微胶囊材料，具有良好的生物相容性和免疫隔离作用，能有效延长细胞发挥功能的时间。魔芋是我国的特产资源，魔芋葡甘聚糖具有良好的亲水性、凝胶性、增稠性、黏结性、凝胶转变可逆性和成膜性等特性。其他多糖类高分子还有黄原胶、果胶、卡拉胶、树胶等，可用于食品、饮料行业作增稠剂、乳化剂和成型剂等。

9.2 蛋白类

9.2.1 植物蛋白

植物蛋白是人类饮食蛋白质的重要来源，易于被人体吸收，同时植物蛋白具有多种生理功能，如降低胆固醇、降血压和抗氧化等。植物蛋白主要来源于米面类、豆类等，根据植物中各成分含量及其来源的不同，可以将植物蛋白分为 4 种类型的蛋白质，即油料种子蛋白、豆类蛋白、谷类蛋白以及螺旋藻蛋白。植物蛋白所含的氨基酸的种类并不如动物蛋白质多，其中赖氨酸、苏氨酸、色氨酸和甲硫氨酸的含量均相对不足。

9.2.1.1 大豆蛋白

大豆蛋白是一种质优价廉、来源丰富的植物蛋白。它是在低温下将豆粕除去大豆油和水溶性非蛋白成分后，得到的一种蛋白质量分数不少于 90% 的混合物。

(1) 大豆蛋白的性能 大豆蛋白是人体氨基酸平衡特性较好的植物性蛋白质之一，富含 8 种人体必需氨基酸，大豆蛋白的基本构成单位是氨基酸，其氨基酸组成与牛奶蛋白质相近，蛋白质又被称为人类的"第一营养素"或"生命素"。大豆蛋白主要分布在大豆的糊粉粒和蛋白体中，由于它能溶于 pH≠pI 的水及盐溶液中，所以其主要成分是球蛋白。大豆蛋白在适当的条件下经过超离心处理后，根据蛋白质的沉降系数的不同，可以将其分为 2S、7S、11S 和 15S。通常情况下，7S 和 11S 这两个组分占 80% 以上，而 2S 和 15S 这两个组分含量所占比例比较少，约占 10%。

① 溶解度 蛋白质的溶解度是蛋白质在水中的分散量或分散水平。蛋白质的溶解度在等电点时通常是最低的，而大豆蛋白在等电点时几乎不溶，在其等电点两侧会急剧增加。多数功能性大豆蛋白的溶解度高达 80%。工业上，大豆蛋白的溶解度主要根据蛋白质分散指数（PDI）或氮溶解指数（NSI）这两种快速测定方法进行测定。

② 吸水性 大豆蛋白质与水的相互作用可区分为吸水性能和持水性能两种，吸水性能是指大豆蛋白与水之间的一种化学结合，而持水性能是指大豆蛋白与水之间的物理截留作用。吸水过程是一个放热反应，而且水分子在与蛋白表面结合之后，蛋白表面的有序程度增加，与水蒸气冷凝相似。

③ 乳化性 大豆蛋白分子中同时含有亲水和亲油基团，可以减低油水两相的界面张力，易于乳液状的形成。稳定的乳化颗粒通过在油滴周围形成带电层引起多种斥力，或在溶剂液滴四周形成保护膜来实现乳化，可以有效地防止油滴的聚集或乳液状态的破坏，维持乳液状态的稳定性。

④ 凝胶性 蛋白质分子聚集最终形成一个有规则的蛋白质网状结构，这一性质称作凝胶性，它使大豆蛋白具有较高的黏度、可塑性和弹性。由于凝胶过程是一个动态过程，易受外界环境的 pH、离子强度、加热温度和加热时间的影响。另外，当大豆蛋白的持水性增强时，凝胶的黏度和硬度也就会增大。

⑤ 起泡性 大豆蛋白的起泡现象在食品体系中比较常见，蛋白溶液表面张力减小的

速率与蛋白的起泡能力有着明显的联系。空气参与其中，接着内部蛋白部分变性，形成稳定的薄膜，膜内部无静电斥力。

（2）大豆蛋白的改性　大豆蛋白分子是可完全生物降解的天然高分子，大豆蛋白基生物可降解材料具有良好的生物可降解性和可加工性。与其他生物降解材料相比，大豆蛋白来源丰富，可每年再生，而且具有独特的分子结构，侧链上含有丰富的活泼基团。20世纪30~40年代，国内外学者研究出大量的大豆蛋白质基可降解塑料，限制大豆蛋白质在塑料产品方面应用的因素至今仍集中在大豆蛋白质热塑可加工性较差、成膜（片）厚度受限制、耐水性差、材料对湿度敏感导致力学性能受环境状况影响而变化等方面。为了解决这些问题，目前，大豆蛋白可以进行多种改性反应以提高制备材料的性能，其研究与应用越来越受到人们的关注。

① 化学改性　大豆蛋白化学改性的实质是利用化学方法向蛋白分子中引入各种功能性基团，如带负电基团、亲水亲油基团、巯基等，从而改变蛋白大分子一级结构，以获得较好的功能特性或营养特性。大豆蛋白侧链上有很多活泼基团，这些基团在不同助剂下会发生酰基化、磷酸化、糖基化等反应。经过化学改性后，SPI 降解材料的加工可塑性、疏水性及力学性能都能得到很好的改善。

② 物理改性　大豆蛋白的物理改性主要是通过热、机械、超声等物理形式，改变大豆蛋白的二级、三级或四级结构，一般不涉及蛋白质一级结构。物理改性几乎不降低 SPI 的相对分子质量，只改变了其高级结构和分子间聚集方式。热改性是在一定温度下加热 SPI 一定时间使其发生改性的方法。研究表明热改性对 SPI 的溶解性、黏性、凝胶性、乳化性及其稳定性均有不同程度的影响。适当的热处理可以提高 SPI 的疏水性和力学性能，然而温度过高时疏水能力则下降。

③ 共混改性　将 SPI 与纤维、淀粉、壳聚糖、聚羟基酯醚、聚己内酯等可降解高分子材料共混后制备复合材料，能够明显提高材料的疏水性、力学性能和加工性能，是制备大豆蛋白热塑性工程塑料的有效改性方法，也是近年来开发的一个方向。

（3）大豆蛋白的应用

① 面制品领域　由于大豆蛋白氨基酸比较均衡，几乎与联合国粮食及农业组织和世界卫生组织推荐氨基酸组成相符，特别是大豆蛋白质中赖氨酸含量高于其他谷类制品，应用于面制品中，不仅提高产品蛋白质含量，还可以根据氨基酸互补原则提高产品蛋白质质量。又因其加工特性，在加工中可增加面制品色、香、味，延长面制品货架期。如在焙烤食品中加入大豆蛋白粉，可使面包营养增加，提高吸水率，改善面包皮色，防止面包老化，改善蛋糕起泡性、吸水性，使蛋糕质地膨松，蜂窝细腻，色泽、口感良好，不易干硬，抗老化。

② 肉制品领域　大豆蛋白用于肉制品，既可作为非功能性填充料，又可用作功能性添加剂，改善肉制品质构和增强风味，充分利用不理想或不完整边角原料肉。从营养学角度来看，将大豆蛋白制品用于肉制品还可做到低脂肪、低热能、低胆固醇、低糖、高蛋白、强化维生素和矿物质等。

③ 饮品领域　大豆蛋白用于饮料，可增加饮料蛋白质含量。以大豆蛋白为原料可制作人造乳、咖啡伴侣、豆奶、豆奶酪、果汁豆奶等，并添加一系列调味料如香精、巧克力、植物油、糖、柠檬酸等，味道和营养成分都良好。在核桃饮料生产中，加入脱脂大豆

粉，既可提高产品蛋白质含量，又可降低生产成本。

④ 水产品领域　大豆蛋白质制品在水产品方面主要用于以粉碎鱼肉为原料制品方面。主要采用以下三种方法：a. 添加干粉状蛋白质；b. 用水形成凝乳后调和使用；c. 用水、油脂和蛋白质混合形成乳化状凝胶添加的方法。无论采用什么方法，应用于鱼糕类水产制品时，大豆蛋白凝胶虽触感不如鱼肉蛋白凝胶那样柔软，但具有鱼糕特有色泽。

⑤ 其他　大豆蛋白还可应用于其他各种制品中，如在纺织品中，可作为棉、毛、麻处理浆料中和剂和分散剂，提高产品质量和印染效果；可以大豆蛋白为原料，制成可食性蛋白膜和肠衣等；还可制成大豆蛋白保鲜膜，用于糕点、水果、蔬菜等保鲜；也可作为造纸、塑料、石油工业中功能填充剂及附着粘接材料。另外，高分散型大豆蛋白可用于化妆品；大豆蛋白水解后可制成防止药品有效成分挥发包埋剂和不良气味遮盖剂；水解蛋白液可替代葡萄糖，制成针剂或口服营养液等。

9.2.1.2　其他植物蛋白

油料蛋白主要是缺乏甲硫氨酸，例如棉籽蛋白主要是甲硫氨酸不足；小麦蛋白主要是赖氨酸和苏氨酸不足。而向日葵蛋白的甲硫氨酸含量较高，植物蛋白还具有良好的加工特性，经过加工后其具有保水性和保型性，使其制品有耐储藏等较好的经济性品质。因这些优点，植物蛋白在食品等领域具有巨大的应用前景和开阔的市场。

以植物蛋白为基体的可食膜，由于具备良好的透气性、机械强度、阻油性和营养等，已经受到了很多国内外专家的关注。但是因为植物蛋白溶解性及成膜后机械性能均较差，所以需对其进行改性。常见的改性方法有：热碱处理、还原剂处理（常用还原剂是亚硫酸钠）、交联剂处理、微波或超声处理、增塑剂处理等。

9.2.2　动物蛋白

动物蛋白主要来源于肉、蛋、奶类。动物蛋白质的构成以酪蛋白为主（78%~85%），其蛋白质的种类和结构更加接近人体的蛋白结构和数量，能更好被人体利用吸收，而且动物蛋白所含的必需氨基酸比植物蛋白更齐全。常见的动物蛋白有蚕丝蛋白、明胶、酪蛋白、乳清蛋白、角蛋白等。

9.2.2.1　蚕丝蛋白

蚕丝蛋白是从蚕丝中提取的天然高分子纤维蛋白，含量约占蚕丝 70%~80%，含有 18 种氨基酸，其中甘氨酸、丙氨酸和丝氨酸约占总组成的 80% 以上。蚕丝蛋白由相对分子质量为 280000、230000 和 250000 的 3 种亚单元组成，并且蚕丝蛋白中存在两个或更多个非二硫链连接的独立亚单元。蚕丝蛋白是一种纤维状蛋白，其聚集态结构由结晶态和无定形态两大部分组成，结晶度在 50%~60%。其中结晶区包括两种结晶形态，即 silk I 和 silk II 结构，silk I 结构包括无规线团（random coil）和 α-螺旋（α-helix），silk II 结构呈反平行 U-折叠。

（1）蚕丝蛋白的性能

① 吸水性　蚕丝蛋白分子结构中含有很多胺基（—GHNH）、氨基（—NH$_2$）等亲水性基团，又由于其多孔性，易于水分子扩散，使其具有较高的吸水回潮率。蚕丝蛋白不溶于水，而溶于高浓度的某些无机盐。

② 抗紫外线性　丝素蛋白在 100℃ 时开始脱水，从 175℃ 开始逐步失重，颜色由白变

黄，至280℃完全变黑，305℃时分解。丝素蛋白分子中因含一定量的酚羟基和其他结构，易吸收紫外光而变性。随着照射时间的增加，丝素蛋白泛黄程度也增加，特别是在有水的环境下，泛黄程度更为严重。

（2）蚕丝蛋白的改性　蚕丝蛋白在有很多优异的使用性能的同时，也有很多缺点。比如在紫外光照射下，氨基酸组分发生裂解，白度下降，力学性能和热性能大幅度降低，而且蚕丝蛋白还有难以染色和易于褪色等缺点。为了改善这些缺点，同时提高化学和物理性能，国内外专家对蚕丝蛋白进行了改性。常用的蚕丝蛋白改性方法分为两种，一种是用生物学的基因方法来改善蚕的品种，另一种是采用化学和物理的方法加以改性。本书对化学和物理的改性方法展开说明。

① 化学改性　蚕丝蛋白的氨基酸侧基含有活泼性官能团，如脂肪族羟基、羧基、氨基、肽键等基团，在催化剂的作用下或者在强紫外光照射下，能产生游离基而形成活性中心，这是蚕丝蛋白改性的基础，然后与烯类或双官能团单体发生接枝共聚反应。常用的化学改性方法是接枝共聚，接枝改性是指在蚕丝蛋白的主链上接上由另一种单位组成的链，使蚕丝蛋白结构发生变化，从而产生性能改变。共聚后生产的接枝部分分布在蛋白分子的结构中，接枝共聚不会破坏蚕丝蛋白的主链，可以保持原来蚕丝蛋白的特性，通过接枝不同功能的单体提高蚕丝蛋白的热稳定性、力学性能等其他功能。

② 物理改性　蚕丝蛋白的物理改性主要是通过热处理、射线辐射或等离子体等物理形式，提高蚕丝蛋白的性能。热处理是蚕丝蛋白经过某种高温特殊处理后提高其某些性能。射线辐射改性是指利用 γ 射线辐照改性，可使得蚕丝处理之间的长线型大分子之间通过一定的形式的化学键链接形成网状结构，进而提高蚕丝纤维的热稳定性、力学性能等性能。等离子体是正负带电粒子密度相等的导电气体，其中包含离子、激发态分子、自由基等多种活性粒子，这些高速运动的活性粒子流和材料表面发生能量交换，使材料发生热饰、蒸发、交联、降解、氧化过程，并使表面产生大量的自由基或极性基团，从而使材料表面得到改性。低温等离子体处理对纤维、纱线和织物等都有明显改善性能的作用，且综合效果好。

（3）蚕丝蛋白的应用

① 食品和保健品领域　蚕丝是由 18 种氨基酸组成的天然蛋白质，在经过酶解或酸解后，能形成多种氨基酸与低聚肽的混合物，无毒无污染，极易被人类吸收。蚕丝蛋白还具有特殊的保健和医疗功能，比如抗菌、解酒、降低血液胆固醇、防治帕金森病、促进胰岛素分泌等。迄今已开发了诸多蚕丝食品，比如丝素饼干、糖果、果冻、片剂以及口服液等。

② 护肤品和化妆品领域　对于蚕丝在护肤和化妆品方面的功效，我国古代就有过记载：天然蚕丝可以让皮肤变美，消除暗斑，治疗化脓性皮肤病。通过将丝蛋白水解得到的产物（丝胶、丝肽、丝精和丝氨酸等）以不同方式添加到护肤品中，不但能增强产品的保湿、美白防晒作用，还能提供皮肤营养、调理皮肤以及温和清洁等。

③ 生物医药领域　蚕丝蛋白优良的细胞相容性、生物安全性、可吸收降解性等生物学特性，使得蚕丝在生物医药材料领域得到了更为广泛的应用。人们将蚕丝用作手术缝纫线已经有长达数十年的历史。蚕丝中的丝素蛋白纯度高，具有优良的可设计性，不但可制备成丝素膜的形态，还可制备成多孔状、管状等多种形态，是制备仿生材料的理想材料之

一。迄今为止，丝素蛋白在人造皮肤、人造骨骼、人造角膜、人造血管、人造尿道黏膜等仿生学领域已取得了突破性的进展。在医药材料领域，随着对丝蛋白的不断深入研究，国内外研究者愈加关注起丝素蛋白在药物缓释、抗凝血材料等方面的应用。在药物缓释方面，研究范畴主要围绕着载药缓释膜、药物缓释微球、药物缓释凝胶以及药物控释涂层等几个体系。

9.2.2.2 明胶

明胶（Gelatin）是由多种氨基酸组成且具有蛋白质结构的大分子，可由动物的骨头或皮肤胶原经过热变性或物理、化学降解得到，其具有良好的生物降解性、生物相容性与组织相容性，降解后可形成无毒产物被排出体外，而且价格低廉，因此作为生物高分子材料和医用材料，被广泛应用到工业、食品、药品等领域。

（1）明胶的性能　胶原分子是由三条多肽链相互缠绕所形成的螺旋体，通过特殊处理，胶原分子螺旋体变性分解成单条多肽链（α-链）的 α-组分和由两条 α 链组成的 β-组分及由三条 α 链组成的 γ-组分，以及介于其间和小于 α-组分或大于 γ-组分的分子链碎片。

① 等电点　据报道，酸法猪皮明胶的等电点一般在 7.5~9，而碱法明胶的等电点在 4.8~5.0。这两种不同工艺制得的明胶相混合使用时会出现不相容的现象，因此在混胶时要注意胶的等电点及使用时的 pH。

② 表面活性　由氨基酸构成的多肽链存在着亲水区和疏水区，因而明胶和一些表面活性剂一样具有适当的表面活性。研究表明，在明胶溶液浓度低于 1%、温度为 10~45℃，在溶液形成少于 1h 的界面上进行测定，发现在 pH=2~3 时其表面张力最大，而最小表面张力则出现在等电点处。研究还指出，表面张力在 30℃ 以下随温度而直线下降，在 30~40℃ 下降更为急剧，在 40℃ 以上时随着温度的不断增高而进一步下降，其下降速率比纯水的要大。凡出现老化的地方，表面张力一般会随时间而下降。

③ 凝胶强度　当温热的明胶水溶液冷却时，其黏度逐渐升高，如果浓度足够大，温度充分低，明胶水溶液即转变为凝胶。明胶凝胶类似于固体的物质，能够保持其形状，并具有弹性。明胶凝胶在受热后能可逆地又转变为溶液状态。这是明胶无可比拟的特性。将明胶溶液在低温下冷却至发生凝胶化并在一定的低温下老化一定时间，即可测得其稳定的凝胶强度数值。

④ 黏度　商品明胶黏度与浓度的关系在早期研究中被确定为"黏度是浓度的指数函数"；随后的研究发现，黏度的对数对浓度作图始终是一条曲线，只是随着浓度的增加而曲率呈下降趋势。明胶浓溶液的黏度在等电点 pH 下处于最低值，而在盐溶液加入时，所有 pH 下的溶液黏度均相应地降低。

（2）明胶的改性　由明胶制成的膜具有良好的热封性，较高的阻气、阻油性能，并且其物化性质易于调节，可广泛应用于可食性包装膜、抗氧化剂或抗菌剂的载体等。然而目前，单一的明胶膜还存在显著的缺点，如质脆、力学性能差、易溶于水等，无法很好地满足实际应用的要求，因此需要对其进行改性处理，以满足不同领域的需要。

① 化学改性　明胶的化学改性利用了明胶分子链上各官能团能与低分子或高分子化合物进行反应的功能。明胶的化学改性较多地在明胶与高分子化合物的单体进行接枝共聚反应上进行开发与研究，这是因为通过接枝共聚反应所得到的接枝共聚物，既保留了母体明胶原有的许多宝贵的性能，如形成凝胶和形成螺旋结构的能力以及较好的耐热性等，又

能从接枝组分中获得新的性质。

② 构象调控 构象调控是指在不添加任何添加剂的情况下，通过明胶本身结构的改变来改变其某些性能。众所周知，明胶在其制品中是以胶原状的螺旋构象和卷曲构象的形式存在的，两种构象比例的不同对明胶制品性能的影响很大。例如，明胶溶液或涂布成膜冷凝后放置一定时间，使明胶分子构象转变形成高度螺旋构象，此即为"复性"（renaturation），属于物理改性。这在理论和实践上都具有重要的意义，但其中许多问题却远未获得实际解决而无法应用。

③ 共混改性 共混是一种常见的简单有效的改性方式，即将 2 种或 2 种以上的材料通过一定的方法混合，以制备兼具这些材料优点、规避各自缺点的复合膜。因此将明胶与一些具有良好力学性能、可降解性、疏水性等的生物聚合物混合，制备明胶基复合膜，可以改善单一明胶膜的部分缺陷，扩大其应用领域。

（3）明胶的应用

① 生物医药领域 明胶在医药中应用得最多的是包裹药物的胶囊。据文献介绍，几个药用明胶主要生产国的大部分药用明胶都消耗于胶囊的生产。装入胶囊的药物能保持较长时间的稳定，能掩蔽某些药物的不良臭味与颜色，容易吞服而能在胃中迅速崩解使药物释出；若使用肠溶胶囊，可抑制药物对食道、胃的刺激或防止被胃酸所破坏，而使药物能直接作用于肠道。明胶中含有多种微量元素，特别是硒、锶，使明胶具有一定的营养价值和医疗作用。临床试验证明，服用适当微量元素和氨基酸的明胶合剂能明显地改善病人的白细胞、血小板和红细胞数；能调节血脂胆固醇和甘油三酯的含量而改善心肌功能和提高免疫功能；能调节人体元素的代谢作用，排出体内有害元素，如能导致肾脏疾病、老年痴呆症和癌变的铝元素等。

② 化妆品及日用品领域 明胶、胶原的水解物及其衍生物在化妆品中应用时，对皮肤和毛发具有保护、保湿、去污等作用，但这类添加剂只有在与化妆品某些成分配伍时才能显现出有意义的效果。这类蛋白质与月桂酰醚硫酸酯钠组成的复合物对眼睛有保护作用。将中性胶原溶液和酸溶胶原溶液与合成的肥皂、香皂及其他洗净剂配合使用，可防止皮肤免受各种洗涤剂的有害作用（如刺激作用）。一些观点认为，这是因为明胶、胶原的水解物及其衍生物能在洗涤剂外形成胶束而使合成的肥皂、香皂及其他洗净剂趋于温和。同时，它们可增强洗净剂的去污作用而不降低或仅略微降低泡沫活性。含蛋白质的肥皂和洗净剂还具有优良的保湿效果，对某些油类物质如染眉油、口红、眼睑膏等有极好的乳化性，洗后能使皮肤感觉柔和、不发干和不发黏。

③ 纤维及纺织领域 丝蛋白纤维和羊毛纤维均为蛋白质纤维，它们具有优异的穿着性能，深受消费者的青睐。在人造纤维风靡全球的时代，研究工作者也将目光投向明胶，期望用明胶来制备人造蛋白质纤维。

④ 造纸领域 明胶在造纸工业中的用途也很重要。手工制造的纸和几乎所有的高档纸，尤其是以破布为原料的纸张都应用明胶上浆。纸张用明胶上浆后，表面光滑坚牢，不易沾污，在翻动时有特殊的响声；钞票纸用明胶上浆后能经得起多年频繁的折叠使用；钡底纸有一氧化钡层，以使纸张具有一定的色调；为制造可保持永久性印渍的纸张，需要在纸上涂上明胶、甲醛、甘油和明矾等混合液；用明胶、甘油处理并经甲醛固化，可制造质地紧密、能防止气体和液体泄漏的纸张；用明胶、氯化锂、甲醛处理，可制得导电材料、

透明分层材料；将明胶和脲醛树脂加入纸浆，可提高纸的不透水性；办公用纸、复写纸、制图用纸等的制造也需要加入明胶。

9.2.2.3 其他动物蛋白

酪蛋白（Casien）中含有人体必需的 8 种氨基酸，是一种全价蛋白质（PER 值为 2.5）。酪蛋白不是单一的蛋白质，而是由 αs-、κ-、β-、γ-四种类型构成。酪蛋白中的丝氨酸羟基与磷酸根之间形成一个酯键，这四种酪蛋白结合磷的数量也不相同，αs-酪蛋白含磷量在 1% 左右，β-酪蛋白约含磷 0.6%，γ-酪蛋白约含磷 0.11%，κ-酪蛋白是一个糖蛋白。酪蛋白还有良好的持水性、乳化性和较高的营养价值。

乳清蛋白（Whey protein）约占牛奶蛋白质的 20%。乳清蛋白中的主要成分为：β-乳球蛋白约 48%（含有游离—SH 基）、α-乳白蛋白约 19%、蛋白酶约 20%、免疫球蛋白约 8%、牛血清蛋白约 5%，以及少量的其他组分。由于乳清蛋白具有高吸收性、完整的氨基酸成分、低脂肪和胆固醇等优点，受到了很大的关注。同时乳清蛋白具有良好的成膜性，可形成一种可使用膜，提高产品的稳定性，优化外观等。

角蛋白（Keratin）是构成生皮表皮、毛皮毛囊的主要蛋白质。角蛋白是中间纤维蛋白（intermediate protein，IP）家族的重要成员。角蛋白分子链由 19 种 α-氨基酸构成，角蛋白含有较高的半胱氨酸，所以含有较多的二硫键。半胱氨酸的交联是角蛋白的主要交联结构。通常角蛋白纤维的改性是基于对其部分二硫键的破坏而改变角蛋白分子的溶解性，也可在其分子的侧链上进行接枝聚合；或用物理机械的方法使角蛋白的晶体结构变得疏松，从而改变角蛋白纤维材料的各种机械性能和物理化学性质。

9.3 木 质 素

9.3.1 概 述

木质素（Lignin）是由三种醇单体（对香豆醇、松柏醇、芥子醇）形成的一种复杂酚类聚合物，是植物界中储量仅次于纤维素的第二大生物质高分子。木质素按来源可分为以下四大类（表 9-6）。

表 9-6 木质素种类及其性能

木质素种类	硫酸盐木质素	木质素磺酸盐	碱木质素	溶剂型木质素
结构				
分离方法	沉淀法（改变 pH）、超滤法	超滤法	沉淀法（改变 pH）、超滤法	沉淀法（无溶剂）、溶气浮选法
产品等级	工业级	工业级	工业级	实验室/试用级

续表

木质素种类	硫酸盐木质素	木质素磺酸盐	碱木质素	溶剂型木质素
硫/（%，质量分数）	1.0~3.0	3.5~8.0	0	0
氮/（%，质量分数）	0.05	0.02	0.2~1.0	0~0.3
相对分子质量/（×10^3）	1.5~25	1~150	0.8~15	0.5~5
溶解性	溶于碱、部分有机溶剂（DMF、吡啶、DMSO）	溶于水	溶于碱	溶于大量有机溶剂
T_g/℃	140~150	130	140	90~110
T_d/℃	340~370	250~260	360~370	390~400

注：Lignin（木质素）、DMF（N,N-二甲基甲酰胺）、DMSO（二甲基亚砜）、T_g（玻璃化转变温度）、T_d（热分解温度）。

9.3.2　木质素的性能

由于木质素的分子结构中存在着芳香基、酚羟基、醇羟基、碳基共轭双键等活性基团，因此可以进行氧化、还原、水解、醇解、酸解甲氧基、羧基、光解、酚化、磺化、烷基化、卤化、硝化、缩聚或接枝共聚等化学反应。其中，又以氧化、酚化、磺化、缩聚和接枝共聚等反应性能在研究木质素的应用中显示着尤为重要的作用，同时也是扩大其应用的重要途径。图 9-16 为木质素的基本组成结构单元及其化学键链接。

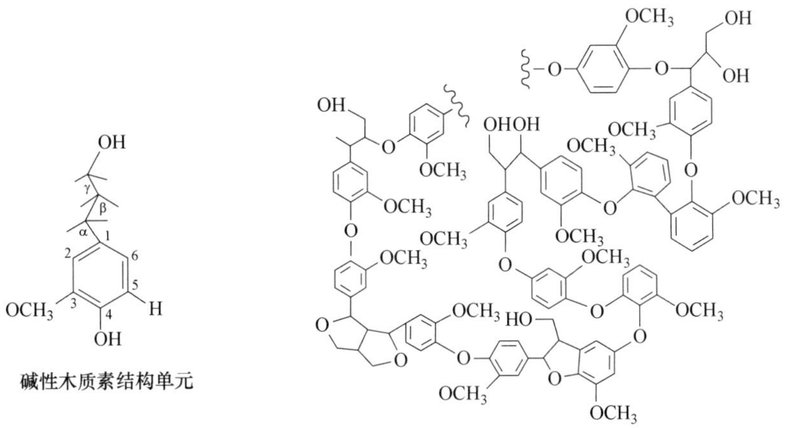

图 9-16　木质素基本组成结构与化学键

木质素是一种聚集体，结构中存在许多极性基团，例如羟基，因此木质素具有很强的分子内和分子间的氢键。碱木质素水溶性较差，可溶于碱性溶液，如氢氧化钠水溶液，以及丙酮、二氧六环等有机溶剂中；磺酸盐木质素则可溶于水溶液中，但不易溶于有机溶剂。

9.3.3　木质素的改性

木质素的分子结构中存在着芳香基、酚羟基、醇羟基、羰基、羧基等多种活性基团，因而木质素可以发生多种化学反应。它们分别作为氢键的给予体和受体形成了很强的分子内和分子间的氢键，因而木质素很容易发生团聚，在与聚合物共混时分散性和相容性差。国内外专家对木质素进行了多种改性研究，改善了木质素多方面的性能。

9.3.3.1　原位增容技术

将木质素和其他高分子共混，改善力学性能和热性能，同时提高共混体系的相容性。

9.3.3.2　化学改性

化学改性是木质素常用的改性方法。由于木质素分子上含有很多极性官能团，可进行多种化学改性提高木质素的反应。常见的化学改性方法有：磺化改性、酚化改性、羟烷基化改性、胺化改性、接枝共聚改性等。

（1）磺化改性　碱木质素由于结构复杂，水溶性较差等缺点，工业化应用难以实现。为了改善其水溶性，工业上一般采用磺化改性的方法，这是碱木质素在工业上应用的前提和基础。木质素的磺化改性是从其结构单元侧链及苯环上引入强亲水性基团磺酸基。一般采用高温磺化法，即将木质素和 Na_2SO_3 或者 Na_2SO_3 及 HCHO 在 140～200℃下反应，得到磺甲基化碱木质素（图9-17）。

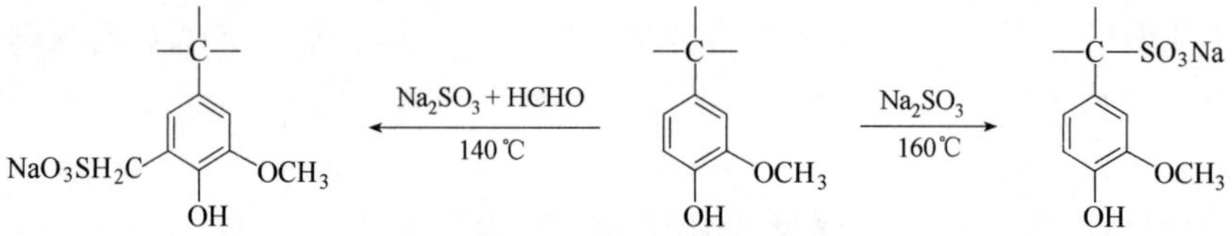

图9-17　木质素的磺化改性

（2）酚化改性　在木质素结构单元中，位于酚羟基对位侧链上的 α 碳原子，受到酚羟基诱导效应的影响，反应活性较强，比较容易与苯酚或者其衍生物发生化学反应。碱木质素的酚化改性是指碱木质素和苯酚在一定条件下发生化学反应，改性之后木质素分子中引入了苯酚基团，增加反应活性点数量（图9-18）。

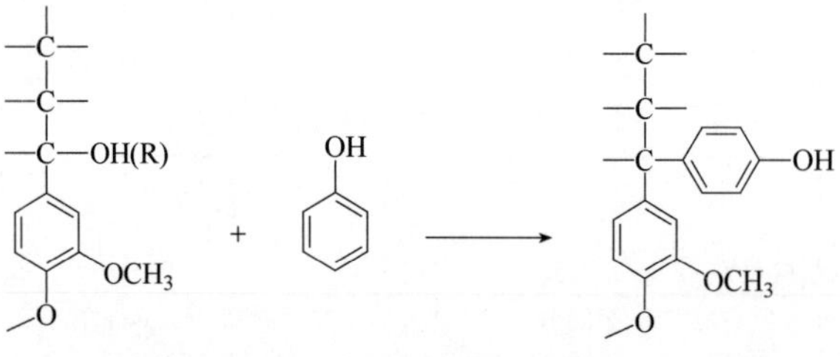

图9-18　木质素的酚化改性

（3）羟烷基化改性　木质素的结构和苯酚比较类似，其中愈创木酚基结构和对羟基结构的酚羟基的邻位没有被甲氧基取代，因此具有更高的反应活性。羟烷基化改性是指在碱催化作用下，木质素与甲醛进行加成反应，形成羟甲基化木质素（图9-19）。

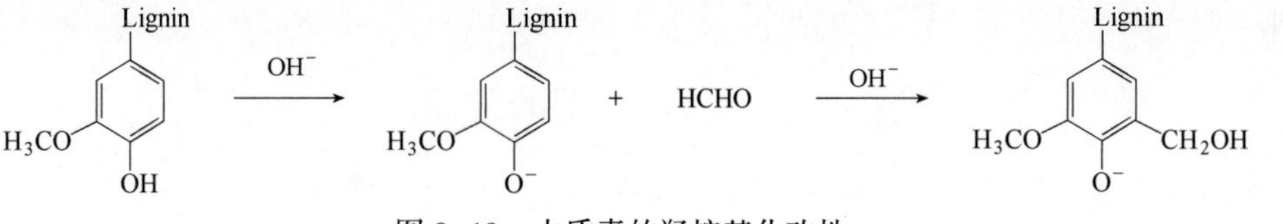

图9-19　木质素的羟烷基化改性

（4）胺化改性　胺化反应是木质素分子结构的酚羟基的邻、对位以及侧链羰基的 α 位上均有较活泼的氢原子，氢原子与甲醛、脂肪胺发生曼尼希反应，将胺基引入木质素中制成木质素胺的反应（图 9-20）。

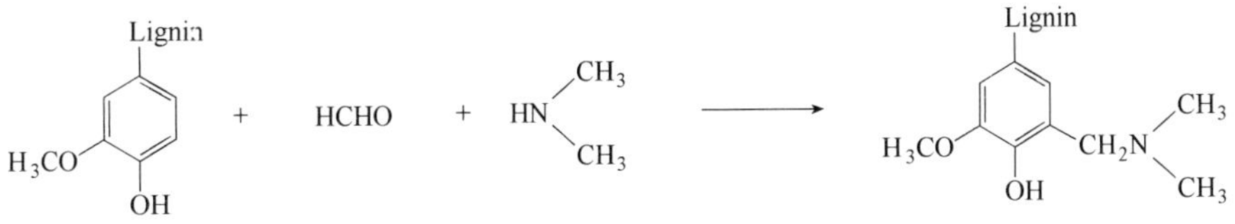

图 9-20　木质素的胺化改性

（5）接枝共聚改性　木质素的接枝共聚改性是根据应用要求赋予木质素新性能的一种广泛且重要的方法。接枝共聚反应一般是单体在引发剂的作用下，在木质素结构上发生聚合反应，得到以共聚物为主链、以均聚物为支链的聚合物。接枝方法一般分为三类：自由基聚合，开环聚合和离子型聚合。接枝共聚物的性能取决于主链和侧链的组成、结构、长度，将两种性质不同的聚合物接枝到一起，这也是对木质素进行接枝改性制备新材料的基础。

木质素经改性后，可以用作燃料、化学试剂和高分子添加剂。例如，改性后的木质素可以作为农药和化肥的释放载体，也可以作为造纸过程中的施胶剂，甚至电池原件等。

9.3.3.3　纳米木质素

目前，纳米木质素（Lignin nanoparticles，LNPs）的研究备受关注，可以通过多种方法制备得到，如机械粉碎法、气体爆破法、自组装法等。由于木质素是一种具有抗紫外、抗氧化、抗菌、抗癌等功能的天然高分子材料，无毒环保，已被广泛用于食品包装、水处理、医用敷料、药物控制释放、电能储存装置等领域。

9.3.4　木质素的加工

9.3.4.1　熔融纺丝

熔融纺丝工艺简单、料率高、环境污染小，是制备木质素基碳纤维最常用的方法。通常，熔融纺木质素基纤维是通过将木质素粉末或颗粒转化为高于软化温度的纤维或长丝，然后在高速收集纤维之前在冷空气中淬火来实现的（图 9-21）。熔纺木质素纤维的力学性能主要取决于木质素的来源（相对分子质量、软化温度、分子结构）、结晶度、纤维取向等不同因素，这些因素与熔融纺丝工艺的加工参数（即加热温度、挤出速度、卷取速度等）密切相关。

需要注意的是，大多数木质素由于无定形的化学结构，相对分子质量小，没有熔点；因此，当在高于 200℃ 的温度下加热时，它们经常分解，这极大地影响了加工温度。挤出速度和收集速度之间的差异对于提高分子取向程度和结晶度至关重要，这有助于提高纤维的力学性能。然而，木质素的无定形、三维支链结构阻止了纤维纺丝过程中晶体的形成，这可能会影响纤维强度。木质素化学结构因来源的不同而存在差异，也会影响熔融加工性能。例如，软木木质素的软化温度越高，通常会导致熔融纺丝的可纺性越差，从而需要额外的处理，如化学改性或与其他聚合物共混用于纤维加工。尽管硬木木质素通常是可熔融加工的，但应仔细调整 S- 和 G- 单元之间的比例，以实现有效的熔融纺丝。此外，由于熔

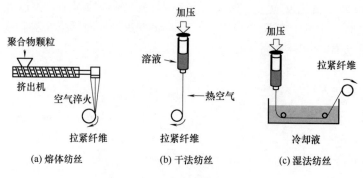

图 9-21　熔融纺丝示意图

融纺丝木质素前体纤维在稳定和碳化过程中容易部分熔融，很难热氧化稳定化木质素前质纤维以生产低成本碳纤维（表 9-7）。

表 9-7　　　　　　　　　熔融纺木质素基碳纤维加工条件

木质素/聚合物（质量比）	加工温度/℃	热处理稳定/碳化	碳纤维		
			直径/μm	抗拉强度 TS/MPa	拉伸模量 TM/GPa
硬木牛皮纸木质素	195~228	250℃,12~180℃/h,1h,空气；1000℃,180℃/h,氮气	46±8	422±80	40±11
硬木牛皮纸木质素/PEO(97/3)	189~228	250℃,12~180℃/h,1h,空气；1000℃,180℃/h,氮气	33±2	458±97	59±8
热解木质素	105/125	250℃,0.5℃/min,1h,空气	49±2	370±38	36±1
硬木牛皮纸木质素/PET(75/25)	130~240	250℃,0.2~3℃/min,1h,空气	34±5	703	94
硬木牛皮纸木质素/PP(87.5/12.5)	130~240	250℃,0.2~3℃/min,1h,空气	44±5	437	54
木质素/聚乳酸（80/20）	220~240	280℃,0.25℃/min,1h,空气	30~60	159.2	11.6
Alcell 有机硅硬木木质素/TPU(50/50)	155/180/190/180	250℃,0.1℃/min,1h,空气；1000℃,10℃/min,0.5h,氮气	31±2	1100±100	80±10
改性有机溶剂木质素	130	250℃,0.1℃/min,1h,空气；1000℃,3℃/min,1h,氩气	39.1±5.4	454±98	62±14
改性蒸汽爆炸木质素	155~180	210℃,0.5~2℃/min,空气；1000℃,5℃/min,20min,氮气	7.6±2.7	660±230	40.7±6.3
羟丙基改性牛皮纸硬木木质素/TPU(50/50)	175/190/200/190	250℃,0.1℃/min,1h,空气；1000℃,10℃/min,0.5h,氮气	30±1	800±100	66±10

注：PEO（聚环氧乙烷）、PET（聚对苯二甲酸乙二醇酯）、PP（聚丙烯）、TPU（热塑性聚氨酯）。

Sudo 等人采用苯酚处理蒸汽爆破木质素，得到流动性和成纤性良好的类沥青木质素，并在95℃下熔融纺丝制备出初生纤维。与氢化裂解处理技术相比,酚化处理得到的碳纤维的产率由 15.7%~17.4% 提高至 43.7%。Kubo 等人研究了预处理对熔融纺丝过程的影响,将醋酸有机溶剂型木质素分别经过乙酰化、皂化和热处理(130℃、160℃和210℃)后研究其熔融性和可纺性,结果表明,乙酰化处理后的木质素可纺性最高,其玻璃化转变温度(T_g)为123℃,熔融温度为175℃。为进一步提高木质素的熔融可纺性,研究者将木质素与高聚物共混后纺丝,比如与聚对苯二甲酸乙二醇酯(PET)、聚丙烯(PP)、聚丙烯腈(PAN)和聚乳酸(PLA)等共混后熔融制备碳纤维。

9.3.4.2 溶液纺丝

溶液纺丝是从溶解的聚合物溶液中纺制纤维,可分为干法纺丝、湿法纺丝和凝胶纺丝3种纺丝技术,均涉及均相纺丝原液的制备。溶液纺丝纤维一般比熔融纺丝纤维具有更好的力学性能,主要是由于纤维具有更高的拉伸比。作为溶液纺丝技术的一种,干纺在挥发性溶剂蒸发后从聚合物溶液中产生纤维。聚合物溶液首先通过喷丝板孔挤出,然后进入热空气中,使溶剂瞬间蒸发。固化的纤维或细丝在被收集到卷绕机上之前可以进行进一步的处理,例如拉伸(图9-21)。

通过湿法纺丝制备木质素基纤维已被证明是获得低成本纤维的一种很有前途的方法。在传统的湿法纺丝中,聚合物溶液被直接挤出到凝固浴中。聚合物射流与混凝剂接触,混凝剂与溶剂混溶但不溶解聚合物。然后将凝固的纤维收集到卷取辊上(图9-21),卷取辊具有可变的速度来拉伸纤维。湿法纺丝的一个常见变体是干喷或气隙纺丝,通常用于高黏度聚合物纺丝。在此过程中,纺丝液首先被挤出到 10~200mm 的空气间隙中,聚合物射流在进入液体凝固浴之前被拉伸以促进更好的分子取向,而其他加工阶段与常规湿法纺丝相似。由于木质素的相对分子质量相对较低,很难形成足够黏稠的溶液以进行湿法纺丝。因此,高相对分子质量聚合物(如 PVA 或 PAN)通常与木质素混合,以提高湿纺木质素/聚合物溶液的可纺性。溶液仿木质素基碳纤维加工条件见表9-8。

凝胶纺丝是一种新兴的纤维纺丝技术(图9-22),用于生产木质素基高性能纤维。这个过程类似于湿纺。热聚合物溶液通过喷丝头挤出到气隙中,然后放入冷却凝固浴中以形成纺丝凝胶长丝。所得的纺凝胶纤维被收集到旋转的络筒机上,然后浸入凝固浴中一段时间。然后,纤维通过空气烘箱或热油,在那里它们被加热和拉伸以形成高性能固体纤维。

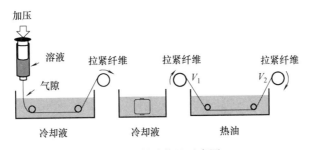

图9-22 凝胶纺丝示意图

9.3.4.3 静电纺丝

聚合物溶液或熔体在高压直流电源的作用下,克服表面张力,形成喷射细流,在喷射过程中,溶剂不断挥发,射流的不稳定性和静电力的作用使射流不断被拉伸,有时会发生射流分裂现象，最终在收集器上得到直径为几十纳米到几微米的纤维（图9-23）。

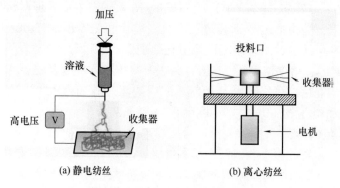

(a) 静电纺丝 (b) 离心纺丝

图9-23 木质素静电纺丝示意图

表9-8　　　　　　　　　溶液纺木质素基碳纤维加工条件

纺丝技术	木质素/聚合物（质量比），对应溶剂	修饰/冷凝条件	热处理稳定/碳化	碳纤维		
				直径/μm	抗拉强度TS/MPa	拉伸模量TM/GPa
干纺	改性针叶木牛皮纸木质素(100)，丙酮	用乙酸酐乙酰化	200℃,0.2℃/min；1000℃,4.5℃/min	<7	1.04	52
	软木牛皮纸木质素(100)，乙酸-水(H₂O)	—	250℃,1h；1000℃	6~7	1.39	98
	改性针叶木牛皮纸木质素(100)，丙酮	用乙酸酐乙酰化	紫外线处理250℃；1000℃	—	0.9±0.1	34±2
湿纺	改良木质素磺酸盐(100)，DMSO	用丙烯酰氯酯化，然后与AN共聚[酯化木质素/AN(30/70，质量比)]凝固浴：DMSO/H₂O	250℃,10℃/min,1h；1400℃,10℃/min	10~20	1.1	—
	软木牛皮纸木质素/PAN(50/50)，DMSO	凝固浴：DMSO/H₂O(65/35，质量比)，0.2%（质量分数）木质素加入混凝剂浴中以控制向外扩散	300℃,1℃/min,1h；1200℃,7℃/min,1h	7.0±0.3	1.2	130
	牛皮纸木质素/PVA/GO(66/29/5)，DMSO	凝固浴：异丙醇	300℃,2℃/min,1h；逐步：500℃,2℃/min，然后1000℃,5℃/min	—	0.763	52
	牛皮纸木质素/PVA(70/30)，DMSO	凝固浴：2-丙醇	250℃；1000℃,5℃/min	37	0.351±0.108	44.5±9.6
	软木牛皮纸木质素/纤维素(70/30)，[EMIm][OAc]	凝固浴：H₂O,15℃	逐步：200℃,0.2℃/min；250℃,1℃/min；逐步：600℃,1℃/min；1000℃,3℃/min	14~15	0.88	67
	木质素/纤维素(25/75)，[EMIm][OAc]	凝固浴：H₂O,室温	逐步：240℃,5℃/min,30min；1000℃,10℃/min,60min	92.9±2.7	0.12	5.9

续表

纺丝技术	木质素/聚合物（质量比），对应溶剂	修饰/冷凝条件	热处理稳定/碳化	碳纤维		
				直径/μm	抗拉强度 TS/MPa	拉伸模量 TM/GPa
凝胶纺丝	苏打木质素/PAN（30/70），DMAc	凝固浴：甲醇，-50℃	逐步：255℃，3℃/min，400min，315℃，3℃/min；1100℃，5℃/min	11.0±1.1	1.72	230
	苏打木质素/PAN/CNT（70/30/3），DMAc	凝固浴：甲醇，-50℃	逐步：255℃，3℃/min，400min，315℃，3℃/min；1100℃，5℃/min	8.8±0.3	1.4	200

注：DMSO（二甲基亚砜）、PAN（聚丙烯腈）、GO（氧化石墨烯）、［EMIm］［OAc］（1-乙基-3-甲基咪唑醋酸盐）、CNT（碳纳米管）、DMAc（N,N-二甲基乙酰胺）。

木质素由于本身平均相对分子质量较低，分子链较为刚硬，成纤性不佳，静电纺丝性能不好，采用适当的方法改善木质素的可纺性、碳化过程中的热力学性能是用静电纺丝方法制备木质素基纳米纤维并预氧化、碳化制备出纳米碳纤维的关键所在。采用静电纺丝法制备木质素基碳纤维的主要技术手段包括通过木质素与可电纺性高分子基质共混、木质素纯化或前处理、木质素与高分子共聚等（表9-9）。

表9-9　　　　　　　　　　静电纺丝木质素基碳纤维加工条件

木质素/聚合物(质量比)，对应溶剂	加工参数	碳化温度/℃	碳纤维		
			直径/nm	抗拉强度/MPa	弹性模量/GPa
木质素/PEO(95/5)，DMF	电压：20kV 流速：0.8mL/h	1000	867±212	40±3	6.1±0.3
木质素/PEO(95/5)，DMF	电压：20kV 流速：0.5mL/h 距离：20cm	1000	1007±70	15.58±2.10	24.54±3.29
木质素/PEO(28/0.2)，DMF	电压：15kV 流速：0.02mL/min	1000	634±87	32±9	4.8±0.6
木质素/PEO(95/5~99.9/0.1)，DMF	流速：0.42L/s	1000	465±76	11.64±6.94	2.37±0.78
木质素/PEO(99/1)，DMF	电压：20kV 流速：0.01mL/min 距离：25cm	800,900,1000	500±150	33.7±6	8.0±1.4
木质素/PAN(50/50)，DMF	电压：25kV 流速：0.8mL/h 距离：20cm	1000	190±18	21.21±3	4.64±0.1
木质素/PAN(50/50)，DMF	电压：15kV 流速：5L/min 距离：20cm	1000	1920±150	22±1	2.4±0.2
木质素/PAN(50/50)，DMF	电压：20kV 流速：1.0mL/h 距离：20cm	1400	—	56±2	3.2±0.4

续表

木质素/聚合物(质量比),对应溶剂	加工参数	碳化温度/℃	碳纤维		
			直径/nm	抗拉强度/MPa	弹性模量/GPa
木质素/PAN (0.25/1),DMF	—	1000	208	142±8	10.0±0.4

注：PEO（聚环氧乙烷）、DMF（N,N-二甲基甲酰胺）、PAN（聚丙烯腈）。

Dallmeyer 等对 7 种工业木质素（硫酸盐木质素、乙酸木质素、有机溶剂木质素等）的纺丝性能进行了研究。结果纯木质素只能纺出珠状纤维，与聚环氧乙烷混合后，可纺性得到提高。Gao 等制备了木质素基纳米纤维，并对纤维进行了预氧化处理。随后再用聚异丙基丙烯酰胺对纤维表面进行了改性处理，使得纤维具备良好的水溶性，可以进一步用于净化装置中。

9.3.5 木质素的应用

木质素结构的复杂性和多样性以及难溶解性使其成为最难以利用的天然高分子。然而，木质素分子中含有多种官能团，紫外吸收能力强，具有抗菌性、抗氧化性、生物相容性和潜在的反应性能，且可再生、可生物降解、来源丰富、成本低廉，在各个领域均展现出应用潜力。工业木质素可用作混凝土减水剂、分散剂、泥浆处理剂、表面活性剂、阻垢剂、土壤稳定剂、橡胶补强剂、酚醛树脂黏合剂等。随着生物质精炼理念的提出和发展，木质素的高值化利用得到越来越广泛的重视。目前，研究人员已经在天然防紫外剂、抗老化剂、药物缓释微胶囊、碳基电极材料、锂电池等应用领域开展了广泛研究。

9.3.5.1 日化领域

木质素具有天然的抗菌、抗紫外和抗氧化性能，在日化领域如天然防晒剂方面有着潜在的应用价值。紫外辐射是加速皮肤老化、导致皮肤损伤的主要外因。有机防晒霜通过吸收紫外线辐射起到防晒作用。木质素分子中含有苯环、羰基、双键等共轭结构，可以吸收阳光中的紫外线，而其分子中的酚羟基可以有效清除自由基，尤其是采用 Brauns 方法提取的小分子木质素中酚羟基含量较高，具有良好的抗氧化性。木质素在天然防晒剂方面有很好的应用前景。

9.3.5.2 医药领域

口服药物一般需要重复服用以满足药浓度从而达到治疗效果，而且还存在无靶向组织选择性等问题。利用药物载体可以控制药物释放或者赋予药物靶向性。木质素来源广、可再生，具有生物相容性、生物降解性和无毒性，可以用作可控纳米载药材料。比如利用微波提取技术从芦荟中分离出木质素，采用原子转移自由基聚合将甲基丙烯酸酯接枝到木质素上，用作抗癌药物 5-氟尿嘧啶的载体。研究表明，木质素接枝甲基丙烯酸酯可作为纳米载体用于癌症化疗中，具有良好的生物相容性。

9.3.5.3 电化学领域

木质素含碳量高达 55%~60%，可以用作制备活性炭、碳纤维、碳纳米管等碳基材料的前驱体，木质素基炭材料所具有的较高比表面积和丰富的微孔、中孔结构使其具备良好的电荷储存能力，可应用于电极材料。相较于负极材料，正极材料的能量密度和效率较低，对电池性能影响更大。比如先将碱木质素季铵化改性，然后以纳米 SiO$_2$ 作为模板和活性物质，以季铵化木质素作为碳源和分散剂，通过水热法将纳米 SiO$_2$ 分散在木质素三维网络结构中，得到了二氧化硅/季铵化碱木质素复合物，再经过碳化和酸洗制备了结构均一的二氧化硅/木质素多孔碳复合材料。木质素多孔碳均匀而发达的介孔结构可增加嵌锂活性位点，有利于加快锂离子嵌入、脱出速率。该复合材料用作锂离子电池负极材料，可以提升嵌锂容量，具有良好的循环稳定性和较高的比容量和倍率性能。

9.3.5.4 农林业领域

木质素及其衍生物除了可以用作土壤改良剂和有机肥料（如氨化木质素、亚铵法制浆废液）外，经过转化可以广泛应用于功能农膜、农药分散剂、农药和肥料缓释剂、植物生长调节剂等方面。

9.3.5.5 功能辅助领域

木质素含有芳香族环，碳含量高，稳定性好，含有多种反应官能团，作为功能助剂用于功能材料领域，可以提高材料的性能。而且，通过对苯环功能化或对侧链功能化两种途径可以进一步拓展其在材料和聚合物领域的应用。将木质素作为天然高分子材料通过共混的方式直接掺杂于功能材料中是最简捷的利用方式。然而，木质素分子结构中既有疏水性基团，也有羟基、羧基等亲水官能团，使得未改性的木质素分子难以与传统高分子材料相容。

思 考 题

1. 淀粉、纤维素、壳聚糖等多糖类高分子在结构上有什么区别？如何改善它们与可降解聚酯间的生物相容性？

2. 纤维素、壳聚糖和甲壳素这类天然高分子难以加工的原因是什么？如何提升其加工性能？

3. 木质素有哪些种类？它们在结构与制备方法上有什么区别？

4. 木质素有哪些生物活性功能？如何实现木质素的高值化利用？

5. 常见的木质素加工方法有哪些？各自有何特点？

6. 天然高分子及其复合材料目前主要应用于哪些领域？简述你对于天然高分子材料未来发展的看法。

参 考 文 献

[1] 汪怿翔，张俐娜. 天然高分子材料研究进展 [J]. 高分子通报，2008 (7)：66-76.
[2] 张俐娜. 天然高分子改性材料及应用 [M]. 北京：化学工业出版社，2006.
[3] 刁晓倩，翁云宣. 淀粉基塑料研究进展及产业现状 [J]. 中国塑料，2017, 31 (9)：22-29.
[4] 余平，石彦忠. 淀粉与淀粉制品工艺学 [M]. 北京：中国轻工业出版社，2011.
[5] Ogunsona E, Ojogbo E, Mekonnen T. Advanced material applications of starch and its derivatives [J]. European Polymer Journal, 2018, 108：570-581.

［6］ 王礼建，董亚强，杨政，等. 基于淀粉直接改性的热塑性淀粉塑料研究进展［J］. 材料导报，2015, 29（17）: 63-67.

［7］ Ribeiro C C, Barrias C C, Barbosa M A. Calcium phosphate-alginate microspheres as enzyme delivery matrices［J］. Biomaterials, 2004, 25（18）: 4363-4373.

［8］ 周兴满. 纤维素的改性及其在食品包装中的应用［D］. 福州: 福建农林大学，2016.

［9］ Shi X, Hu Y, Fu F, et al. Construction of PANI-cellulose composite fibers with good antistatic properties［J］. Journal of Materials Chemistry A, 2014, 2（21）: 7669-7673.

［10］ Wang S, Lu A, Zhang L. Recent advances in regenerated cellulose materials［J］. Progress in Polymer Science, 2016, 53, 169-206.

［11］ 罗成成，王晖，陈勇. 纤维素的改性及应用研究进展［J］. 化工进展，2015, 34（3）: 767-773.

［12］ Yang X, Liu G, Peng L, et al. Highly efficient self-healable and dual responsive cellulose-based hydrogels for controlled release and 3D cell culture［J］. Advanced Functional Materials, 2017, 27（40）: 1703174.

［13］ 张金明，张军. 基于纤维素的先进功能材料［J］. 高分子学报，2010（12）: 1376-1398.

［14］ Xu D, Chen C, Xie J, et al. A hierarchical N/S-codoped carbon anode fabricated facilely from cellulose/polyaniline microspheres for high-performance sodium-ion batteries［J］. Advanced Energy Materials, 2016, 6（6）: 1501929.

［15］ Walther A, Timonen J V I, Díez I, et al. Multifunctional high-performance biofibers based on wet-extrusion of renewable native cellulose nanofibrils［J］. Advanced materials, 2011, 23（26）: 2924-2928.

［16］ Håkansson, Fall A B, Lundell F, et al. Hydrodynamic alignment and assembly of nanofibrils resulting in strong cellulose filaments［J］. Nature communications, 2014, 5（1）: 4018.

［17］ Zhang H, Wu J, Zhang J, et al. 1-Allyl-3-methylimidazolium Chloride Room Temperature Ionic Liquid: A New and Powerful Nonderivatizing Solvent for Cellulose［J］. Macromolecules, 2005, 38（20）, 8272-8277.

［18］ Fall A B, Lindstrom S B, Sundman O, et al. Colloidal stability of aqueous nanofibrillated cellulose dispersions［J］. Langmuir, 2011, 27（18）: 11332-11338.

［19］ Zhang H, Wang Z G, Zhang Z N, et al. Regenerated-cellulose/multiwalled-carbon-nanotube composite fibers with enhanced mechanical properties prepared with the ionic liquid 1-allyl-3-methylimidazolium chloride［J］. Advanced Materials, 2007, 19（5）: 698-704.

［20］ You J, Xie S, Cao J, et al. Quaternized chitosan/poly（acrylic acid）polyelectrolyte complex hydrogels with tough, self-recovery, and tunable mechanical properties［J］. Macromolecules, 2016, 49（3）: 1049-1059.

［21］ Wan A C A, Cutiongco M F A, Tai B C U, et al. Fibers by interfacial polyelectrolyte complexation-processes, materials and applications［J］. Materials Today, 2016, 19（8）: 437-450.

［22］ Grande R, Trovatti E, Carvalho, et al. Continuous microfiber drawing by interfacial charge complexation between anionic cellulose nanofibers and cationic chitosan［J］. Journal of Materials Chemistry A, 2017, 5（25）: 13098-13103.

［23］ Yan C, Zhang J, Lv Y, et al. Thermoplastic Cellulose-graft-poly（l-lactide）Copolymers Homogeneously Synthesized in an Ionic Liquid with 4-Dimethylaminopyridine Catalyst［J］. Biomacromolecules, 2009, 10（8）, 2013-2018.

［24］ Chen W, Yu H, Liu Y, et al. Individualization of cellulose nanofibers from wood using high-intensity ultrasonication combined with chemical pretreatments［J］. Carbohydrate Polymers, 2011, 83（4）: 1804-1811.

［25］ Rao X, Kuga S, Wu M, et al. Influence of solvent polarity on surface-fluorination of cellulose nanofiber by ball milling ［J］. Cellulose, 2015, 22: 2341-2348.

［26］ Grishkewich N, Mohammed N, Tang J, et al. Recent advances in the application of cellulose nanocrystals ［J］. Current Opinion in Colloid & Interface Science, 2017, 29: 32-45.

［27］ O'sullivan A C. Cellulose: the structure slowly unravels ［J］. Cellulose, 1997, 4 (3): 173-207.

［28］ 陈京环. 普渡大学利用纳米纤维素制备食品包装用高阻隔涂层 ［J］. 造纸信息, 2019 (1): 1.

［29］ Schiffman J D, Schauer C L. A review: electrospinning of biopolymer nanofibers and their applications ［J］. Polymer reviews, 2008, 48 (2): 317-352.

［30］ 段久芳. 天然高分子材料 ［M］. 北京: 化学工业出版社: 2010.

［31］ Zhou D, Zhang L, Guo S. Mechanisms of lead biosorption on cellulose/chitin beads ［J］. Water Research, 2005, 39 (16): 3755-3762.

［32］ Silva S S, Mano J F, Reis R L. Ionic liquids in the processing and chemical modification of chitin and chitosan for biomedical applications ［J］. Green Chemistry, 2017, 19 (5): 1208-1220.

［33］ Lu Y, Weng L, Zhang L. Morphology and properties of soy protein isolate thermoplastics reinforced with chitin whiskers ［J］. Biomacromolecules, 2004, 5 (3): 1046-1051.

［34］ Wang H, Qian J, Ding F. Emerging chitosan-based films for food packaging applications ［J］. Journal of agricultural and food chemistry, 2018, 66 (2): 395-413.

［35］ 马宁, 汪琴, 孙胜玲, 等. 甲壳素和壳聚糖化学改性研究进展 ［J］. 化学进展, 2004 (04): 643-653.

［36］ Xu Y, Du Y, Huang R, et al. Preparation and modification of N-(2-hydroxyl) propyl-3-trimethyl ammonium chitosan chloride nanoparticle as a protein carrier ［J］. Biomaterials, 2003, 24 (27): 5015-5022.

［37］ Luo X L, Xu J J, Wang J L, et al. Electrochemically deposited nanocomposite of chitosan and carbon nanotubes for biosensor application ［J］. Chemical communications, 2005 (16): 2169-2171.

［38］ Celeste A., Xihui Cao, David Santos Jr, et al. Layer-by-layer self-assembled chitosan/poly (thiophene-3-acetic acid) and organophosphorus hydrolase multilayers ［J］. Journal of the American Chemical Society, 2003, 125 (7): 1805-1809.

［39］ 杜振亚, 陈复生. 大豆蛋白保健功能研究进展 ［J］. 食品与机械, 2014 (6): 252-255.

［40］ 林笑容, 金苏英. 大豆蛋白的性质及功能应用 ［J］. 现代农业科技, 2013 (7): 319-320, 326.

［41］ 王丽, 张英华. 大豆分蛋白的凝胶性及其应用的研究进展 ［J］. 中国粮油学报, 2010 (4): 103-106.

［42］ Poole S. The foam-enhancing properties of basic biopolymers ［J］. International Journal of Food Science & Technology, 1989, 24 (2): 121-137.

［43］ 王洪杰, 陈复生, 刘昆仑, 等. 生物降解大豆蛋白材料的研究进展 ［J］. 化工新型材料, 2012, 40 (1): 16-17.

［44］ 宋宏哲, 赵勇, 白志明. 醇法大豆浓缩蛋白的改性技术综述 ［J］. 粮油食品科技, 2008, 16 (2): 30-32.

［45］ 王佳培, 胡建恩, 白雪芳, 等. 蚕丝素蛋白及其应用 ［J］. 精细与专用化学品, 2004, 12 (12): 13-18.

［46］ 刘永成, 邵正中. 蚕丝蛋白的结构和功能 ［J］. 高分子通报, 1998 (3): 17-23.

［47］ 朱正华, 朱良均, 闵思佳, 等. 蚕丝蛋白纤维改性研究进展 ［J］. 纺织学报, 2002, 023 (6): 83-85.

［48］ 张庆华, 王琛, 王梅. 蚕丝纤维及其制品改性的最新研究进展 ［J］. 丝绸, 2012 (5): 23-27.

［49］ 缪进康. 明胶及其在科技领域中的利用 ［J］. 明胶科学与技术, 2009, 29 (1): 28-49.

［50］ Ramos M, Valdés A, Beltran A, et al. Gelatin-based films and coatings for food packaging applications ［J］. Coatings, 2016, 6 (4): 41.

［51］ Nur Hanani, Z. A, Roos, et al. Use and application of gelatin as potential biodegradable packaging materials for food products ［J］. International Journal of Biological Macromolecules, 2014, 71: 94-102.

［52］ 胡熠, 唐艳, 周伟, 等. 可食性明胶复合膜及其在食品包装上的应用研究进展 ［J］. 食品工业科技, 2017, 38 (20): 6.

［53］ 张霞, 王峰. 植物蛋白质的特性及应用价值分析 ［J］. 现代农业科技, 2014 (1): 289-291.

［54］ 敖利刚, 吴磊燕, 赖富饶. 植物蛋白膜的应用及研究进展 ［J］. 现代食品科技, 2007, 23 (8): 86-89.

［55］ 李晓晖. 牛乳中酪蛋白的结构特性及其应用 ［J］. 食品工业, 2002 (1): 30-32.

［56］ 卢晓明, 王静波, 任发政, 等. 乳清蛋白在食品工业中的应用 ［J］. 食品科学, 2010 (1): 269-274.

［57］ 贾如琰, 何玉凤, 王荣民, 等. 角蛋白的分子构成、提取及应用 ［J］. 化学通报, 2008 (4): 27-33.

［58］ Kai D, Tan M J, Chee P L, et al. Towards lignin-based functional materials in a sustainable world ［J］. Green Chemistry, 2016, 18 (5): 1175-1200.

［59］ Figueiredo P, Lintinen K, Hirvonen J T, et al. Properties and Chemical Modifications of Lignin: Towards Lignin-Based Nanomaterials for Biomedical Applications ［J］. Progress in Materials Science, 2017: 233-269.

［60］ Joffres B, Laurenti D, Charon N, et al. Thermochemical conversion of lignin for fuels and chemicals: a review ［J］. Oil & Gas Science and Technology-Revue d' IFP Energies nouvelles, 2013, 68 (4): 753-763.

［61］ 付蒙, 陈福林, 岑兰, 等. 木质素的改性及其在塑料中的应用研究进展 ［J］. 中国塑料, 2012 (11): 20-27.

［62］ Jin Y, Lin J, Cheng Y, et al. Lignin-based high-performance fibers by textile spinning techniques ［J］. Materials, 2021, 14 (12): 3378.

［63］ Yang W, Fortunati E, Gao D, et al. Valorization of acid isolated high yield lignin nanoparticles as innovative antioxidant/antimicrobial organic materials ［J］. ACS Sustainable Chemistry & Engineering, 2018, 6 (3): 3502-3514.

［64］ Iravani S, Varma R S. Greener synthesis of lignin nanoparticles and their applications ［J］. Green Chemistry, 2020, 22 (3), 612-636.

［65］ Zhou Y, Han Y, Li G, et al. Preparation of targeted lignin-based hollow nanoparticles for the delivery of doxorubicin ［J］. Nanomaterials, 2019, 9 (2): 188.

［66］ 张文杰. 大豆蛋白乳化性分析 ［J］. 商品与质量. 建筑与发展, 2014, 000 (002): 1030-1030.